W0268460

Stoßprobleme in Physik, Technik und Medizin

Emanuel Willert

Stoßprobleme in Physik, Technik und Medizin

Grundlagen und Anwendungen

Emanuel Willert
Institut für Mechanik, TU Berlin
Berlin, Deutschland

Die Veröffentlichung dieses Buches wurde durch den Publikationsfonds der TU Berlin gefördert.

ISBN 978-3-662-60295-9   ISBN 978-3-662-60296-6   (eBook)
https://doi.org/10.1007/978-3-662-60296-6

Die Deutsche Nationalbibliothek verzeichnet diese Publikation in der Deutschen Nationalbibliografie; detaillierte bibliografische Daten sind im Internet über http://dnb.d-nb.de abrufbar.

Springer Vieweg

Springer Vieweg ist ein Imprint der eingetragenen Gesellschaft Springer-Verlag GmbH, DE und ist ein Teil von Springer Nature.
Die Anschrift der Gesellschaft ist: Heidelberger Platz 3, 14197 Berlin, Germany

Danksagung

Dieses Buch ist während meiner Tätigkeit am Fachgebiet für Systemdynamik und Reibungsphysik der Technischen Universität Berlin entstanden. Mein besonderer Dank gilt deswegen dem Leiter des Fachgebiets, Professor Valentin L. Popov, für unzählige Ideen und die Anregung, dieses Buch überhaupt zu schreiben. Auch meinen Kolleg*innen am Fachgebiet danke ich herzlich für zahlreiche anregende Diskussionen.

Seine Fertigstellung verdankt dieses Buch außerdem – in mit ein paar Zeilen leider nicht angemessen zu würdigendem Maß – der Unterstützung und den geduldigen Ohren meiner Frau Elizaveta.

Berlin, im Juni 2019

Inhaltsverzeichnis

Symbolverzeichnis

Es sind gegebenenfalls die definierenden oder bestimmenden Gleichungen angegeben.

a Kontaktradius

a_Y Kontaktradius bei Beginn lokalen Fließens; (3.266)

b Radius des von Adhäsion betroffenen Gebiets bei Maugis

c Haftradius

c_N effektiver Normalmodul des gradierten Mediums; (3.223)

c_T effektiver Tangentialmodul des gradierten Mediums; (3.224)

d Eindrucktiefe

d_Y Eindrucktiefe bei Beginn lokalen Fließens; (3.266)

d_Y^* Eindrucktiefe bei Beginn lokalen Fließens nach dem FEM-Modell; (3.289)

e_{ij} Komponenten des Verzerrungsdeviators

E Elastizitätsmodul

$\tilde{E}$ effektiver Elastizitätsmodul; (3.14)

f rotationssymmetrisches Profil; (3.16)

$\underline{F}$ Vektor der Kontaktkräfte

F_Y Anpresskraft bei Beginn lokalen Fließens; (3.266)

F_z Normalkraft

g ebenes Profil im dimensionsreduzierten System; (3.32) (homogen), (3.233) (inhomogen)

G Schubmodul

$\hat{G}$ Komplexer frequenzabhängiger Schubmodul; (3.176)

$\tilde{G}$ effektiver Schubmodul; (3.15)

h_0 Gleichgewichtsabstand

h_1 charakteristische Reichweite der Adhäsion

j dimensionsfreies Massenträgheitsmoment; (2.42)

J^S Massenträgheitsmoment bezüglich des Schwerpunktes

$\tilde{J}$ effektives Massenträgheitsmoment; (2.29)

k Exponent der elastischen Gradierung; (3.209)

k_x tangentiale Steifigkeit

k_y laterale Steifigkeit

k_z	normale Steifigkeit
K	Kompressionsmodul
l	Mindlin-Verhältnis; (6.5) (homogen), (3.257) (inhomogen)
m	Masse
$\tilde{m}$	effektive Masse; (3.17)
$\underline{M}$	Vektor der Kontaktmomente
M_z	Torsionsmoment
n	Exponent des Potenzprofils; (3.38)
q_x	tangentiale Streckenlast; (4.25) (elastisch), (4.59) (viskoelastisch)
q_z	normale Streckenlast; (4.4) (elastisch), (4.53) (viskoelastisch)
r	radiale Koordinate
$\underline{r}$	Radiusvektor
R	Radius
$\tilde{R}$	effektiver Radius; (2.28)
$\underline{s}$	Spinvektor
t	Zeit
T_S	Stoßdauer
u	Verschiebung
u_x^{1D}	tangentiale Verschiebungen im dimensionsreduzierten System
u_x	tangentiale Verschiebungen im räumlichen System
$u_{x,0}$	tangentiale Starrkörperverschiebung
u_y^{1D}	laterale Verschiebungen im dimensionsreduzierten System
u_y	laterale Verschiebungen im räumlichen System
u_z^{1D}	normale Verschiebungen im dimensionsreduzierten System
u_z	normale Verschiebungen im räumlichen System
u_φ	torsionale Verschiebungen im räumlichen System
U	Energie
U_{el}	elastische Energie
U_{kin}	kinetische Energie
$\underline{v}$	Geschwindigkeitsvektor
$\underline{V}$	Geschwindigkeitssprung; (2.39)
$\underline{v}_K$	Vektor der Relativgeschwindigkeit im Kontakt; (2.7)
v_c	im adhäsiven Normalstoß für den Rückprall nötige Stoßgeschwindigkeit; (5.38)
v_Y	zur Erzeugung plastischer Deformationen nötige Stoßgeschwindigkeit; (5.104)
W	Kriechfunktion
x	kartesische Koordinate in tangentiale Richtung
y	kartesische Koordinate in laterale Richtung
z	kartesische Koordinate in normale Richtung

z_0 Tiefe der elastischen Gradierung; (3.209)

α verallgemeinerter Einfallswinkel; (2.58)

α^* verallgemeinerter Rückprallwinkel; (2.59)

γ Abweichung von der Starrkörperrotation im räumlichen System

Δl Starrkörper-Translation bei JKR-Adhäsion; (3.54)

$\Delta \gamma$ effektive Oberflächenenergie; (3.41)

ε_x tangentiale Stoßzahl des Kontaktpunktes; (2.37)

$\varepsilon_{x,S}$ tangentiale Stoßzahl des Schwerpunktes; (2.57)

ε_z normale Stoßzahl; (2.36)

ε_t torsionale Stoßzahl; (7.33)

ε Dehnung

η Scherviskosität

κ normierte rotatorische Trägheit; (2.42)

λ_T Tabor-Parameter; (3.45)

Λ Tabor-Parameter für das Dugdale-Potential; (3.75)

μ Reibbeiwert

μ^{1D} Reibbeiwert bei Torsion im dimensionsreduzierten System; (4.45)

ν Querkontraktionszahl

ξ Volumenviskosität

ρ Dichte

σ_{adh} Adhäsionsspannung

σ_{xz} tangentiale Schubspannung

$\sigma_{\varphi z}$ torsionale Schubspannung

σ_{zz} Normalspannung

Σ_{ij} Komponenten des Spannungsdeviators

σ_0 Härte

σ_f Fließgrenze bei einachsigem Zug

τ charakteristische Relaxations- oder Kriechzeit

φ torsionaler Verdrehwinkel

ϕ Abweichung von der Starrkörperrotation im dimensionsreduzierten System

Φ Adhäsionsparameter bei plastischen Deformationen; (3.293)

χ erster Parameter in der MBF-Theorie; (6.5) (homogen), (6.34) (inhomogen)

ψ zweiter Parameter in der MBF-Theorie; (6.53) (homogen), (6.67) (inhomogen)

$\underline{\omega}$ Vektor der Winkelgeschwindigkeit

ω_z relative axiale (torsionale) Winkelgeschwindigkeit

$\underline{\Omega}$ Vektor der Rotation der Stoßachse

Einleitung

1.1 Zum Ziel dieses Buches

Kollisionen und Lösungen von Stoßproblemen haben vielfältige Anwendungen in verschiedenen Bereichen von Physik, Technik und Medizin. Fasst man „Stoß" im weiteren Sinn als kurzzeitige starke Belastung auf, betrifft das nicht nur Wechselwirkungen zwischen unverbundenen Teilen eines Systems (beispielsweise Billard-Kugeln), sondern auch dauerhafte Verbindungen (z. B. in Hüft- oder Kniegelenken beim Stolpern oder Springen). Insofern sind „stoßartige" Belastungen ein sehr allgemeiner, und häufig notwendiger, Aspekt von zahllosen technischen oder biologischen Systemen.

Die Publikation des ersten rigoros[1] gelösten Stoßproblems durch Hertz [1] erfolgte in der gleichen Arbeit, die man in der Regel als Beginn der klassischen Kontaktmechanik betrachtet. Das ist kein Zufall, schließlich ist die korrekte Beschreibung der Kontakt-Wechselwirkung während der Kollision und der damit verbundenen Phänomene (Reibung, Adhäsion, Elastizität, Plastizität u. s. w.) ein fundamentaler Bestandteil der Lösung des Stoßproblems. Einerseits ist nun diese Kontaktmechanik teilweise deutlich komplizierter als im Fall der sehr bekannten Hertzschen Lösung, andererseits treten Stöße in unterschiedlichsten Disziplinen auf, die fachlich – sowohl inhaltlich als auch methodisch – teilweise weit entfernt von der Mechanik von Grenzflächen sind, beispielsweise bei der statistischen Beschreibung granularer Medien wie Sand.

Das vorliegende Buch möchte daher durch die einheitliche und detaillierte Darstellung des Dreischritts Kontaktmechanik – Stoßproblem – Anwendung eine Brücke zwischen der tribologischen Theorie und den Anwender*innen von Stoßproblemen in anderen Fachrichtungen schlagen. Insofern ist dieses Buch nicht als Konkurrenz zu den hervorragenden Monografien von Goldsmith [2] und Stronge [3] gedacht, die, besonders im Hinblick auf

---

[1] „Rigoros" meint in diesem Zusammenhang, dass für die Wechselwirkung während des Stoßes ein explizites Gesetz hergeleitet und nicht einfach postuliert wurde.

© Der/die Autor(en) 2020
E. Willert, *Stoßprobleme in Physik, Technik und Medizin,*
https://doi.org/10.1007/978-3-662-60296-6_1

dynamische Aspekte von Kollisionen, teilweise breiter angelegt sind; stattdessen widmet sich das Buch der Behandlung mehrerer Fragestellungen im Zusammenhang mit Stoßproblemen, die einerseits gehäuft in verschiedenen Anwendungen auftreten und andererseits noch nicht zusammenhängend dargestellt oder aber noch gar nicht systematisch untersucht wurden.

Wie kommt es nun, dass dieses Buch „erst" jetzt erscheint, fast 140 Jahre nach der Arbeit von Hertz? Tatsächlich gibt es viele Fälle, z.B. durch Reibung oder inelastische Deformationen, für die die Kontaktkonfiguration von der Belastungsgeschichte abhängt, und entsprechend die Angabe eines expliziten Kraftgesetzes für die Wechselwirkung im Kontakt sehr aufwändig oder gar nicht möglich ist. Für diese Art von Problemen wurde erst in den letzten zehn Jahren am Fachgebiet für Systemdynamik und Reibungsphysik der Technischen Universität Berlin mit der Methode der Dimensionsreduktion (MDR) [4] ein Verfahren zur effizienten (und dabei exakten) Behandlung entwickelt. Mithilfe der MDR kann man, praktisch in Echtzeit, verschiedenste dynamische Kontaktprobleme numerisch simulieren. Dies erlaubt eine umfassende und tiefgehende Untersuchung von Stoßproblemen, die vorher nicht, oder nur unter sehr großem Aufwand möglich war.

1.2   Zur Verwendung dieses Buches

Dieses Buch ist wie folgt strukturiert: Zunächst werden die später bei der Lösung des Stoßproblems benötigten dynamischen und kontaktmechanischen Grundlagen dargestellt. Das anschließende vierte Kapitel widmet sich der Deutung (und Implementierung) des behandelten Teils der Kontaktmechanik im Rahmen der MDR. Mit diesem Rüstzeug versehen behandeln die Kap. 5 bis 7 das Normalstoßproblem axialsymmetrischer Körper sowie das ebene und räumliche Stoßproblem von Kugeln. Die theoretischen Vorhersagen werden dabei, wann immer möglich, mit experimentellen Ergebnissen verglichen. Das abschließende achte Kapitel ist ausgewählten Anwendungsgebieten von Stoßproblemen gewidmet; der Fokus liegt dabei auf der Verdeutlichung, wo und wie man die in den früheren Kapiteln erhaltenen Ergebnisse verwenden kann.

Der Abschluss jedes Kapitels besteht in einer eigenen Zusammenfassung, in der – ohne die Verwendung von Gleichungen, Literatur- oder anderen Verweisen – die wichtigsten Inhalte und Ergebnisse des Kapitels noch einmal kurz und prägnant aufgelistet sind.

Da diese Monografie unter anderem als frei verfügbares E-Book vertrieben wird, ist zu erwarten, dass die Mehrzahl der Leser*innen das Buch über diesen Kanal erwirbt; es ist deswegen in verschiedener Hinsicht für die Verwendung in elektronischer Form optimiert.

So gibt es beispielsweise zur Vermeidung von Dopplungen sehr viele Verweise auf Gleichungen oder Abschnitte – besonders von den Kapiteln, die sich den eigentlichen Stoßproblemen widmen, zu der jeweiligen kontaktmechanischen Grundlage – die in elektronischer Form sehr leicht durch Verlinkungen zu verfolgen sind. Es ist dabei so eindeutig und transparent wie möglich dargestellt, welche Grundlagen zum Verständnis eines bestimmten Abschnitts nötig sind.

Global (d. h. im ganzen Buch einheitlich) verwendete Größen sind im Symbolverzeichnis aufgeführt. Dort sind gegebenenfalls auch die bestimmenden oder definierenden Gleichungen der entsprechenden Variable angegeben. Die wenigen nur lokal (d. h. ausschließlich in einem bestimmten Zusammenhang) verwendeten Größen sind bei ihrem Auftreten jeweils separat definiert. Zur weiteren Orientierung innerhalb des Buches dient schließlich ein ausführlicher Index.

Literatur

1. Hertz, H. (1882). Über die Berührung fester elastischer Körper. *Journal für die reine und angewandte Mathematik, 92*, 156–171.
2. Goldsmith, W. (1960). *Impact: The theory and physical behaviour of colliding solids.* London: Edward Arnold Publishers Ltd.
3. Stronge, W. J. (2000). *Impact mechanics.* Cambridge: Cambridge University Press.
4. Popov, V. L., & Heß, M. (2015). *Method of dimensionality reduction in contact mechanics and friction.* Berlin: Springer.

Die dreidimensionale Dynamik allgemeiner, zusammenstoßender Körper ist kompliziert und erlaubt im Zusammenhang mit der jeweiligen Kontaktmechanik des Stoßes in der Regel weder eine analytische Behandlung noch eine auch nur ansatzweise überschaubare Darstellung der vollständigen Lösung. Im Rahmen dieses Buches soll der allgemeine räumliche Stoß deswegen nur für den vergleichsweise einfachen Fall von Kugeln behandelt werden[1]. Das vorliegende Kapitel ist daher der makroskopischen Dynamik des räumlichen Zusammenstoßes zweier Kugeln gewidmet. Es wird dabei besonders Wert darauf gelegt, die bei den – für eine analytische Behandlung notwendigen – Vereinfachungen der Bewegungsgleichungen getroffenen mechanischen Annahmen in ihrem Sinn und dem Grad der Beschränkung, die sie der Betrachtung auferlegen, klar darzulegen. Ähnliche Herleitungen und Darstellungen finden sich beispielsweise bei Brach [1], Jäger [2], Brilliantov et al. [3], Stronge [4] und Bar-Lev [5].

2.1 Bewegungsgleichungen

2.1.1 Geometrie und Notation

Eine schematische Skizze des Zusammenstoßes zweier Kugeln ist in Abb. 2.1 gezeigt. Die Kugeln haben die Radien R_1 und R_2, die Massen m_1 und m_2 und die Trägheitsmomente bezüglich des eigenen Schwerpunkts J_1^S und J_2^S. Die Körper müssen nicht unbedingt

---

[1]Für den reinen zentrischen Normalstoß (die makroskopische Dynamik ist in diesem Fall trivial), werden hingegen allgemeine axialsymmetrische Körper, z. B. auch Kegel oder zylindrische Flachstempel, behandelt.

© Der/die Autor(en) 2020
E. Willert, *Stoßprobleme in Physik, Technik und Medizin*,
https://doi.org/10.1007/978-3-662-60296-6_2

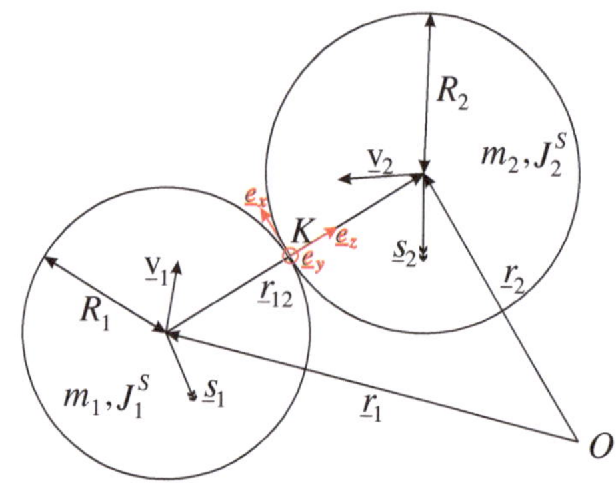

Abb. 2.1 Schema des räumlichen Stoßes zweier Kugeln. Doppelpfeile bezeichnen Rotationsvektoren. Die Kugeln sind nur als Schnittansicht in der Stoßebene dargestellt

homogen sein, sollen aber zumindest eine kugelsymmetrische Dichteverteilung aufweisen[2]. Die Positionen, Geschwindigkeiten und Spins der Kugeln seien in einem raumfesten Koordinatensystem durch die Vektoren $\underline{r}_i$, $\underline{v}_i$ und $\underline{s}_i := R_i\underline{\omega}_i$, mit den Vektoren der Winkelgeschwindigkeit $\underline{\omega}_i$, gegeben. An dieser Stelle und für den weiteren Teil dieses Kapitels bezieht sich der Index i auf die beiden Kugeln und kann entsprechend die Werte „1" und „2" annehmen.

Der Verbindungsvektor zwischen den beiden Kugelschwerpunkten,

$$\underline{r}_{12} := \underline{r}_2 - \underline{r}_1, \tag{2.1}$$

definiert den Normalenvektor der momentanen Kontaktfläche während des Stoßes, $\underline{e}_z$, als

$$\underline{e}_z := \frac{\underline{r}_{12}}{r_{12}}, \tag{2.2}$$

wobei der Abstand zwischen den beiden Schwerpunkten durch

$$r_{12} = R_1 + R_2 - d \tag{2.3}$$

bestimmt ist. Hier bezeichnet d die Indentierungstiefe während des Stoßes. Der Normalenvektor rotiert während der Kollision mit einer Winkelgeschwindigkeit $\underline{\Omega}$ und hat daher die Zeitableitung

$$\underline{\dot{e}}_z = \underline{\Omega} \times \underline{e}_z. \tag{2.4}$$

Es soll angenommen werden, dass das deformierte Gebiet gegenüber den Abmaßen der Kugeln als makroskopische Körper klein ist. Dies gewährleistet einerseits, dass die Kugeln ihre makroskopische Form behalten – was die Struktur der Bewegungsgleichungen deutlich

---

[2]Die Trägheitstensoren der Kugeln können in diesem Fall als skalare Vielfache des Einheitstensors geschrieben werden, ihre Komponenten sind also bei einer beliebigen Rotation des Koordinatensystems invariant.

vereinfacht – andererseits sind dann die Gradienten der undeformierten Oberflächen im Kontaktgebiet klein. Dies ist als sogenannte „Halbraumhypothese" unabdingbare Voraussetzung der kontaktmechanischen Rechnungen im nächsten Kapitel. Es sei $2a$ die charakteristische Länge des Kontaktgebiets (bei einem kreisförmigen Kontaktgebiet ist a der Radius). Da dies gleichzeitig die charakteristische Tiefe des deformierten Gebiets darstellt[3], kann die genannte Annahme als

$$\frac{2a}{R} \ll 1, \tag{2.5}$$

mit einem charakteristischen Radius R von der Größenordnung der beiden Kugelradien, geschrieben werden. Andererseits ist dann im Rahmen dieser Näherung

$$\frac{d}{R} \approx \frac{a^2}{R^2} \ll 1. \tag{2.6}$$

Die Differenz der Geschwindigkeiten im Kontaktpunkt K,

$$\underline{v}_K := \underline{v}_2 - \underline{v}_1 - \left(\underline{s}_1 + \underline{s}_2\right) \times \underline{e}_z \tag{2.7}$$

definiert gemeinsam mit $\underline{e}_z$ die Stoßebene. Die (rotierende) orthonormale Basis wird daher durch die Einheitsvektoren

$$\underline{e}_y := \frac{\underline{e}_z \times \underline{v}_K}{|\underline{e}_z \times \underline{v}_K|}, \tag{2.8}$$

$$\underline{e}_x := \underline{e}_y \times \underline{e}_z \tag{2.9}$$

vervollständigt.

2.1.2 Kinematik und Dynamik

Die Zeitableitungen der Vektoren $\underline{r}_{12}$ und $\underline{v}_K$ sind wegen der Definitionen (2.1), (2.2), (2.4) und (2.7) durch

$$\underline{\dot{r}}_{12} = \dot{r}_{12}\underline{e}_z + r_{12}\underline{\Omega} \times \underline{e}_z, \tag{2.10}$$

$$\underline{\ddot{r}}_{12} = \ddot{r}_{12}\underline{e}_z + 2\dot{r}_{12}\underline{\Omega} \times \underline{e}_z + r_{12}\left(\underline{\dot{\Omega}} \times \underline{e}_z + \underline{\Omega} \times \underline{\Omega} \times \underline{e}_z\right), \tag{2.11}$$

$$\underline{\dot{v}}_K = \underline{\ddot{r}}_{12} - \left[\underline{\dot{s}}_1 + \underline{\dot{s}}_2 + \left(\underline{s}_1 + \underline{s}_2\right) \times \underline{\Omega}\right] \times \underline{e}_z \tag{2.12}$$

---

[3]Die Feldgleichungen der Elastizitätstheorie enthalten keine intrinsischen Längenskalen; die einzige charakteristische Länge des Kontaktproblems ist daher die Länge des Kontaktgebiets.

gegeben. Der Vektor $\underline{\Omega}$ hat keine torsionale Komponente. Nimmt man, wie oben beschrieben, an, dass die Kugelradien zeitlich konstant und sehr viel größer als die Indentierungstiefe sind, kann Gl. (2.11) zu

$$\ddot{\underline{r}}_{12} = -\left[\ddot{d} + (R_1 + R_2)\,\Omega^2\right]\underline{e}_z - \left[2\dot{d}\underline{\Omega} - (R_1 + R_2)\,\dot{\underline{\Omega}}\right] \times \underline{e}_z \qquad (2.13)$$

vereinfacht werden. Die Impulsbilanz für jede Kugel ist durch

$$m_i\ddot{\underline{r}}_i = \underline{F}_i \qquad (2.14)$$

gegeben. Wenn man alle äußeren Einflüsse (z. B. durch die Erdanziehung) gegenüber der Wechselwirkung im Kontakt vernachlässigt, fordert das dritte Newtonsche Axiom dabei, dass

$$\underline{F}_1 = -\underline{F}_2 := \underline{F}. \qquad (2.15)$$

Daher bleibt der Impuls des Gesamtsystems aus beiden Kugeln erhalten und die translatorische Bewegung wird durch die Gleichung

$$\ddot{\underline{r}}_{12} = -\frac{1}{\tilde{m}}\underline{F}, \qquad (2.16)$$

mit der effektiven Masse

$$\tilde{m} := \frac{m_1 m_2}{m_1 + m_2}, \qquad (2.17)$$

beschrieben. In der Bilanz der Drehimpulse für beide Kugeln,

$$J_i^S\dot{\underline{\omega}}_i = (-1)^{i-1}\,R_i\underline{e}_z \times \underline{F}_i + \underline{M}_i, \qquad (2.18)$$

findet das Wechselwirkungsprinzip auch für die Kontaktmomente Anwendung,

$$\underline{M}_1 = -\underline{M}_2 := \underline{M}, \qquad (2.19)$$

und der Drehimpuls des Gesamtsystems aus beiden Kugeln,

$$\underline{L} := \sum_{i=1}^{2}\left(m_i\underline{r}_i \times \underline{v}_i + J_i^S\underline{\omega}_i\right), \qquad (2.20)$$

ist natürlich ebenfalls eine Erhaltungsgröße, denn

$$\dot{\underline{L}} = \underline{r}_1 \times \underline{F} + \underline{r}_{12} \times \underline{F} - \underline{r}_2 \times \underline{F} = \underline{0}. \qquad (2.21)$$

2.2 Vereinfachungen der Bewegungsgleichungen

2.2.1 Weitere vereinfachende Annahmen

Es sei angenommen, dass die Spins und die Geschwindigkeitskomponenten der Kugeln senkrecht zur Normalenachse der Kontaktfläche von der Größenordnung einer charakteristischen Geschwindigkeit v_x sind, die nicht deutlich größer als die charakteristische Geschwindigkeit v_z in Normalenrichtung ist. Der Stoßwinkel sollte also nicht extrem flach sein[4]. In diesem Fall erhält man für die Rotation der Stoßachse während der Kollision mit der Dauer T_S und der maximalen Eindringtiefe $d_{\max}$ die Abschätzung

$$\Omega T_S \approx \frac{v_x}{R}\frac{d_{\max}}{v_z} \ll 1. \tag{2.22}$$

Daraus folgt, dass in den Bewegungsgleichungen langsame dynamische Effekte durch zentrifugale oder Coriolis-Terme vernachlässigt werden können. Die kinematischen Gl. (2.13) und (2.12) vereinfachen sich in diesem Fall zu

$$\ddot{\underline{r}}_{12} = -\ddot{d}\underline{e}_z + (R_1 + R_2)\,\dot{\underline{\Omega}} \times \underline{e}_z, \tag{2.23}$$

$$\dot{\underline{v}}_K = \ddot{\underline{r}}_{12} - \left(\dot{\underline{s}}_1 + \dot{\underline{s}}_2\right) \times \underline{e}_z. \tag{2.24}$$

Die Kontaktmomente sind von der Größenordnung

$$M \approx aF \ll RF \tag{2.25}$$

und damit vernachlässigbar gegenüber den Momenten der Kontaktkräfte bezüglich der Schwerpunkte der Kugeln. Diese Vernachlässigung der Kontaktmomente hat auf den ersten Blick einen Haken: Da die Kontaktkräfte bezüglich der Kugelschwerpunkte kein Moment um die Normalenachse aufbringen, bleibt die Rotation um diese Achse – bei der Vernachlässigung der Kontaktmomente – während des Stoßes erhalten. Dies scheint der Tatsache zu widersprechen, dass eine solche Rotation bei Reibung im Kontakt zu elastischen Torsionsspannungen und einem resultierenden Bohrmoment um die Normalenachse führt. Im Unterkapitel 7.2 wird aber gezeigt werden, dass dieses Moment tatsächlich klein ist, wenn die Kontaktradien klein gegenüber den Kugelradien sind.

Die Vernachlässigung langsamer dynamischer Effekte und der Kontaktmomente führt zu zwei weiteren Erhaltungsgrößen, nämlich der Drehimpulse der beiden Kugeln bezüglich des (im Rahmen der getroffenen Annahmen raumfesten) Kontaktpunktes, denn in diesem Fall ist

$$\frac{\mathrm{d}}{\mathrm{d}t}\left(J_i^S\underline{\omega}_i + (-1)^i m_i R_i \underline{e}_z \times \underline{v}_i\right) = J_i^S\dot{\underline{\omega}}_i + (-1)^i R_i \underline{e}_z \times \underline{F}_i = \underline{0}. \tag{2.26}$$

---

[4]Die Änderungen, die sich für sehr flache Winkel ergeben, werden im Unterkapitel 7.1 diskutiert.

Die Bewegungsgleichung kann man dann zu

$$\dot{\underline{v}}_K = -\frac{1}{\tilde{m}}\underline{F} - \underline{e}_z \times \underline{F} \times \underline{e}_z \sum_{i=1}^{2} \frac{R_i^2}{J_i^S} \tag{2.27}$$

zusammenfassen. Es ist hilfreich, die effektiven Werte für den Krümmungsradius,

$$\frac{1}{\tilde{R}} := \sum_{i=1}^{2} \frac{1}{R_i} \quad \Leftrightarrow \quad \tilde{R} = \frac{R_1 R_2}{R_1 + R_2}, \tag{2.28}$$

und das Massenträgheitsmoment,

$$\frac{\tilde{R}^2}{\tilde{J}} := \sum_{i=1}^{2} \frac{R_i^2}{J_i^S} \quad \Leftrightarrow \quad \tilde{J} = \frac{J_1^S J_2^S \tilde{R}^2}{J_2^S R_1^2 + J_1^S R_2^2}, \tag{2.29}$$

einzuführen. Abschließend sei angenommen, dass die Kontaktkräfte in der von $\underline{e}_z$ und $\underline{e}_x$ aufgespannten Ebene liegen, weil sich die Beiträge aus den Schubspannungen τ_{yz} wegen der Symmetrie bezüglich der Stoßebene aufheben. Die Komponenten der Kontaktkräfte seien entsprechend $F_x := \underline{F} \cdot \underline{e}_x$ und $F_z := \underline{F} \cdot \underline{e}_z$. Aus der Bewegungsgleichung (2.27) folgt in diesem Fall, dass auch $\dot{\underline{v}}_K$ in dieser Stoßebene liegt, die entsprechend niemals verlassen wird. Die Bewegungsgleichungen für die drei ebenen Freiheitsgrade,

$$v_x := \dot{\underline{r}}_{12} \cdot \underline{e}_x, \tag{2.30}$$

$$v_z := \dot{\underline{r}}_{12} \cdot \underline{e}_z = -\dot{d}, \tag{2.31}$$

$$\omega := \frac{1}{\tilde{R}}\left(R_1 \underline{\omega}_1 + R_2 \underline{\omega}_2\right) \cdot \underline{e}_y, \tag{2.32}$$

lauten dann wegen der Gl. (2.16) und (2.18) wie folgt:

$$\dot{v}_x = -\frac{F_x}{\tilde{m}}, \tag{2.33}$$

$$\ddot{d} = \frac{F_z}{\tilde{m}}, \tag{2.34}$$

$$\dot{\omega} = \frac{\tilde{R}}{\tilde{J}} F_x. \tag{2.35}$$

Das dreidimensionale Stoßproblem kann man daher offensichtlich unter den getroffenen Annahmen als ebenen Stoß zwischen einer Kugel mit dem Radius $\tilde{R}$, der Masse $\tilde{m}$ sowie dem Trägheitsmoment $\tilde{J}$ bezüglich des eigenen Schwerpunkts und einem Halbraum betrachten. Dies ist in Abb. 2.2 visualisiert. Dabei wurden die Koordinaten so eingeführt, dass die Komponenten der Kontaktkräfte auf den Halbraum in positive Koordinatenrichtung zeigen.

Abb. 2.2 Ebener Stoß einer
Kugel auf einen Halbraum;
schematische Darstellung und
Freischnitt

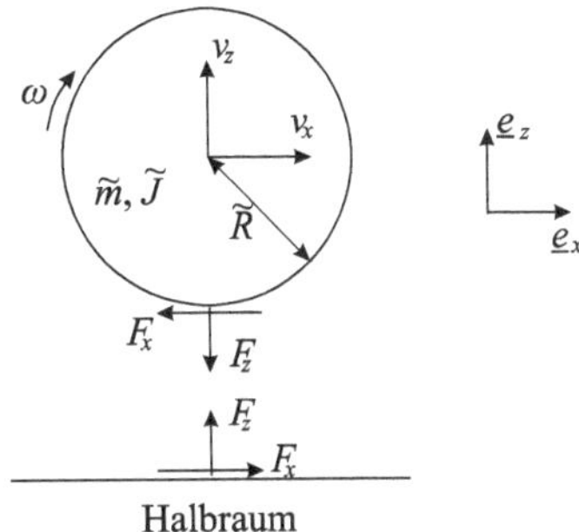

2.2.2 Die Stoßzahlen

Es ist klar, dass man im Rahmen der oben getroffenen Vereinfachungen die Stoßzahlen ϵ_z
und ϵ_x durch

$$\underline{v}_{K,e} \cdot \underline{e}_z = -\epsilon_z \left(\underline{v}_{K,0} \cdot \underline{e}_z\right), \qquad \epsilon_z \in [0;1], \tag{2.36}$$

$$\underline{v}_{K,e} \cdot \underline{e}_x = -\epsilon_x \left(\underline{v}_{K,0} \cdot \underline{e}_x\right), \qquad \epsilon_x \in [-1;1], \tag{2.37}$$

$$\underline{v}_{K,e} \cdot \underline{e}_y = \underline{v}_{K,0} \cdot \underline{e}_y, \tag{2.38}$$

mit den relativen Geschwindigkeitsvektoren des Kontaktpunktes vor und nach dem Stoß,
$\underline{v}_{K,0}$ und $\underline{v}_{K,e}$, einführen kann. Definiert man die gesamte Änderung der Geschwindigkeit
der ersten Kugel während des Stoßes als $\underline{V}$,

$$\underline{V} := \underline{v}_{1,e} - \underline{v}_{1,0}, \tag{2.39}$$

können die Geschwindigkeit der zweiten Kugel und die Spins beider Kugeln nach dem Stoß
wegen der Impuls- und Drehimpulserhaltungssätze allein mit diesem Vektor $\underline{V}$ (und den
bekannten Vektoren vor dem Stoß) ausgedrückt werden. $\underline{V}$ hat nur eine normale und eine
tangentiale Komponente und ist vollständig durch die beiden Stoßzahlen ϵ_z und ϵ_x bestimmt.
Die Normalkomponente ist durch

$$V_z \underline{e}_z = \frac{\tilde{m}}{m_1}(1 + \epsilon_z) \left(\underline{v}_{K,0} \cdot \underline{e}_z\right) \underline{e}_z \tag{2.40}$$

und die tangentiale Komponente durch

$$V_x \underline{e}_x = \kappa \, \frac{\tilde{m}}{m_1}(1 + \epsilon_x) \underline{e}_z \times \left(\underline{v}_{K,0} \times \underline{e}_z\right) \tag{2.41}$$

gegeben, wobei das Kürzel

$$\kappa := \frac{j_1 j_2 (m_1 + m_2)}{j_1 j_2 (m_1 + m_2) + j_1 m_1 + j_2 m_2}, \qquad j_i := \frac{J_i^S}{m_i R_i^2} \tag{2.42}$$

eingeführt wurde. Man kann feststellen, dass der dimensionslose Trägheitsradius, der bei der Behandlung des einzelnen Stoßproblems eine große Rolle spielt, durch die Beziehung

$$\tilde{j} := \frac{\tilde{J}}{\tilde{m}\tilde{R}^2} = \frac{\kappa}{1 - \kappa} \tag{2.43}$$

bestimmbar ist. Die Umkehrung dieser Gleichung liefert

$$\kappa = \frac{\tilde{j}}{1 + \tilde{j}}. \tag{2.44}$$

Da offensichtlich $\kappa \leq 0{,}5$ ist, ist damit auch gezeigt, dass $\tilde{J}$ ein physikalisches Trägheitsmoment mit $\tilde{j} \leq 1$ darstellt. Die Zusammenhänge zwischen den Geschwindigkeiten vor und nach dem Stoß sind schließlich durch

$$\underline{v}_{1,e} = \underline{v}_{1,0} + \frac{\tilde{m}}{m_1} \left[(1 + \epsilon_z) \left(\underline{v}_{K,0} \cdot \underline{e}_z \right) \underline{e}_z + \kappa (1 + \epsilon_x) \underline{e}_z \times \left(\underline{v}_{K,0} \times \underline{e}_z \right) \right], \tag{2.45}$$

$$\underline{v}_{2,e} = \underline{v}_{2,0} - \frac{\tilde{m}}{m_2} \left[(1 + \epsilon_z) \left(\underline{v}_{K,0} \cdot \underline{e}_z \right) \underline{e}_z + \kappa (1 + \epsilon_x) \underline{e}_z \times \left(\underline{v}_{K,0} \times \underline{e}_z \right) \right], \tag{2.46}$$

$$\underline{s}_{1,e} = \underline{s}_{1,0} + \frac{\kappa}{j_1} \frac{\tilde{m}}{m_1} (1 + \epsilon_x) \left(\underline{e}_z \times \underline{v}_{K,0} \right), \tag{2.47}$$

$$\underline{s}_{2,e} = \underline{s}_{2,0} + \frac{\kappa}{j_2} \frac{\tilde{m}}{m_2} (1 + \epsilon_x) \left(\underline{e}_z \times \underline{v}_{K,0} \right) \tag{2.48}$$

gegeben. Die Umkehrabbildung, also die Bestimmung der Geschwindigkeiten und Spins vor dem Stoß aus den Vektoren nach dem Stoß, ergibt sich aus den oberen Gleichungen durch die Ersetzung der Stoßzahlen mit ihren Inversen. Man erhält die Ausdrücke

$$\underline{v}_{1,0} = \underline{v}_{1,e} + \frac{\tilde{m}}{m_1} \left[\frac{1 + \epsilon_z}{\epsilon_z} \left(\underline{v}_{K,e} \cdot \underline{e}_z \right) \underline{e}_z + \kappa \frac{1 + \epsilon_x}{\epsilon_x} \underline{e}_z \times \left(\underline{v}_{K,e} \times \underline{e}_z \right) \right], \tag{2.49}$$

$$\underline{v}_{2,0} = \underline{v}_{2,e} - \frac{\tilde{m}}{m_2} \left[\frac{1 + \epsilon_z}{\epsilon_z} \left(\underline{v}_{K,e} \cdot \underline{e}_z \right) \underline{e}_z + \kappa \frac{1 + \epsilon_x}{\epsilon_x} \underline{e}_z \times \left(\underline{v}_{K,e} \times \underline{e}_z \right) \right], \tag{2.50}$$

$$\underline{s}_{1,0} = \underline{s}_{1,e} + \frac{\kappa}{j_1} \frac{\tilde{m}}{m_1} \frac{1 + \epsilon_x}{\epsilon_x} \left(\underline{e}_z \times \underline{v}_{K,e} \right), \tag{2.51}$$

$$\underline{s}_{2,0} = \underline{s}_{2,e} + \frac{\kappa}{j_2} \frac{\tilde{m}}{m_2} \frac{1 + \epsilon_x}{\epsilon_x} \left(\underline{e}_z \times \underline{v}_{K,e} \right). \tag{2.52}$$

Für das ebene Modell in Abb. 2.2 lauten die Geschwindigkeiten nach dem Stoß in Abhängigkeit von den beiden Stoßzahlen wie folgt:

$$v_{z,e} = -\epsilon_z v_{z,0}, \tag{2.53}$$

$$v_{x,e} = v_{x,0} - \kappa \left(1 + \epsilon_x\right) \left(\tilde{R}\omega_0 + v_{x,0}\right), \tag{2.54}$$

$$\tilde{R}\omega_e = \tilde{R}\omega_0 - (1 - \kappa)(1 + \epsilon_x) \left(\tilde{R}\omega_0 + v_{x,0}\right). \tag{2.55}$$

Während des Stoßes verändert sich die gesamte kinetische Energie um

$$\Delta U_{\mathrm{kin}} = \frac{m_1}{2} \left(\underline{v}_{1,e}^2 - \underline{v}_{1,0}^2\right) + \frac{m_2}{2} \left(\underline{v}_{2,e}^2 - \underline{v}_{2,0}^2\right) + \frac{j_1 m_1}{2} \left(\underline{s}_{1,e}^2 - \underline{s}_{1,0}^2\right) + \frac{j_2 m_2}{2} \left(\underline{s}_{2,e}^2 - \underline{s}_{2,0}^2\right)$$
$$= \frac{\tilde{m}}{2} \left[v_{z,K,0}^2 \left(\epsilon_z^2 - 1\right) + \kappa v_{x,K,0}^2 \left(\epsilon_x^2 - 1\right)\right] \leq 0. \tag{2.56}$$

Hier bezeichnen $v_{z,K,0}$ und $v_{x,K,0}$ die Koordinaten des Vektors der relativen Geschwindigkeit beider Kugeln im Kontaktpunkt vor dem Stoß. Die tangentiale Stoßzahl für die Bewegung des Schwerpunktes (in dem ebenen Modell aus Abb. 2.2) lässt sich durch die Beziehung

$$\epsilon_{x,S} = \frac{\kappa v_{x,K,0}}{v_{x,0}} \left(1 + \epsilon_x\right) - 1 \tag{2.57}$$

mit ϵ_x verknüpfen. Der verallgemeinerte Einfallswinkel α der Bewegung des Kontaktpunktes ist[5]

$$\tan \alpha = -\frac{v_{x,K,0}}{v_{z,K,0}}. \tag{2.58}$$

Der verallgemeinerte Rückprallwinkel ist entsprechend

$$\tan \alpha^* = \frac{v_{x,K,e}}{v_{z,K,e}} = -\frac{\epsilon_x}{\epsilon_z} \tan \alpha. \tag{2.59}$$

Das Stoßproblem ist damit vollständig gelöst, wenn die beiden Stoßzahlen bekannt sind. Dem Problem der exakten kontaktmechanischen Bestimmung dieser Stoßzahlen unter verschiedenen Umständen sind die folgenden Teile des vorliegenden Buches gewidmet.

2.3 Zusammenfassung

Die relative Geschwindigkeit im Kontaktpunkt der beiden Kugeln zum Zeitpunkt der ersten Berührung definiert gemeinsam mit dem Verbindungsvektor der Kugelschwerpunkte die initiale Stoßebene der räumlichen Kollision zweier Kugeln. Unter den folgenden allgemeinen Annahmen kann man die sich aus dem Impuls- und Drehimpulssatz ergebenden

---

[5]Man beachte, dass mit den verwendeten Definitionen $v_{z,K,0} < 0$ sein muss, damit es überhaupt zu einem Zusammenstoß kommt. Ohne Beschränkung der Allgemeinheit sei $v_{x,K,0} > 0$.

Bewegungsgleichungen stark vereinfachen; die ursprüngliche Stoßebene wird unter diesen Annahmen während der Kollision nicht verlassen:

(a) Die Kontaktkräfte sind so groß, dass alle äußeren Einflüsse während des Stoßes vernachlässigt werden können.

(b) Das deformierte Gebiet ist klein gegenüber den Abmaßen der Kugeln als makroskopische Körper. Die Kugeln behalten dann während der Kollision ihre makroskopische Form, die Gradienten der (undeformierten) Oberflächen sind im Kontaktgebiet klein und die Kontaktmomente können gegenüber den Momenten der Kontaktkräfte bezüglich der Kugelschwerpunkte vernachlässigt werden.

(c) Die tangentialen Geschwindigkeitskomponenten und Spins sind nicht von einer höheren Größenordnung als die normalen Geschwindigkeitskomponenten. Unter Berücksichtigung der Annahme (b) folgt daraus, dass man langsame dynamische Effekte aus Zentrifugal- und Coriolis-Beiträgen vernachlässigen kann.

(d) Der Vektor der momentanen Kontaktkraft liegt in der momentanen Stoßebene.

Der Stoß wird unter diesen Annahmen auf eine äquivalente Kollision zwischen einer Kugel mit einer flachen Ebene zurückgeführt. Die Lösung dieses Stoßproblems kann man durch zwei kinematische Stoßzahlen formulieren, die die Verhältnisse der Geschwindigkeiten des Kontaktpunktes nach und vor dem Stoß in normaler, beziehungsweise tangentialer Richtung angeben. Alle Geschwindigkeiten und Spins nach dem Stoß lassen sich für die räumliche Kollision unter den oben genannten Annahmen mithilfe dieser beiden Stoßzahlen ausdrücken.

Literatur

1. Brach, R. M. (1984). Friction, restitution, and energy loss in planar collisions. *Journal of Applied Mechanics, 51*(1), 164–170.
2. Jäger, J. (1994). Analytical solutions of contact impact problems. *Applied Mechanics Review, 47*(2), 35–54.
3. Brilliantov, N. V., Spahn, F., Hertzsch, J. M., & Pöschel, T. (1996). Model for collisions in granular gases. *Physical Review E, 53*(5), 5382–5392.
4. Stronge, W. J. (2000). *Impact mechanics*. Cambridge: Cambridge University Press.
5. Bar-Lev, O. (2005). *Kinetic and hydrodynamic theory of granular gases*. Dissertation. Tel Aviv University.

Kontaktmechanische Grundlagen

In diesem sehr umfangreichen Kapitel sind die Methoden und Lösungen der Mechanik von axialsymmetrischen Kontaktproblemen dargelegt, die später zur Behandlung des Stoßproblems herangezogen werden. Ausgehend von der statischen Fundamentallösung der Elastizitatstheorie für einen homogenen elastischen Halbraum werden Schritt für Schritt die später im Buch verwendeten, relevanten Teile der axialsymmetrischen Kontaktmechanik entwickelt und dabei unterschiedliche physikalische Eigenschaften und Effekte (Adhäsion, Reibung, Viskoelastizität, Inhomogenität und Plastizität) berücksichtigt.

3.1 Fundamentallösung des homogenen elastischen Halbraums

3.1.1 Fundamentallösung für eine Punktlast

Eine wichtige Grundlage für viele kontaktmechanische Aufgaben ist die Fundamentallösung von Boussinesq [1, S. 81 ff.] und Cerruti [2] für die statischen Verschiebungen eines homogenen, isotropen, linear-elastischen Mediums ohne Volumenkräfte, das den unendlich ausgedehnten Halbraum $z \leq 0$ einnimmt, unter der Wirkung einer Punktlast im Koordinatenursprung mit den kartesischen Komponenten F_x, F_y und F_z[1]. Die Herleitung dieser Fundamentallösung aus den Lamé-Navier-Feldgleichungen mithilfe von Methoden der Potentialtheorie ist aufwendig und soll daher an dieser Stelle nicht ausgeführt werden. Man kann sie aber bei Bedarf unter anderem bei Landau und Lifshitz [3, S. 29 ff.] nachschlagen. Man erhält folgende Ausdrücke für die kartesischen Komponenten der Verschiebungen, u_x,

---

[1]In der Kontaktmechanik führt man oft eine *in* den Halbraum gerichtete Koordinate z ein, damit positive Normalkräfte Druckkräfte darstellen. Um Verwirrungen im Zusammenhang mit der makroskopischen Dynamik zu vermeiden, findet im vorliegenden Buch allerdings grundsätzlich die in der technischen Mechanik verbreitete Zugkraft-Konvention Anwendung.

© Der/die Autor(en) 2020

E. Willert, *Stoßprobleme in Physik, Technik und Medizin,*

https://doi.org/10.1007/978-3-662-60296-6_3

u_y und u_z, der Oberfläche $z = 0$ des elastischen Halbraums mit dem Schubmodul G und der Poissonzahl v:

$$u_x(x, y, z = 0) = \frac{1}{4\pi G} \frac{1}{r} \left[-\frac{(1 - 2v)x}{r} F_z + 2(1 - v)F_x + \frac{2vx}{r^2} \left(x F_x + y F_y \right) \right], \quad (3.1)$$

$$u_y(x, y, z = 0) = \frac{1}{4\pi G} \frac{1}{r} \left[-\frac{(1 - 2v)y}{r} F_z + 2(1 - v)F_y + \frac{2vy}{r^2} \left(x F_x + y F_y \right) \right], \quad (3.2)$$

$$u_z(x, y, z = 0) = \frac{1}{4\pi G} \frac{1}{r} \left[2(1 - v)F_z + \frac{1 - 2v}{r} \left(x F_x + y F_y \right) \right]. \quad (3.3)$$

Dabei (und im Folgenden) bezeichnet r grundsätzlich den polaren Radius, $r = \sqrt{x^2 + y^2}$. Außerdem sei angemerkt, dass die Verschiebungen und Spannungen im Inneren des Halbraums ebenfalls bestimmt werden können, aber hier aus Platzgründen weggelassen wurden.

3.1.2 Der Kontakt zweier elastischer Körper

Wirken zwei elastische Körper aufeinander, kann man die gerade gezeigte Fundamentallösung heranziehen, falls zwei Bedingungen erfüllt sind: Zum einen müssen die Abmaße der Körper sehr viel größer sein, als die charakteristische Länge des Kontaktgebiets, in dem sich die Körper berühren. Zum anderen müssen die Gradienten der sich berührenden Oberflächen in der Nähe des Kontaktes sehr klein sein. Diese beiden Annahmen werden sehr häufig zur sogenannten *Halbraumhypothese* zusammengefasst. Ist diese Hypothese erfüllt, kann man ohne Schwierigkeiten für den Kontakt der beiden elastischen Körper eine analoge Fundamentallösung formulieren wie im vorherigen Abschnitt. Wirken die beiden Körper durch eine Punktlast $\underline{F}$ im Ursprung aufeinander, ist die relative Verschiebung zweier gegenüberliegender Punkte auf den beiden Oberflächen der Körper durch

$$\Delta \underline{u} = \underline{u}_1(x_1, y_1) - \underline{u}_2(x_2, y_2) \quad (3.4)$$

gegeben. Unter Berücksichtigung des Wechselwirkungsprinzips

$$\underline{F}_1 = -\underline{F}_2 := \underline{F} \quad (3.5)$$

und der jeweils entgegengesetzten Koordinatenorientierungen,

$$x_1 = -x_2 := x, \quad (3.6)$$

$$y_1 = -y_2 := y, \quad (3.7)$$

ergeben sich damit die relativen Verschiebungen

$$\Delta u_x(x, y) = \frac{1}{4\pi r}\left[-\frac{F_z x}{r}\left(\frac{1-2v_1}{G_1} - \frac{1-2v_2}{G_2}\right) + 2F_x\left(\frac{1-v_1}{G_1} + \frac{1-v_2}{G_2}\right)\right]$$
$$+ \frac{x}{2\pi r^3}(xF_x + yF_y)\left(\frac{v_1}{G_1} + \frac{v_2}{G_2}\right), \tag{3.8}$$

$$\Delta u_y(x, y) = \frac{1}{4\pi r}\left[-\frac{F_z y}{r}\left(\frac{1-2v_1}{G_1} - \frac{1-2v_2}{G_2}\right) + 2F_y\left(\frac{1-v_1}{G_1} + \frac{1-v_2}{G_2}\right)\right]$$
$$+ \frac{y}{2\pi r^3}(xF_x + yF_y)\left(\frac{v_1}{G_1} + \frac{v_2}{G_2}\right), \tag{3.9}$$

$$\Delta u_z(x, y) = \frac{1}{4\pi r}\left[2F_z\left(\frac{1-v_1}{G_1} + \frac{1-v_2}{G_2}\right) + \frac{xF_x + yF_y}{r}\left(\frac{1-2v_1}{G_1} - \frac{1-2v_2}{G_2}\right)\right]. \tag{3.10}$$

Man erkennt, dass die tangentialen Verschiebungen durch die normale Belastung – und *vice versa* die normalen Verschiebungen durch die tangentialen Belastungen – verschwinden, falls

$$\frac{1-2v_1}{G_1} - \frac{1-2v_2}{G_2} = 0. \tag{3.11}$$

Zwei Materialien, die diese Bedingung erfüllen, bezeichnet man als einander elastisch ähnlich.

Sind die beiden Körper elastisch ähnlich, können die oben angegebenen Beziehungen für die Komponenten der relativen Verschiebungen als Fundamentallösung eines einzigen elastischen Halbraums mit

$$G := \frac{G_1 G_2}{G_1 + G_2} \tag{3.12}$$

und

$$v := \frac{v_1 G_2 + v_2 G_1}{G_1 + G_2} \tag{3.13}$$

aufgefasst werden. Häufig führt man auch die effektiven Moduln,

$$\frac{1}{\tilde{E}} := \frac{1-v}{2G} = \frac{1-v_1}{2G_1} + \frac{1-v_2}{2G_2}, \tag{3.14}$$

$$\frac{1}{\tilde{G}} := \frac{2-v}{4G} = \frac{2-v_1}{4G_1} + \frac{2-v_2}{4G_2}, \tag{3.15}$$

ein. Das Kontaktproblem zwischen zwei elastischen Körpern kann dann auf den Kontakt eines starren Indenters mit einem elastischen Halbraum zurückgeführt werden. Dabei definiert man die Lücke zwischen den beiden kontaktierenden Oberflächen im undeformierten Zustand als Profil f:

$$f(x, y) := z_2(x, y) - z_1(x, y). \tag{3.16}$$

Für zwei parabolische Flächen[2] mit den Krümmungsradien R_1 und R_2 ergibt sich beispielsweise

$$f(r) = \frac{r^2}{2R_1} + \frac{r^2}{2R_2} = \frac{r^2}{2\tilde{R}}, \tag{3.17}$$

mit dem in Gl. (2.28) eingeführten effektiven Radius $\tilde{R}$.

In den nachfolgenden Teilen dieses Buches wird, je nach der Verwendung in der jeweiligen Original-Literatur, zum Teil von dem Kontakt zwischen elastischen Körpern und an anderen Stellen von dem zwischen einem starren Indenter und einem elastischen Halbraum gesprochen. Dabei muss man sich vergegenwärtigen, dass beide Probleme im Rahmen der getroffenen Annahmen, wie gezeigt, äquivalent sind. Einen Sonderfall (und die für den weiteren Verlauf des Buches einzige relevante Ausnahme) stellt der Kontakt mit einem flachen zylindrischen Stempel dar. Da dieser unter keinen Umständen als Halbraum betrachtet werden kann, sind die im nächsten Abschnitt angegebenen Lösungen tatsächlich nur für den Kontakt eines *starren* Stempels mit einem elastischen Medium gültig (solange letzteres die Annahmen der Halbraumhypothese erfüllt). Die Änderungen, die sich im Fall eines elastischen Stempels ergeben, untersuchte Rao [4] in allgemeiner Form.

3.2 Reibungsfreier Normalkontakt ohne Adhäsion

In diesem Unterkapitel wird die allgemeine Lösung des reibungs- und adhäsionsfreien rotatiossymmetrischen Normalkontaktproblems für einfach zusammenhängende Kontaktgebiete gezeigt, die (auf verschiedenen Wegen) von Föppl [5], Schubert [6], Galin [7] und Sneddon [8] hergeleitet wurde. Ein eleganter Lösungsweg beruht auf der Idee von Mossakovski [9] und später Jäger [10], dass die Differenz zweier infinitesimal benachbarter Kontaktkonfigurationen mit den Kontaktradien a und $a + da$ als eine infinitesimale Indentierung durch einen flachen zylindrischen Stempel mit dem Radius a interpretiert werden kann.

3.2.1 Lösung für den flachen zylindrischen Stempel

Zunächst benötigt man also die von Boussinesq [1, S. 155 ff.] gefundene Lösung für das reibungsfreie elastische Normalkontaktproblem zwischen einem starren zylindrischen Stempel mit dem Radius a und einem elastischen Halbraum mit dem effektiven Elastizitätsmodul $\tilde{E}$. Wird der Stempel um d in den elastischen Halbraum gedrückt, sind die gemischten Randbedingungen dieses Grundproblems der Elastizitätstheorie für die Normalspannung σ_{zz} und die vertikalen Verschiebungen u_z durch

---

[2]Sphärische Profile können im Rahmen der Halbraumnäherung in der Nähe des Kontaktes als parabolisch angenähert werden.

$$\sigma_{zz}(r) = 0, \quad r > a, \tag{3.18}$$

$$u_z(r) = -d, \quad r \le a, \tag{3.19}$$

gegeben. Die Kontaktspannungen müssen außerdem grundsätzlich Druckspannungen sein.

Dieses Problem kann mithilfe der im vorherigen Unterkapitel angegebenen Fundamentallösung ohne große Schwierigkeiten vollständig gelöst werden – siehe beispielsweise die Monografien von Johnson [11, S. 59 f.] oder Popov [12, S. 313 f.]. Der Zusammenhang zwischen der Normalkraft F_z und der Eindrucktiefe ist durch

$$F_z = -2\tilde{E}da \tag{3.20}$$

gegeben. Die Steifigkeit des Kontaktes ist dementsprechend

$$k_z := -\frac{\mathrm{d}F_z}{\mathrm{d}d} = 2\tilde{E}a. \tag{3.21}$$

Die Spannungsverteilung im Kontakt hat die Form

$$\sigma_{zz}(r) = -\frac{\tilde{E}d}{\pi\sqrt{a^2 - r^2}}, \quad r \le a, \tag{3.22}$$

und die vertikalen Verschiebungen des Halbraums außerhalb des Kontaktes können zu

$$u_z(r) = -\frac{2d}{\pi}\arcsin\left(\frac{a}{r}\right), \quad r > a, \tag{3.23}$$

bestimmt werden.

3.2.2 Lösung für eine beliebige axialsymmetrische Indenterform

Man betrachte nun einen rotationssymmetrischen konvexen starren Eindruckkörper mit dem Profil $f(r)$, der in einen elastischen Halbraum eingedrückt wird (siehe Abb. 3.1).

Es ist klar, dass das Kontaktgebiet kreisförmig mit dem Radius a ist, wobei a allerdings, im Gegensatz zum Kontakt mit einem flachen zylindrischen Stempel, nicht *a priori* bekannt ist,

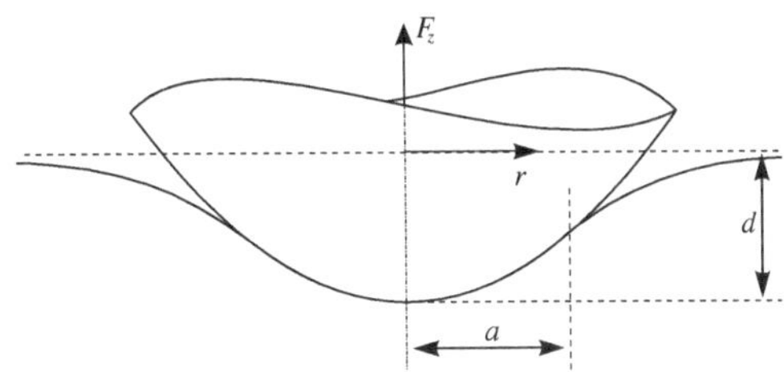

Abb. 3.1 Indentierung eines elastischen Halbraums durch einen axialsymmetrischen starren konvexen Eindruckkörper

sondern im Laufe der Lösung des Kontaktproblems bestimmt werden muss. Die Bedingung (3.19) muss durch

$$u_z(r) = f(r) - d, \quad r \leq a \tag{3.24}$$

ersetzt werden, die Randbedingung (3.18) bleibt erhalten. Der Indenter habe, der Einfachheit halber und weil etwas anderes im Rahmen dieses Buches nicht gebraucht wird, keine scharfen Kanten, das Profil sei also überall stetig nach r differenzierbar. Die Spannung am Rand des Kontaktes ist in diesem Fall stetig, wodurch das Randwertproblem geschlossen wird [13, S. 6].

Eine Größe aus dem Tripel $\{a, d, F_z\}$ definiert nun eineindeutig die beiden jeweils anderen; insbesondere ist die Eindrucktiefe eine eineindeutige Funktion des Kontaktradius:

$$d = g(a). \tag{3.25}$$

Der Indentierungsvorgang vom Kontaktradius Null bis zum momentanen Kontaktradius a kann in Anlehnung an die Idee von Mossakovski-Jäger als ein Integral von infinitesimalen Indentierungen durch flache zylindrische Stempel mit wachsenden Radien $\tilde{a}$ verstanden werden. Die gesamte Normalkraft ist durch

$$F_z = \int_0^a \frac{\mathrm{d}\tilde{F}_z}{\mathrm{d}\tilde{d}} \frac{\mathrm{d}\tilde{d}}{\mathrm{d}\tilde{a}} \, \mathrm{d}\tilde{a} \tag{3.26}$$

gegeben, was man unter Verwendung der Gl. (3.21) und (3.25) nach partieller Integration[3] als

$$F_z = -2\tilde{E} \int_0^a [d - g(x)] \, \mathrm{d}x \tag{3.27}$$

schreiben kann. Die Druckverteilungen der Stempelindentierungen tragen zum Spannungszustand bei der radialen Koordinate r erst bei, wenn der Stempelradius größer als r ist. Die gesamte Spannungsverteilung ergibt sich daher zu

$$\sigma_{zz}(r) = -\frac{\tilde{E}}{\pi} \int_r^a \frac{g'(x)}{\sqrt{x^2 - r^2}} \, \mathrm{d}x, \quad r \leq a, \tag{3.28}$$

---

[3]Zwecks der besseren Übersichtlichkeit wird die Integrationsvariable $\tilde{a}$ im Folgenden als x bezeichnet. Der Sinn dieser Notation ergibt sich aus der im vierten Kapitel erläuterten Methode der Dimensionsreduktion.

wobei der Hochstrich die Ableitung nach dem Argument bezeichnet. Die Verschiebungen des Halbraums sind durch

$$u_z(r) = -\frac{2}{\pi} \int_0^{\min(r,a)} \arcsin\left(\frac{x}{r}\right) g'(x)\mathrm{d}x - \int_{\max(r,a)}^{a} g'(x)\mathrm{d}x \tag{3.29}$$

gegeben, was sich wiederum nach partieller Integration zu

$$u_z(r) = -\frac{2}{\pi} \int_0^{\min(r,a)} \frac{d - g(x)}{\sqrt{r^2 - x^2}}\,\mathrm{d}x \tag{3.30}$$

vereinfachen lässt. Aus der Äquivalenz von (3.24) und (3.30) innerhalb des Kontaktgebiets folgt:

$$f(r) = \frac{2}{\pi} \int_0^{r} \frac{g(x)}{\sqrt{r^2 - x^2}}\,\mathrm{d}x. \tag{3.31}$$

Dies ist eine Abeltransformation, die man mit dem Ergebnis [14, S. 353]

$$g(x) = \frac{\mathrm{d}}{\mathrm{d}x}\left[\int_0^{|x|} \frac{r f(r)}{\sqrt{x^2 - r^2}}\,\mathrm{d}r\right] = |x| \int_0^{|x|} \frac{f'(r)}{\sqrt{x^2 - r^2}}\,\mathrm{d}r \tag{3.32}$$

invertieren kann. Die Gl. (3.25), (3.27), (3.28), (3.30) und (3.32) reproduzieren die Lösung des rotationssymmetrischen Boussinesq-Problems von Föppl-Schubert-Galin-Sneddon.

Für den Normalkontakt zwischen einer starren Kugel mit dem Radius $\tilde{R}$ und einem elastischen Halbraum erhält man im Rahmen der Halbraumnäherung $a \ll \tilde{R}$ das parabolische Profil

$$f(r) \approx \frac{r^2}{2\tilde{R}}. \tag{3.33}$$

Die Lösung in der parabolischen Näherung geht auf die klassische Arbeit von Hertz [15] zurück, die exakte Kugelform wurde von Segedin [16] zuerst behandelt. Allerdings unterscheidet sich die Lösung der Kugel selbst für Werte $\tilde{R} \approx 4a$, die die Halbraumhypothese bereits grob verletzen, nur sehr geringfügig von der des Paraboloids [17, S. 21 f.]. Setzt man die parabolische Näherung (3.33) in die oben abgeleiteten Gleichungen der allgemeinen Lösung ein, findet man die Beziehungen

$$g(x) = \frac{x^2}{\tilde{R}}, \tag{3.34}$$

$$d(a) = \frac{a^2}{\tilde{R}}, \tag{3.35}$$

$$F_z(a) = -\frac{4}{3}\tilde{E}\,\frac{a^3}{\tilde{R}}, \tag{3.36}$$

$$\sigma_{zz}(r) = -\frac{2\tilde{E}}{\pi\tilde{R}}\sqrt{a^2 - r^2}, \quad r \leq a, \tag{3.37}$$

durch die das Kontaktproblem vollständig gelöst wird.

Für ein Profil in der Form eines Potenzgesetzes (dies schließt unter anderem die Spezialfälle des konischen und des oben gezeigten parabolischen Kontaktes mit ein),

$$f(r) = Ar^n, \quad n \in \mathbb{R}^+, \tag{3.38}$$

mit einer positiven Konstante A, lautet die Lösung des Kontaktproblems für die makroskopischen Größen wie folgt:

$$d(a) = \beta(n)Aa^n, \quad \beta(n) := \sqrt{\pi}\,\frac{\Gamma(n/2+1)}{\Gamma[(n+1)/2]}, \tag{3.39}$$

$$F_z(a) = -\frac{2n}{n+1}\tilde{E}\,\beta(n)Aa^{n+1}. \tag{3.40}$$

Dabei bezeichnet Γ die im Anhang definierte Gamma-Funktion. Für $n = 2$ und $A = 1/(2\tilde{R})$ ergeben sich natürlich die obigen Ergebnisse des parabolischen Profils. Auf die Angabe der lokalen Spannungen wurde verzichtet. Es sei aber in diesem Zusammenhang auf das Handbuch von Popov et al. [17, S. 28] verwiesen.

3.2.3 Einfluss des Reibregimes

Bisher wurde nur der reibungsfreie Normalkontakt behandelt, bei dem mögliche relative radiale Verschiebungen zwischen den kontaktierenden Oberflächen zu keinen zusätzlichen radialen Spannungen an der Oberfläche des Halbraum-Mediums führen. Es sind aber natürlich auch andere Regime denkbar, z. B. Kontakte ohne Gleiten (also mit einem unendlichen Reibbeiwert) oder solche mit einem endlichen Reibungskoeffizienten. Die im vorangegangenen Abschnitt verwendete Methode der Superposition von infinitesimalen Flachstempellösungen ist auch auf solche Kontakte anwendbar[4], allerdings sind die Lösungen deutlich komplizierter (und im Fall endlicher Reibung auch nur noch numerisch möglich), da bereits

---

[4]Tatsächlich stammt die Idee von Mossakovski ursprünglich aus der Behandlung des Normalkontaktproblems ohne Gleiten.

die Grundaufgabe der Indentierung durch den flachen zylindrischen Stempel mathematisch sehr viel komplexer ist als im reibungsfreien Fall.

Andererseits gibt es im Fall elastisch ähnlicher Kontaktpartner gar keine relativen radialen Verschiebungen bei der Normalindentierung und das Reibregime spielt daher für Kontakte elastisch ähnlicher Materialien keine Rolle. Dieser Fall der elastischen Ähnlichkeit ist der hauptsächlich in dem vorliegenden Buch untersuchte, deswegen soll der Normalkontakt mit Reibung an dieser Stelle nicht ausführlich betrachtet werden. Es sei aber auf die zentralen Publikationen von Mossakovski [9, 18] und Spence [19] zum Normalkontakt ohne Gleiten und von Spence [20], Storåkers und Elaguine [21] und Zhupanska [22] zum Normalkontakt mit endlicher Reibung verwiesen. Eine gute Übersicht über die existierende Literatur zu diesem Thema liefern außerdem die Arbeit von Borodich und Keer [23] und das Handbuch von Popov et al. [17, S. 51 ff.]. Für Materialien mit positiven Poissonzahlen unterscheiden sich die Werte der Kontaktsteifigkeit für den reibungsfreien Kontakt und den Kontakt ohne Gleiten nur um maximal 10 % [17, S. 55], der reibungsfreie Fall kann daher oft auch dann als sehr gute Näherung[5] herangezogen werden, wenn seine formalen Voraussetzungen nicht exakt erfüllt sind.

3.3 Reibungsfreier Normalkontakt mit Adhäsion

3.3.1 Einführung

Die Oberflächen fester, elektrisch neutraler Körper wechselwirken durch relativ schwache und schnell mit dem Abstand fallende, in der Regel anziehende Kräfte, die man als Adhäsionskräfte bezeichnet. Die physikalische Natur dieser Kräfte kann verschiedener Art sein, ihr Ursprung sind dabei van-der-Waals- oder andere schwache molekulare Wechselwirkungen. Je nach der Form der Wechselwirkung lässt sich zwischen den Oberflächen der Körper ein mikroskopisches Potential σ_{adh} als Funktion des Abstands $h > 0$ einführen, das eine charakteristische Reichweite h_1 und einen Gleichgewichtsabstand h_0 von der gleichen Größenordnung besitzt. Die Arbeit pro Fläche, die nötig ist, um zwei Oberflächen gegen die Wirkung dieses Potentials aus dem Gleichgewichtsabstand vollständig voneinander zu trennen, sei als $\Delta\gamma$ bezeichnet,

$$\Delta\gamma := \int_{h_0}^{\infty} \sigma_{\text{adh}}(h)\mathrm{d}h. \tag{3.41}$$

Die Adhäsion als Oberflächen- und die Elastizität als Volumen-Wechselwirkung skalieren unterschiedlich. Daher spielt die Adhäsion bei kontaktmechanischen Problemen vorwiegend in besonders kleinen Systemen (der Mikro- oder Nanoskala) eine Rolle. Sie gewinnt

---

[5]zumindest für die Zusammenhänge zwischen den makroskopischen Kontaktgrößen, d. h. Normalkraft, Kontaktradius und Eindrucktiefe

aber auch an Bedeutung, wenn einer der Kontaktpartner sehr weich ist oder die beteiligten Oberflächen sehr glatt sind.

Falls die charakteristische Reichweite der Adhäsion vernachlässigbar klein gegenüber der kleinsten Skala des jeweiligen Kontaktproblems ist, meistens der Indentierungstiefe, spielt die konkrete Form des Potentials keine Rolle und die einzige notwendige Größe zur Charakterisierung der adhäsiven Wechselwirkung ist $\Delta\gamma$. Es reicht dann eine energetische Betrachtung zur Behandlung der Oberflächenenergie aus, wie zuerst im Rahmen der Linear-Elastischen Bruchmechanik in der klassischen Arbeit von Griffith [24] gezeigt wurde. Mit dem gleichen Ansatz wie Griffith lösten 50 Jahre später Johnson, Kendall und Roberts (JKR, [25]) das adhäsive Normalkontaktproblem von Kugeln im Grenzfall vernachlässigbarer Reichweite der adhäsiven Wechselwirkung. Der entgegengesetzte Fall, dass diese Reichweite sehr viel größer als die der elastischen Wechselwirkung ist, wurde für den Normalkontakt von Kugeln wenig später von Derjaguin, Muller und Toporov (DMT, [26]) behandelt. Sie nahmen an, dass dann die elastischen Spannungen im Kontakt, wiederum unabhängig von der konkreten Form des adhäsiven Potentials, durch die Adhäsion nicht beeinflusst werden und der bekannten Hertzschen Verteilung (3.37) genügen.

Die JKR- und die DMT-Theorie unterscheiden sich in ihren Vorhersagen. So erhalten sie für die maximale adhäsive Zugkraft F_A, die der Kontakt aufbringen kann, die verschiedenen Werte

$$F_A^{\mathrm{JKR}} = \frac{3}{2}\pi\,\Delta\gamma\,\tilde{R}, \tag{3.42}$$

$$F_A^{\mathrm{DMT}} = 2\pi\,\Delta\gamma\,\tilde{R}. \tag{3.43}$$

Im Rahmen der DMT-Theorie ist der Kontakt in diesem Zustand bereits auf einen Punkt zusammengeschrumpft, das Ergebnis (3.43) stimmt daher mit dem von Bradley [27] für den Kontakt starrer Kugeln überein. Tabor [28] konnte zeigen, dass beide Theorien korrekte Grenzfälle beschreiben und dass das Verhalten im Übergangsbereich nur von dem Verhältnis zwischen dem Gleichgewichtsabstand h_0 und der charakteristischen Länge Δl des adhäsiven Halses,

$$\Delta l \approx \left(\frac{\tilde{R}\Delta\gamma^2}{\tilde{E}^2}\right)^{1/3}, \tag{3.44}$$

bestimmt wird. Der Tabor-Parameter zur Berücksichtigung der Reichweite der Adhäsion ist also

$$\lambda_T = \frac{1}{h_0}\left(\frac{\tilde{R}\Delta\gamma^2}{\tilde{E}^2}\right)^{1/3}. \tag{3.45}$$

Der genaue Übergang zwischen den beiden Grenzfällen hängt natürlich – im Gegensatz zu den Grenzfällen selbst – von der konkreten Form des Potentials ab. Die erste rigorose analytische Lösung für den adhäsiven Normalkontakt von Kugeln bei einem beliebigen Tabor-Parameter gelang dabei Maugis [29]. Dieser verwendete das theoretische Potential einer konstanten Adhäsionsspannung innerhalb einer festen Reichweite,

$$\sigma_{\text{adh}}(h) = \sigma_m \text{H}(h_1 - h), \tag{3.46}$$

mit der Heaviside-Stufenfunktion $\text{H}(\cdot)$, das zuerst im Rahmen der Bruchmechanik von Dugdale [30] benutzt wurde und streng genommen keine physikalische Realität besitzt. Sein großer Vorteil besteht aber darin, dass es – im Gegensatz zu physikalisch rigoroseren Potentialen – eine analytische Einbindung in die Kontaktmechanik erlaubt. Außerdem ist das qualitative Verhalten sicher unabhängig von der Form des Potentials; zur allgemeinen Untersuchung des Einflusses des Tabor-Parameters in adhäsiven Kontakten ist daher die klassische Theorie von Maugis ein sehr berechtigter Ansatz. Trotzdem wurden auch andere Ansätze verfolgt. Greenwood [31] und Feng [32] untersuchten beispielsweise in ausführlichen numerischen Studien das Potential

$$\sigma_{\text{adh}}(h) - \frac{8\Delta\gamma}{3h_0}\left[\left(\frac{h_0}{h}\right)^3 - \left(\frac{h_0}{h}\right)^9\right], \tag{3.47}$$

das von Muller et al. [33] aus dem Lennard-Jones-(12,6)-Potential zwischen zwei Molekülen hergeleitet wurde. Damit das Maximum dieser Funktion mit dem Wert σ_m aus dem Dugdale-Potential übereinstimmt und die Oberflächentrennungsarbeit $\Delta\gamma$ für beide Potentiale den gleichen Wert annimmt, muss das Verhältnis zwischen der Reichweite des Dugdale-Potentials und dem Gleichgewichtsabstand des Lennard-Jones-Potentials zu

$$\frac{h_1}{h_0} = \frac{9\sqrt{3}}{16} \approx 0{,}97 \tag{3.48}$$

gewählt werden. Für diesen Fall sind die beiden Potentiale in normierter Darstellung (in ihrem Zugbereich) in Abb. 3.2 gezeigt.

Greenwood und Johnson [34] konstruierten ein künstliches (und etwas merkwürdiges) Potential mit dem Zweck, die resultierende Kontaktmechanik so weit wie möglich

Abb. 3.2 Der aus dem Lennard-Jones-(12,6)-Potential abgeleitete Ausdruck (3.47) und das Dugdale-Potential (3.46) für die adhäsive Spannung, jeweils in normierter Darstellung

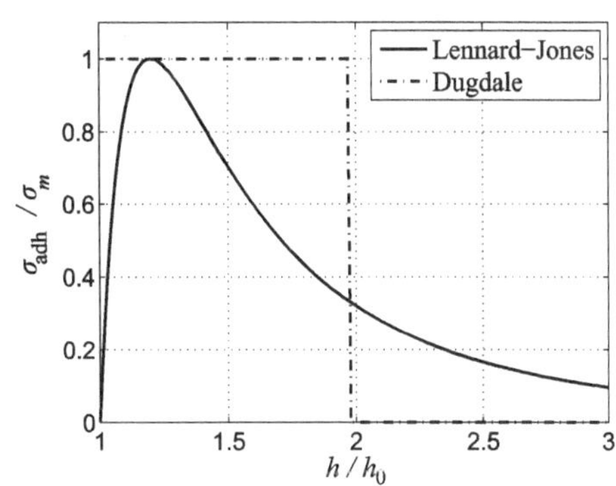

zu vereinfachen. Auch ihre Theorie enthält natürlich die JKR- und die DMT-Theorie als Grenzfälle. Eine von der genauen Form des Wechselwirkungspotentials unabhängige Beschreibung des adhäsiven Normalkontaktes von Kugeln wurde außerdem von Barthel [35] gegeben. Einen sehr guten Überblick über die Rolle der Adhäsion in der Kontaktmechanik (besonders im Hinblick auf die Kontaktmechanik rauer Oberflächen) bietet schließlich die kürzlich erschienene Arbeit von Ciavarella et al. [36].

In diesem Buch finden später bei der genaueren Untersuchung des Normalstoßproblems die JKR-Theorie und die Theorie von Maugis Anwendung, die daher in den beiden folgenden Abschnitten noch einmal detaillierter dargestellt werden.

3.3.2   Adhäsiver Normalkontakt in der JKR-Näherung

Im Rahmen der JKR-Theorie hat die Adhäsion die Reichweite Null, die adhäsiven Spannungen wirken also nur in der Fläche des direkten Kontaktes. Damit sind die Randbedingungen des axialsymmetrischen Normalkontaktproblems die gleichen wie im Fall des nicht-adhäsiven Kontaktes: außerhalb des Kontaktes gibt es keine Spannungen und innerhalb des Kontaktes wird die Verschiebung durch die Form des Eindruckkörpers vorgegeben. Nur der Zusammenhang (3.25) zwischen der Eindrucktiefe und dem Kontaktradius verliert seine Gültigkeit durch die Bildung des adhäsiven Halses. Aus der Gleichheit der Randbedingungen folgt sofort, dass das adhäsive Kontaktproblem aus der Superposition des nicht-adhäsiven Problems mit einer Starrkörperverschiebung des Kontaktgebiets, d. h. mit einer Indentierung durch einen flachen zylindrischen Stempel mit dem Radius a, hervorgeht. Dies ist die zentrale Idee der JKR-Theorie, aus der sich die Lösung des Kontaktproblems ohne Schwierigkeiten bestimmen lässt, da die Lösungen des nicht-adhäsiven Kontaktes für einen beliebigen axialsymmetrischen Indenter und den Flachstempel bereits bekannt sind. Nur die zusätzliche Starrkörperverschiebung Δl muss bestimmt werden. Dies gelingt aber leicht, indem, in Analogie zum Griffith-Kriterium, der Gleichgewichtszustand über das Minimum der Gesamtenergie ermittelt wird. Im Folgenden wird mithilfe der obigen Überlegungen das axialsymmetrische reibungsfreie adhäsive Normalkontaktproblem in der JKR-Näherung gelöst. Die Lösung wurde, auf eine etwas andere Art hergeleitet, zuerst von Barquins und Maugis [37] präsentiert. Mit den gleichen Methoden können außerdem auch allgemeine adhäsive Normalkontakte in der JKR-Näherung behandelt werden [38–41].

Zunächst wird der Indenter ohne Berücksichtigung der Adhäsion bis zum Kontaktradius a in den elastischen Halbraum eingedrückt. Die Werte der Normalkraft, der Indentierungstiefe, der Kontaktsteifigkeit und der gespeicherten elastischen Energie sind aus dem vorherigen Unterkapitel bekannt. Um Verwechslungen vorzubeugen, kennzeichnet im Folgenden das Superskript „n.a." die nicht-adhäsiven Größen. Anschließend wird das gesamte Kontaktgebiet auf

$$d = d^{\text{n.a.}} - \Delta l \tag{3.49}$$

angehoben, die Normalkraft ist dann

$$F_z = F_z^{\text{n.a.}} + k_z^{\text{n.a.}} \Delta l. \tag{3.50}$$

Die gesamte Energie des Systems am Schluss des Vorgangs beträgt (unter Berücksichtigung der Oberflächenenergie)

$$U_{\text{tot}} = U_{\text{el}}^{\text{n.a.}} + \frac{k_z^{\text{n.a.}}}{2} \Delta l^2 + F_z^{\text{n.a.}} \Delta l - \pi a^2 \Delta \gamma. \tag{3.51}$$

Bei vorgegebener (konstanter) Eindrucktiefe d ist

$$\frac{\partial \Delta l}{\partial a} = \frac{\partial d^{\text{n.a.}}}{\partial a}. \tag{3.52}$$

Der Kontaktradius stellt sich so ein, dass die Gesamtenergie des Systems minimal ist. Das führt auf die notwendige Bedingung

$$\frac{\partial U_{\text{tot}}}{\partial a} = -F_z^{\text{n.a.}} \frac{\partial d^{\text{n.a.}}}{\partial a} + \frac{\Delta l^2}{2} \frac{\partial k_z^{\text{n.a.}}}{\partial a} + k_z^{\text{n.a.}} \Delta l \frac{\partial \Delta l}{\partial a} - k_z^{\text{n.a.}} \frac{\partial d^{\text{n.a.}}}{\partial a} \Delta l + F_z^{\text{n.a.}} \frac{\partial \Delta l}{\partial a} - 2\pi a \Delta \gamma = 0, \tag{3.53}$$

die bei konstanter Eindrucktiefe auf die Beziehung

$$\Delta l = \pm \sqrt{\frac{4\pi a \Delta \gamma}{\partial k_z^{\text{n.a.}}/\partial a}} = \pm \sqrt{\frac{2\pi a \Delta \gamma}{\tilde{E}}}. \tag{3.54}$$

führt. Dabei entspricht der positive Wert einem Minimum der Gesamtenergie.

Die Lösung des parabolischen Kontaktes ist mit den Ergebnissen aus dem vorherigen Unterkapitel 3.2 damit durch

$$d(a) = \frac{a^2}{\tilde{R}} - \sqrt{\frac{2\pi a \Delta \gamma}{\tilde{E}}}, \tag{3.55}$$

$$F_z(a) = -\frac{4}{3} \tilde{E} \frac{a^3}{\tilde{R}} + \sqrt{8\pi a^3 \Delta \gamma \tilde{E}}, \tag{3.56}$$

gegeben.

Mit der Bedingung (3.53) wurde ein Gleichgewichtszustand gefunden, über die Stabilität dieses Gleichgewichts aber noch keine Aussage getroffen. Wird die Kugel ohne Kontakt auf den Halbraum zubewegt, gibt es im Zustand der ersten Berührung, $d = 0$, zwei Lösungen der Gl. (3.55) für den Kontaktradius, von denen allerdings, wie man sich leicht überzeugt, nur

$$a_0 = \left(\frac{2\pi \Delta \gamma \tilde{R}^2}{\tilde{E}} \right)^{1/3} \tag{3.57}$$

stabil ist. Es bildet sich also spontan ein Kontaktgebiet mit dem Radius a_0 aus. Zieht man die Kugel von dem Halbraum ab, haftet sie solange daran, bis der Kontakt seine Stabilität verliert und sich spontan auflöst. In welcher Kontaktkonfiguration das passiert, hängt von der Apparatur ab, mit der die Kugel angehoben wird. Diese Apparatur habe eine Normalsteifigkeit $\hat{k}_z$. Die Stabilitätsgrenze ergibt sich aus der Bedingung,

$$\hat{k}_z = \frac{\mathrm{d}F_z}{\mathrm{d}d} = \frac{\mathrm{d}F_z}{\mathrm{d}a}\frac{\mathrm{d}a}{\mathrm{d}d}. \tag{3.58}$$

Besonders einfach wird dieses Kriterium in zwei Spezialfällen, der Weg-, beziehungsweise Kraftsteuerung. Für weggesteuerte Versuche ist die Apparatur unendlich steif, die Bedingung (3.58) vereinfacht sich somit zu der Bedingung

$$\frac{\mathrm{d}d}{\mathrm{d}a} = 0. \tag{3.59}$$

Die entsprechenden kritischen Werte des Kontaktradius, der Eindrucktiefe und der Normalkraft sind in diesem Fall (gekennzeichnet durch das Superskript „WS") durch

$$a_c^{\mathrm{WS}} = \left(\frac{\pi\,\tilde{R}^2\Delta\gamma}{8\tilde{E}}\right)^{1/3}, \quad d_c^{\mathrm{WS}} = -\frac{3}{4}\left(\frac{\pi^2\Delta\gamma^2\tilde{R}}{\tilde{E}^2}\right)^{1/3}, \quad F_{z,c}^{\mathrm{WS}} = \frac{5}{6}\pi\,\Delta\gamma\,\tilde{R} \tag{3.60}$$

gegeben. Bei ideal-kraftgesteuerten Versuchen ist die Apparatur unendlich weich, das Stabilitätskriterium ist dann

$$\frac{\mathrm{d}F_z}{\mathrm{d}a} = 0. \tag{3.61}$$

Die entsprechenden kritischen Werte des Kontaktradius, der Eindrucktiefe und der Normalkraft sind

$$a_c^{\mathrm{KS}} = \left(\frac{9\pi\,\tilde{R}^2\Delta\gamma}{8\tilde{E}}\right)^{1/3}, \quad d_c^{\mathrm{KS}} = -\frac{1}{4}\left(\frac{3\pi^2\Delta\gamma^2\tilde{R}}{\tilde{E}^2}\right)^{1/3}, \quad F_{z,c}^{\mathrm{KS}} = \frac{3}{2}\pi\,\Delta\gamma\,\tilde{R}. \tag{3.62}$$

Die letzte Relation entspricht der bereits in Gl. (3.42) eingeführten maximalen Adhäsionskraft in der JKR-Näherung. Normiert man alle Größen auf ihre kritischen Werte bei Kraftsteuerung, erhält man die Zusammenhänge

$$\frac{d}{|d_c^{\mathrm{KS}}|} = 3\left(\frac{a}{a_c^{\mathrm{KS}}}\right)^2 - 4\sqrt{\frac{a}{a_c^{\mathrm{KS}}}}, \tag{3.63}$$

$$\frac{F_z}{F_c^{\mathrm{KS}}} = -\left(\frac{a}{a_c^{\mathrm{KS}}}\right)^3 + 2\sqrt{\left(\frac{a}{a_c^{\mathrm{KS}}}\right)^3}. \tag{3.64}$$

Diese sind in Abb. 3.3 dargestellt.

Abb. 3.3 Normalkraft und Indentierungstiefe als Funktionen des Kontaktradius in normierten Größen für den adhäsiven Normalkontakt von Kugeln in der JKR-Näherung

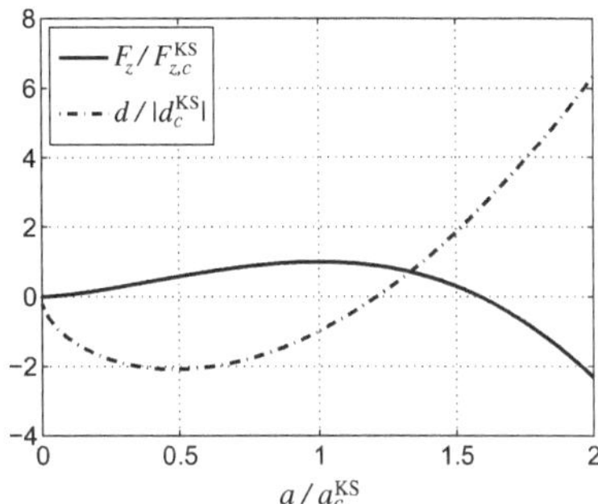

Abb. 3.4 zeigt die dadurch implizit definierte Relation zwischen den normierten Werten der Normalkraft und der Indentierungstiefe. Der durchgezogene Teil ist dabei unabhängig von der Versuchsapparatur stabil. Die Stabilität in dem strichpunktierten Teil hängt von der Steifigkeit der Apparatur ab, der punktierte Teil ist grundsätzlich instabil.

Falls das Profil $f(r)$ in der Form eines Potenzgesetzes geschrieben werden kann – siehe Gl. (3.38) – sind die Zusammenhänge zwischen Normalkraft, Kontaktradius und Eindrucktiefe mithilfe der nicht-adhäsiven Lösung aus den Gl. (3.39) und (3.40) durch

$$d(a) = \beta(n) A a^n - \sqrt{\frac{2\pi a \Delta\gamma}{\tilde{E}}}, \tag{3.65}$$

$$F_z(a) = -\frac{2n}{n+1} \tilde{E} \, \beta(n) A a^{n+1} + \sqrt{8\pi a^3 \Delta\gamma \, \tilde{E}} \tag{3.66}$$

gegeben. Für den weiteren Verlauf dieses Buches sind nur die kritischen Größen im weggesteuerten Fall von Bedeutung. Dabei ist $n = 1/2$ ein kritischer Fall, er trennt zwei unterschiedliche Formen von Instabilitäten: für $n > 1/2$ die instabile Auflösung des Kontaktes und für $n < 1/2$ die instabile (unbegrenzte) Ausbreitung des Kontaktes [42]. Es sollen daher im Folgenden für JKR-adhäsive Normalkontakte nur Profile mit $n > 1/2$ betrachtet

Abb. 3.4 Normalkraft als Funktion der Indentierungstiefe; der gepunktete Teil ist instabil, der strichpunktierte stabil oder instabil je nach der Art der Versuchssteuerung, der durchgezogene Teil ist stabil

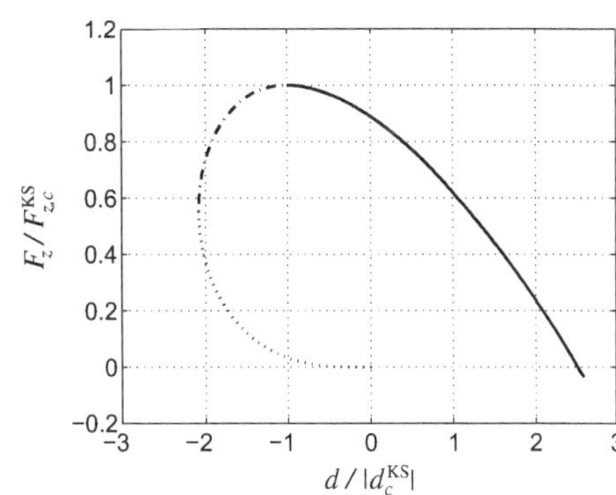

werden. Man erhält für den kritischen Kontaktradius bei Wegsteuerung auf die gleiche Art und Weise wie oben

$$a_c^{\text{WS}} = \left(\frac{\pi \Delta \gamma}{2\tilde{E}}\right)^{\frac{1}{2n-1}} \left(\frac{1}{n\beta(n)A}\right)^{\frac{2}{2n-1}}, \tag{3.67}$$

und für die entsprechenden Werte der Eindrucktiefe und der Normalkraft

$$d_c^{\text{WS}} = \left(\frac{1}{n} - 2\right) \left(\frac{\pi \Delta \gamma}{2\tilde{E}}\right)^{\frac{n}{2n-1}} \left(\frac{1}{n\beta(n)A}\right)^{\frac{1}{2n-1}}, \tag{3.68}$$

$$F_c^{\text{WS}} = \left(4 - \frac{2}{n+1}\right) \tilde{E}^{\frac{n-2}{2n-1}} \left(\frac{\pi \Delta \gamma}{2}\right)^{\frac{n+1}{2n-1}} \left(\frac{1}{n\beta(n)A}\right)^{\frac{3}{2n-1}}. \tag{3.69}$$

3.3.3 Theorie von Maugis (parabolischer Kontakt)

Der Einfluss der Reichweite der Adhäsion auf das Normalstoßproblem wird später zur Veranschaulichung der relevanten Mechanismen nur für den Kontakt von Kugeln genauer untersucht, da der allgemeine axialsymmetrische Fall für dieses Problem sehr unübersichtlich ist. Im Gegensatz zu den vorhergehenden Abschnitten soll an dieser Stelle daher ausschließlich der parabolische Kontakt betrachtet werden.

Der Übergang von der JKR- zur DMT-Theorie für den parabolischen Kontakt wurde von Maugis [29] vollständig analytisch mithilfe des Dugdale-Modells (3.46) für das adhäsive Potential gefunden. Neben dem Gebiet des direkten Kontaktes $r \leq a$ gibt es in diesem Kontaktproblem das ringförmige Gebiet $a < r \leq b$, in dem nur die adhäsive Zugspannung auf die beiden Oberflächen wirkt. Das Randwertproblem wird außerdem durch die Forderungen geschlossen, dass die Spannung am Rand des direkten Kontaktes stetig ist und der Abstand zwischen den Oberflächen bei $r = b$ der Reichweite der Adhäsion entspricht (siehe Abb. 3.5):

$$h_1 = \frac{b^2}{2\tilde{R}} - d - u_z(b). \tag{3.70}$$

Abb. 3.5 Schematische Darstellung des Maugis-adhäsiven Normalkontaktes zwischen einem starren Paraboloid und einem elastischen Halbraum; Veranschaulichung aller relevanten Längen

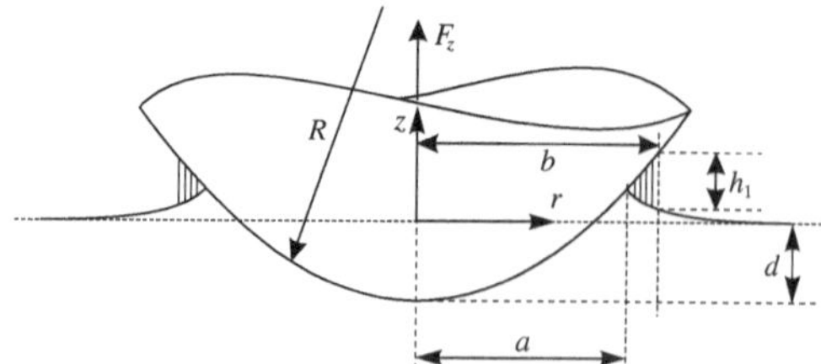

Maugis löste diese Aufgabe mit Methoden der Linear-Elastischen Bruchmechanik, indem er einen äußeren Riss unter Einfluss der Dugdale-Spannung betrachtete[6]. Die Herleitung von Maugis ist umfangreich und da im nächsten Kapitel eine deutlich einfachere Herleitung mithilfe der Methode der Dimensionsreduktion gezeigt ist, wird an dieser Stelle auf die Darstellung des Lösungswegs von Maugis verzichtet. Man erhält für die Spannungsverteilung im Gebiet des direkten Kontaktes

$$\sigma_{zz}(r) = -\frac{2\tilde{E}}{\pi\tilde{R}}\sqrt{a^2 - r^2} + \frac{2\sigma_m}{\pi}\arctan\left(\frac{\sqrt{b^2 - a^2}}{\sqrt{a^2 - r^2}}\right), \quad r \le a. \tag{3.71}$$

Der Zusammenhang zwischen der Eindrucktiefe d und den beiden Kontaktradien a und b ist

$$d = \frac{a^2}{\tilde{R}} - \frac{2\sigma_m}{\tilde{E}}\sqrt{b^2 - a^2} \tag{3.72}$$

und die gesamte Normalkraft beträgt

$$F_z = -\frac{4}{3}\tilde{E}\frac{a^3}{\tilde{R}} + 2\sigma_m\left[b^2\arccos\left(\frac{a}{b}\right) + a\sqrt{b^2 - a^2}\right]. \tag{3.73}$$

Außerdem führt die Forderung (3.70) auf die Gleichung

$$\frac{\pi h_1}{2} = \arccos\left(\frac{a}{b}\right)\left(\frac{b^2}{2\tilde{R}} - d\right) + \frac{a}{2\tilde{R}}\sqrt{b^2 - a^2} - \frac{2\sigma_m}{\tilde{E}}(b - a). \tag{3.74}$$

Normiert man alle Größen auf die in den Gl. (3.62) gegebenen kritischen Werte in der JKR-Näherung und führt außerdem die Kürzel

$$m := \frac{b}{a}, \quad \Lambda := \frac{|d_c^{\text{KS}}|}{h_1} \tag{3.75}$$

ein, können die Gl. (3.72), (3.73) und (3.74) wie folgt in dimensionsfreier Form geschrieben werden:

$$\hat{d} = 3\hat{a}^2 - \frac{16}{\pi}\hat{a}\Lambda\sqrt{m^2 - 1}, \tag{3.76}$$

$$\hat{F}_z = -\hat{a}^3 + \frac{4}{\pi}\Lambda\hat{a}^2\left[m^2\arccos\left(\frac{1}{m}\right) + \sqrt{m^2 - 1}\right], \tag{3.77}$$

$$1 = \frac{32}{\pi^2}\Lambda^2\hat{a}\left[\arccos\left(\frac{1}{m}\right)\sqrt{m^2 - 1} - m + 1\right] +$$

$$+ \frac{3\Lambda\hat{a}^2}{\pi}\left[\left(m^2 - 2\right)\arccos\left(\frac{1}{m}\right) + \sqrt{m^2 - 1}\right]. \tag{3.78}$$

---

[6]Der Rand des direkten Kontaktes stellt die Spitze eines externen axialsymmetrischen Risses dar; für eine ausführliche Diskussion der Parallelen zwischen Kontakt- und Bruchmechanik sei auf die Arbeit von Giannakopoulos et al. [43] verwiesen.

Der Parameter Λ in Gl. (3.75) ist die Version des Tabor-Parameters für das Dugdale-Potential. Unter der Annahme (3.48) lässt er sich durch $\Lambda = 4\pi^{\frac{2}{3}} 3^{-\frac{13}{6}} \lambda_T \approx 0{,}79 \lambda_T$ in den klassischen Tabor-Parameter des Lennard-Jones-Potentials umrechnen.

Der JKR-Grenzfall entspricht $\Lambda \to \infty$, wobei $m \to 1$. Dann dominiert in Gl. (3.78) der erste Summand und es ergibt sich der Grenzübergang

$$\frac{4}{\pi} \Lambda \sqrt{m^2 - 1} \to \frac{1}{\sqrt{\hat{a}}}. \tag{3.79}$$

Der DMT-Grenzfall entspricht $\Lambda \to 0$, wobei $m \to \infty$. Dann dominiert in Gl. (3.78) der zweite Summand und man erhält den Grenzübergang

$$\Lambda \left(\hat{a} m \right)^2 \to \frac{2}{3}. \tag{3.80}$$

Es sind auch Konfigurationen ohne direkten Kontakt möglich. In diesem Fall lauten die Beziehungen zwischen den makroskopischen Kontaktgrößen und der Kontaktkonfiguration in entdimensionierter Form wie folgt:

$$\hat{d} \leq -\frac{16}{\pi} \Lambda \hat{b} \qquad \text{(nicht unbedingt eine Gleichung)}, \tag{3.81}$$

$$\hat{F}_z = 2 \Lambda \hat{b}^2, \tag{3.82}$$

$$1 = \Lambda \left(\frac{3}{2} \hat{b}^2 - \hat{d} \right) - \frac{32}{\pi^2} \Lambda^2 \hat{b} \qquad \text{(trotzdem immer eine Gleichung)}, \tag{3.83}$$

wobei die Größe $\hat{b} := m\hat{a}$ eingeführt wurde. Die oben abgeleiteten (bzw. implizit definierten) Zusammenhänge zwischen der Normalkraft und der Eindrucktiefe sind in den normierten Variablen in Abb. 3.6 gezeigt. Wenn der Zustand ohne direkten Kontakt gerade erreicht wird, wird aus der Ungleichung (3.81) eine Gleichung und man erhält die entsprechenden Werte der normierten Eindrucktiefe und des normierten Radius der adhäsiven Zone:

$$\hat{b}_{a0} = \frac{16\Lambda}{3\pi^2} \left[2 - \pi + \sqrt{(2 - \pi)^2 + \frac{3\pi^4}{2^7 \Lambda^3}} \right], \tag{3.84}$$

$$\hat{d}_{a0} = -\frac{16}{\pi} \Lambda \hat{b}_{a0}. \tag{3.85}$$

Die analytische Bestimmung der kritischen Kontaktkonfigurationen in der Theorie von Maugis ist sehr aufwändig. Totale Differentiation der Gl. (3.76) bis (3.78) liefert

$$\mathrm{d}\hat{d} = \left(6\hat{a} - \frac{16}{\pi}\Lambda\sqrt{m^2-1}\right)\mathrm{d}\hat{a} - \frac{16}{\pi}\hat{a}\Lambda\frac{m}{\sqrt{m^2-1}}\mathrm{d}m, \tag{3.86}$$

$$\mathrm{d}\hat{F}_z = \left[-3\hat{a}^2 + \frac{8}{\pi}\Lambda\hat{a}\left(m^2\arccos\left(\frac{1}{m}\right) + \sqrt{m^2-1}\right)\right]\mathrm{d}\hat{a} +$$

$$+ \frac{8}{\pi}\Lambda\hat{a}^2\,m\left[\frac{1}{\sqrt{m^2-1}} + \arccos\left(\frac{1}{m}\right)\right]\mathrm{d}m, \tag{3.87}$$

$$0 = \frac{16\Lambda}{3\pi\hat{a}}\left[\arccos\left(\frac{1}{m}\right)\sqrt{m^2-1} - m + 1\right] + \left(m^2-2\right)\arccos\left(\frac{1}{m}\right) + \sqrt{m^2-1} +$$

$$+ \left\{\frac{16\Lambda}{3\pi}\left[\frac{m}{\sqrt{m^2-1}}\arccos\left(\frac{1}{m}\right) + \frac{1}{m} - 1\right] + \hat{a}\left[\frac{\sqrt{m^2-1}}{m} + m\arccos\left(\frac{1}{m}\right)\right]\right\}\frac{\mathrm{d}m}{\mathrm{d}\hat{a}}. \tag{3.88}$$

Mit der Bedingung für den kritischen Zustand und der Lösung des Kontaktproblems ergibt sich dann ein geschlossenes Gleichungssystem zur Bestimmung der kritischen Größen. An dieser Stelle soll nur auf ein Detail eingegangen werden, dass zur späteren Behandlung des Stoßproblems von Bedeutung ist. Wie man später sehen wird, endet der Stoß, wenn der Kontakt unter weggesteuerten Bedingungen seine Stabilität verliert. Aus der Abb. 3.6 ist dabei klar, dass dies nur für ausreichend große Werte des Tabor-Parameters bei Konfigurationen mit direktem Kontakt passiert. Der Grenzfall, bei dem die Auflösung des Kontaktes gerade am Ende des direkten Kontaktes erfolgt, ergibt sich aus der Lösung der Gleichung

$$\frac{3\pi^3}{2^9\Lambda^3} - 1 - \frac{1}{\pi} \quad \Rightarrow \quad \Lambda \approx 0{,}64. \tag{3.89}$$

Für größere Werte von Λ verliert der Kontakt seine Stabilität in einer Konfiguration mit direktem Kontakt. Die Konfigurationen ohne direkten Kontakt verlieren ihre Stabilität, wie einfach zu zeigen ist, unter weggesteuerten Bedingungen bei

$$\hat{b}_c^{\mathrm{WS}} = \frac{32}{3\pi^2}\Lambda. \tag{3.90}$$

Abb. 3.6 Normierte Normalkraft (Zugbereich) als Funktion der normierten Eindrucktiefe für den Maugis-adhäsiven Normalkontakt von Kugeln für verschiedene Werte des Tabor-Parameters Λ mit dem JKR- und DMT-Grenzfall

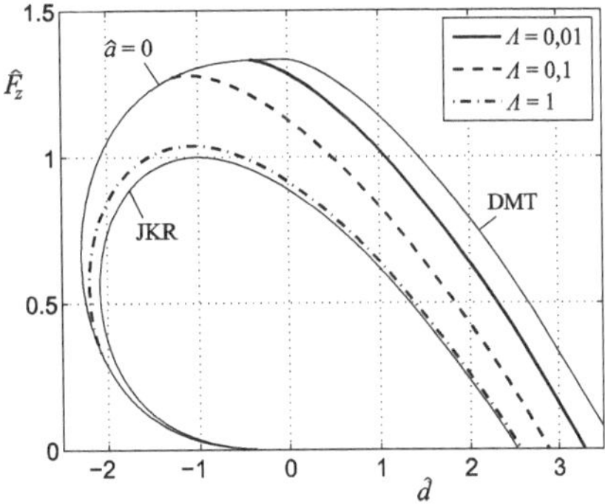

3.3.4 Einfluss des Reibregimes

Ebenso wie im vorherigen Unterkapitel zum Normalkontakt ohne Adhäsion wurden alle obigen Ergebnisse zum Normalkontakt mit Adhäsion unter der Voraussetzung abgeleitet, dass die Kontaktpartner elastisch ähnlich sind (und entsprechend gar keine relativen radialen Verschiebungen auftreten) oder der Kontakt reibungsfrei ist (und damit eventuell auftretende relative radiale Verschiebungen zu keinen zusätzlichen Spannungen führen). Während die Behandlung des reibungsbehafteten Normalkontaktes elastisch verschiedener Körper ohne Adhäsion zumindest physikalisch-konzeptuell keine größeren Schwierigkeiten bereitet (obwohl die rigorose mathematische Behandlung trotzdem kompliziert ist), ist das Wechselspiel von Reibung und Adhäsion bereits in den physikalischen Mechanismen noch zu großen Teilen unverstanden und Gegenstand aktueller Forschung. Dies liegt einerseits daran, dass beide Phänomene auf der kleinsten Skala sicher eng miteinander verbunden sind, diese Verbindung aber andererseits auf mesoskopischer Skala durch die Rauigkeit realer Oberflächen stark beeinflusst wird. Erst durch die Atom-Kraft-Mikroskopie (AFM) und Oberflächen-Kraft-Mikroskopie (SFM) sind seit wenigen Jahrzehnten die Kräfte auf kleinster Skala einer ausreichend genauen Messung zugänglich, die eine systematische Untersuchung des Wechselspiels von Reibung und Adhäsion ermöglicht.

Ein Beispiel für die Schwierigkeiten der theoretischen Modellierung von Adhäsion mit Reibung ist die klassische JKR-Theorie selbst: da diese auf dem reibungsfreien Normalkontakt ohne Adhäsion aufbaut, ist Reibungsfreiheit streng genommen eine ihrer Voraussetzungen; der JKR-Kontakt beschreibt also zwei Oberflächen, die mit einer unendlich großen adhäsiven Spannung aneinandergedrückt werden und trotzdem reibungsfrei aneinander abgleiten können. Trotz dieses offensichtlichen konzeptuellen Problems ist die JKR-Theorie aber experimentell so oft bestätigt worden, dass ihr Nutzen und ihre Anwendbarkeit nicht zur Diskussion stehen können. Dies legt nahe, dass auch für den adhäsiven Normalkontakt (wie im nicht-adhäsiven Fall) der tatsächliche Einfluss des Reibregimes auf die Zusammenhänge zwischen den makroskopischen Kontaktgrößen in der Regel klein ist.

Ansätze zur theoretischen Modellierung der Wechselwirkung von Reibung und Adhäsion betreffen meistens den adhäsiven Tangentialkontakt; die entsprechenden Konzepte sind aber auch teilweise auf den adhäsiven Normalkontakt mit Reibung übertragbar und sollen daher an dieser Stelle kurz geschildert werden, ohne genauer auf die im folgenden Unterkapitel ausgeführten Eigenschaften des Tangentialkontaktes einzugehen.

Die erste Untersuchung zu dem Thema stammt von Savkoor und Briggs [44]. Sie studierten den JKR-adhäsiven Kontakt ohne Gleiten unter einer tangentialen Belastung und stellten durch eine Energie-Bilanz fest, dass die Tangentialbelastung zu einer Reduktion der Adhäsion führt. Diese Reduktion war im Experiment allerdings geringer als durch die Theorie vorausgesagt. Da die tangentiale Verschiebung eines kreisförmigen Kontaktgebiets ohne Gleiten zu der gleichen Form der Spannungskonzentration führt wie die Indentierung durch einen flachen zylindrischen Stempel (und damit wie im reibungsfreien JKR-Kontakt), ist dieser Ansatz äquivalent zur Betrachtung der Spannungskonzentration am Rand des adhäsiven Kontaktes mit mehreren „Rissmoden": während die reine Normalbelastung einem Mode-I-Riss entspricht, kommt es durch die Tangentialbelastung zu Mode-II- und Mode-III-Komponenten. Durch eine Zusammenfassung der entsprechenden Spannungskonzentrationsfaktoren können mit dem Griffith-Kriterium der Linear-Elastischen Bruchmechanik adhäsive, tangential belastete Kontakte behandelt werden [45, 46]. Dies setzt allerdings voraus, dass alle Moden gleichwertig zur Auflösung des Kontaktes beitragen, was nicht unbedingt der Fall sein muss [47].

Mit dem Dugdale-Maugis-Modell der Adhäsion konnte man schließlich auch den Fall von partiellem oder vollständigem Gleiten im Kontakt betrachten [46, 48]. Hier kommt als weiterer Effekt die Dissipation von mechanischer Energie durch das Gleiten ins Spiel, d. h. nicht die ganze bei der Auflösung des Kontaktes freiwerdende elastische Energie kann in Oberflächentrennungsarbeit umgesetzt werden. Auch die Reversibilität der adhäsiven Kontaktbildung und -auflösung ist in diesem Fall nicht garantiert [47, 49]. Waters und Guduru [49] untersuchten daher eine durch die Anwesenheit mehrerer Moden erhöhte effektive Oberflächenenergie; Experimente im Bereich sehr geringen lokalen Gleitens stützten ihre Theorie. Während Johnson [46] feststellte, dass bei vollständigem Gleiten die tangentiale Kraft die Wirkung der Adhäsion reduziert, machten Kim et al. [48] darauf aufmerksam, dass auf mikroskopischer Skala die Scherspannung in einem einzelnen gleitenden Mikrokontakt näherungsweise konstant und gleich der Scherfestigkeit ist. Bei konstanter Scherspannung in einem gleitenden Kontakt kann die tangentiale Belastung aber sogar zu einer Erhöhung der Adhäsion führen [50].

Ein minimales Modell mit Amontons-Coulomb-Reibung und Dugdale-Maugis-Adhäsion benutzten Popov und Dimaki [51] für den adhäsiven Tangentialkontakt. Sie stellen fest, dass (zumindest bei kleinen Gebieten lokalen Gleitens) die Adhäsion zu einer zusätzlichen Anpresskraft der Oberflächen führt, die die Reibkraft überwinden muss. Filippov et al. [52] untersuchten ein nanoskopisches Modell von gebildeten und aufgelösten Kontakten (linearen Federn) unter tangentialer Belastung.

Der adhäsive Normalkontakt eines Kegels ohne Gleiten im JKR-Grenzfall wurde von Borodich et al. [53] gelöst, allerdings berücksichtigten die Autor*innen dabei nicht den Beitrag radialer Riss-Moden zur Auflösung des Kontaktes; stattdessen verwendeten sie die entsprechende Lösung des nicht-adhäsiven Problems ohne Gleiten und die JKR-Theorie in der ursprünglichen Formulierung für reibungsfreie Kontakte, was wiederum physikalisch nicht ganz einleuchtet. In der gleichen Näherung wurde von Lyashenko et al. [54] der JKR-adhäsive ebene Stoß ohne Gleiten einer starren Kugel auf einen elastischen Halbraum untersucht.

Mergel et al. [55] schlugen mehrere kontinuumsmechanische Modelle für Kontakte mit Reibung und Adhäsion auf der Basis von Amontons-Coulomb-Reibung und dem Lennard-Jones-Potential vor. Die Autor*innen gaben außerdem eine ausführliche Literaturübersicht über bestehende Modellansätze zu adhäsiver Reibung, insbesondere in bio-adhäsiven Systemen.

3.4 Tangentialkontakt

Das folgende Unterkapitel ist axialsymmetrischen Kontakten gewidmet, die sowohl in normaler Richtung z als auch unidirektional in tangentialer Richtung x belastet sind. Dabei sei grundsätzlich angenommen, dass beide Kontaktpartner elastisch ähnlich sind und damit die Kontaktaufgaben in normaler und tangentialer Richtung elastisch entkoppeln. Die analytische Behandlung elastisch gekoppelter Probleme mit Reibung ist äußerst kompliziert und würde den Rahmen dieses Buches sprengen. Es sei in diesem Zusammenhang aber auf die ausgezeichnete Monografie von Barber [13, S. 184 ff.] verwiesen.

Unter der Voraussetzung elastischer Ähnlichkeit kann man zunächst das Tangentialkontaktproblem unter Annahme der Abwesenheit lokalen Gleitens lösen. Die resultierenden Schubspannungen zeigen am Rand des Kontaktes das gleiche Singularitätsverhalten wie die Druckverteilung bei der Indentierung durch einen flachen zylindrischen Stempel. Da die Normalspannungen am Rand von (nicht-adhäsiven) Kontakten konvexer Oberflächen verschwinden, breitet sich daher durch die tangentiale Belastung vom Rand des Kontaktes ein ringförmiges Gleitgebiet ins Innere des Kontaktes aus. Wenn das innere Haftgebiet vollständig verschwindet, beginnt der Kontakt global zu gleiten.

3.4.1 Tangentialkontakt ohne Gleiten

Zunächst betrachte man das Tangentialkontaktproblem ohne Gleiten zwischen einem starren Indenter und einem elastischen Halbraum. Es ist klar, dass die tangentialen Verschiebungen im Kontakt ohne Gleiten einer Starrkörperverschiebung des Kontaktgebiets um $u_{x,0}$ entsprechen müssen. Wie sich mithilfe der Fundamentallösung aus Gl. (3.1) ohne größere Schwierigkeiten zeigen lässt, siehe z. B. Johnson [11, S. 71 ff.], kann dieses Problem durch die Spannungsverteilung

$$\sigma_{xz}(r) = \frac{\tilde{G}}{\pi} \frac{u_{x,0}}{\sqrt{a^2 - r^2}}, \quad r \leq a, \tag{3.91}$$

mit dem in Gl. (3.15) eingeführten effektiven Schubmodul $\tilde{G}$, gelöst werden. Diese Schubspannungsverteilung hat offensichtlich die gleiche Form wie die Druckverteilung unter einem flachen zylindrischen Stempel in Gl. (3.22) und daher das gleiche Singularitätsverhalten am Rand des Kontaktes. Die gesamte Tangentialkraft beträgt

$$F_x = 2\tilde{G}a u_{x,0}, \tag{3.92}$$

womit die tangentiale Steifigkeit des vollständig haftenden Kontaktes zu

$$k_x := \frac{\mathrm{d}F_x}{\mathrm{d}u_{x,0}} = 2\tilde{G}a \tag{3.93}$$

bestimmt werden kann.

3.4.2 Cattaneo-Mindlin-Theorie

Die Grundlage der Untersuchung des parabolischen Tangentialkontaktes unter Berücksichtigung des lokalen Gleitens sind die Verschiebungen der Oberfläche eines elastischen Halbraums unter der Einwirkung der rotationssymmetrischen Schubspannungsverteilung

$$\sigma_{xz}(r) = \frac{\sigma_1}{a}\sqrt{a^2 - r^2}, \quad r \leq a, \tag{3.94}$$

die analog zur Hertzschen Druckverteilung (3.37) ist. Mithilfe der Fundamentallösung (3.1) erhält man für die Verschiebungen der Halbraumoberfläche innerhalb des Kreises $r \leq a$

$$u_x(x, y) = \frac{\pi \sigma_1}{32Ga}\left[4(2 - v)a^2 - (4 - 3v)x^2 - (4 - v)y^2\right], \quad r \leq a, \tag{3.95}$$

$$u_y(x, y) = \frac{\pi \sigma_1 v x y}{16Ga}, \quad r \leq a, \tag{3.96}$$

und außerhalb des Kontaktkreises

$$u_x(x, y) = \frac{\sigma_1}{16Ga}(4 - 2v)\left[a\sqrt{r^2 - a^2} + \left(2a^2 - r^2\right)\arcsin\left(\frac{a}{r}\right)\right] +$$
$$+ \frac{\sigma_1}{16Ga}v\left(x^2 - y^2\right)\left[\arcsin\left(\frac{a}{r}\right) + \frac{a}{r}\left(\frac{2a^2}{r^2} - 1\right)\sqrt{1 - \frac{a^2}{r^2}}\right], \quad r > a, \tag{3.97}$$

$$u_y(x, y) = \frac{\sigma_1 v x y}{8Ga}\left[\arcsin\left(\frac{a}{r}\right) + \frac{a}{r}\left(\frac{2a^2}{r^2} - 1\right)\sqrt{1 - \frac{a^2}{r^2}}\right], \quad r > a. \tag{3.98}$$

Die ausführliche Herleitung der aufgeführten Gleichungen ist im Anhang dargelegt. Es sei außerdem angemerkt, dass die von Johnson [11, S. 74 f.] angegebenen Ergebnisse im Fall der Verschiebungen außerhalb des Kontaktkreises leicht fehlerhaft sind.

Man betrachte nun folgende einfache Belastungsgeschichte: eine starre Kugel wird mit einer konstanten Normalkraft in den elastischen Halbraum gedrückt und anschließend tangential verschoben. Dann ist klar, dass bei einem unendlichen Reibbeiwert μ die Oberflächen im Kontakt vollständig aneinander haften und die Schubspannungsverteilung im Kontakt daher durch Gl. (3.91) gegeben ist. Diese Spannungen divergieren aber am Rand des Kontaktes, d. h. der Kontakt kann bei einem endlichen Reibbeiwert nicht vollständig haften, da die Spannungen am Rand des Kontaktgebiets grundsätzlich die Haftbedingung verletzen. Der Kontakt setzt sich also aus einem inneren Haft- und einem Gleitgebiet zusammen.

Cattaneo [56] und Mindlin [57] stellten unabhängig voneinander fest, dass aus den Verschiebungen (3.95) folgt, dass eine passende Differenz zweier Spannnungsverteilungen in der Form (3.94) mit zwei verschiedenen Radien a und $c < a$,

$$\sigma_{xz}^{I}(r) = \frac{\sigma_1}{a}\sqrt{a^2 - r^2}, \quad r \le a, \tag{3.99}$$

$$\sigma_{xz}^{II}(r) = \frac{\sigma_2}{c}\sqrt{c^2 - r^2}, \quad r \le c, \tag{3.100}$$

eine konstante Verschiebung u_x innerhalb des Gebiets $r \le c$ erzeugen kann, falls

$$\frac{\sigma_1}{a} = \frac{\sigma_2}{c}. \tag{3.101}$$

Da die tangentiale Verschiebung innerhalb des Gebiets $r \le c$ konstant ist, hat c dann die Bedeutung des Radius des Haftgebiets. Im Gleitgebiet ist

$$|\sigma_{xz}| = \mu|\sigma_{zz}|, \quad c < r \le a, \tag{3.102}$$

und damit wegen Gl. (3.37)

$$\sigma_1 = \frac{2\mu\tilde{E}a}{\pi\tilde{R}}\,\mathrm{sgn}\left(u_{x,0}\right). \tag{3.103}$$

Setzt man voraus, dass es im Kontakt nur Normalspannungen und uni-direktionale Schubspannungen σ_{xz} gibt, und dass die aus diesen Schubspannungen resultierenden Verschiebungen u_y vernachlässigt werden können (diese beiden Annahmen werden häufig zur „Cattaneo-Mindlin-Näherung" zusammengefasst), ist das Kontaktproblem damit gelöst. Die Schubspannungen im Haftgebiet sind

$$\sigma_{xz}(r) = \frac{2\mu\tilde{E}}{\pi\tilde{R}}\left(\sqrt{a^2 - r^2} - \sqrt{c^2 - r^2}\right)\mathrm{sgn}\left(u_{x,0}\right). \tag{3.104}$$

Die gesamte Schubspannungsverteilung ist in normierter Darstellung für verschiedene Haftradien in Abb. 3.7 gezeigt.

Abb. 3.7 Verteilung der normierten Schubspannungen (p_0 bezeichnet den mittleren Druck) bei verschiedenen Haftradien für das Cattaneo-Mindlin-Problem. Die dünne Linie bezeichnet die Verteilung bei vollständigem Gleiten. Diese entspricht bis auf den Faktor μ der Druckverteilung

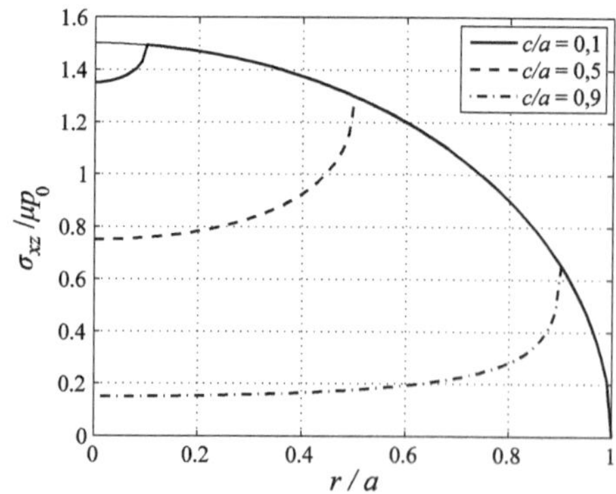

Die Vernachlässigung der Verschiebungen u_y ist dabei problematisch. Tatsächlich gibt es, wie aus den Gl. (3.96) und (3.98) klar hervorgeht, bei der angenommenen Verteilung der Tangentialspannungen relative Verschiebungen Δu_y im Gleitgebiet. Die Schubspannungen im Gleitgebiet sind daher nicht den relativen Verschiebungen entgegengerichtet, was die Isotropie des Reibgesetzes verletzt. Johnson [11, S. 219] gab an, dass das Verhältnis der relativen Verschiebungen $\Delta u_y / \Delta u_x$ von der Größenordnung $v/(4 - 2v)$ ist (die Richtungsabweichung beträgt damit wenige Grad) und schlussfolgerte, dass die Cattaneo-Mindlin-Lösung eine gute Näherung der exakten Lösung darstellt. Dies bestätigten Munisamy et al. [58] durch Vergleiche mit der widerspruchsfreien (numerischen) Lösung des Problems.

3.4.3 Erweiterung auf beliebige Belastungsgeschichten

Bisher wurde nur die einfachste Belastungsgeschichte eines Tangentialkontaktes betrachtet (konstante Normalkraft, monoton wachsende Tangentialkraft). Im Gegensatz zum reinen Normalkontaktproblem ist aber die Lösung des Tangentialkontaktproblems nicht nur von der momentanen Konfiguration des Kontaktes bestimmt, sondern von der gesamten bisherigen Belastungsgeschichte, da im Haftgebiet Teile der Belastungsgeschichte in Form von Tangentialspannungen gespeichert werden. Der Kontakt besitzt in diesem Sinne ein „Gedächtnis". Durch die Energie-Dissipation im Gleitgebiet kommt es außerdem bei zyklischer Belastung zur Hysterese. Die Angabe eines expliziten Gesetzes für die Tangentialkraft F_x ist daher nur mit Kenntnis der Belastungsgeschichte möglich.

Mindlin und Deresiewicz [59] gaben einen geschlossenen Regelsatz an, mit dem man das Kontaktproblem bei einer beliebigen Belastungsgeschichte lösen kann, und untersuchten eine Vielzahl unterschiedlicher Belastungsfälle. Eine elegantere Formulierung der Lösung für beliebige Belastungsgeschichten stammt von Jäger [60]. Beide genannten Publikationen sind natürlich unter den Annahmen der Cattaneo-Mindlin-Näherung zustande gekommen.

Die Grundidee der Jägerschen Lösung ist, dass man die Tangentialspannungen bei einer beliebigen Belastungsgeschichte als eine Superposition von Cattaneo-Mindlin-Spannungen

$$\sigma_B(r; a_i, a_j) := \frac{2\mu \tilde{E}}{\pi \tilde{R}} \begin{cases} \sqrt{a_i^2 - r^2} - \sqrt{a_j^2 - r^2}, & r \leq a_j, \\ \sqrt{a_i^2 - r^2} & , & a_j < r \leq a_i, \end{cases} \tag{3.105}$$

konstruieren kann. Nach einem von Jäger [61] und Ciavarella [62, 63] unabhängig voneinander gefundenen Theorem lässt sich Gl. (3.105) für alle axialsymmetrischen Kontakte im Rahmen der Cattano-Mindlin-Näherung zu

$$\sigma_B(r; a_i, a_j) = -\mu \begin{cases} \sigma_{zz}(r; a_i) - \sigma_{zz}(r; a_j), & r \leq a_j, \\ \sigma_{zz}(r; a_i) & , & a_j < r \leq a_i, \end{cases} \tag{3.106}$$

verallgemeinern. Die zugehörigen Werte der tangentialen Starrkörperverschiebung und Tangentialkraft können als

$$u_{x,0,B}(a_i, a_j) := \frac{\mu \tilde{E}}{\tilde{G}} \left(\frac{a_i^2}{\tilde{R}} - \frac{a_j^2}{\tilde{R}} \right) = \frac{\mu \tilde{E}}{\tilde{G}} \left[g(a_i) - g(a_j) \right], \qquad (3.107)$$

$$F_{x,B}(a_i, a_j) := \frac{4}{3} \frac{\mu \tilde{E}}{\tilde{R}} \left(a_i^3 - a_j^3 \right) = -\mu \left[F_z(a_i) - F_z(a_j) \right] \qquad (3.108)$$

geschrieben werden. Man überzeugt sich außerdem leicht davon, dass die eingeführten Basisspannungen die Superpositionsregel

$$\sigma_B(r; a_i, a_j) + \sigma_B(r; a_j, a_k) = \sigma_B(r; a_i, a_k), \quad a_i > a_j > a_k, \qquad (3.109)$$

erfüllen.

Man betrachte nun einen Kontakt nach einer einzigen Cattaneo-Mindlin-Belastung. Das Kontaktgebiet mit dem Radius a_1 besteht aus einem Haftgebiet mit dem Radius c_1 und einem Gleitgebiet $c_1 < r \leq a_1$. Ohne Beschränkung der Allgemeinheit sei angenommen, dass $u_{x,0,1} > 0$. Die Verteilung der Tangentialspannungen ist also durch

$$\sigma_{xz}(r) = \sigma_B(r; a_1, c_1) \qquad (3.110)$$

gegeben. Nun wird die Eindrucktiefe um Δd und anschließend die tangentiale Starrkörperverschiebung um $\Delta u_{x,0}$ verändert[7]. Da sich bei jeder (noch so kleinen) tangentialen Belastung vom Rand des Kontaktes ein Gleitgebiet ausbreitet, zerfällt das neue Kontaktgebiet mit dem Radius a_2 wiederum in ein Haftgebiet mit dem Radius c_2 und ein Gleitgebiet $c_2 < r \leq a_2$. Grundsätzlich müssen zwei Fälle unterschieden werden: ein wachsendes Kontaktgebiet mit $a_2 > a_1$ (also $\Delta d > 0$) und ein schrumpfendes Kontaktgebiet mit $a_2 < a_1$ (also $\Delta d < 0$). Der Spezialfall eines konstanten Kontaktradius (also $\Delta d = 0$) ergibt sich in beiden Varianten elementar als Grenzfall.

Kontaktgebiet wächst

Wenn das Kontaktgebiet wächst, gibt es zunächst – bevor die zusätzliche tangentiale Verschiebung $\Delta u_{x,0}$ aufgebracht wird – einen Punkt vollständigen Haftens. Danach breitet sich das Gleitgebiet erneut vom Rand des Kontaktes nach innen aus. Solange $c_2 > a_1$, lauten die Randbedingungen für das Differenzproblem (zwischen den Zuständen mit den Indizes „1" und „2") dann wie folgt:

$$\Delta u_x(r) = \Delta u_{x,0} \quad , \quad r \leq c_2, \qquad (3.111)$$

$$|\Delta \sigma_{xz}(r)| = \mu |\sigma_{zz}(r)|, \quad c_2 < r \leq a_2. \qquad (3.112)$$

Dies ist aber selbst ein Cattaneo-Mindlin-Problem mit der entsprechenden Lösung

---

[7]Beide Inkremente können aber müssen nicht zwangsläufig infinitesimal sein [60].

$$\Delta\sigma_{xz}(r) = \text{sgn}\left(\Delta u_{x,0}\right)\sigma_B(r; a_2, c_2). \tag{3.113}$$

Es wird also eine weitere Cattaneo-Mindlin-Spannung zu der bereits bestehenden linear superponiert. Die tangentiale Starrkörperverschiebung verändert sich um

$$|\Delta u_{x,0}| = u_{x,0,B}(a_2, c_2), \tag{3.114}$$

das bedeutet, die Bedingung $c_2 > a_1$ führt auf die Forderung

$$|\Delta u_{x,0}| < \mu\frac{\tilde{E}}{\tilde{G}}\left[g(a_2) - g(a_1)\right] = \mu\frac{\tilde{E}}{\tilde{G}}\Delta d. \tag{3.115}$$

Falls $c_1 < c_2 < a_1$, muss man zunächst die Schubspannungen im Ring $c_2 < r \leq a_1$ durch eine Verteilung

$$\Delta\sigma_{xz,I}(r) = -\sigma_B(r; a_1, c_2) \tag{3.116}$$

löschen. Anschließend wird wiederum eine weitere Verteilung

$$\Delta\sigma_{xz,II}(r) = \text{sgn}\left(\Delta u_{x,0}\right)\sigma_B(r; a_2, c_2) \tag{3.117}$$

linear superponiert. Im Fall $\Delta u_{x,0} > 0$ ist die gesamte neue Spannungsverteilung wegen der Superpositionsregel (3.109) durch

$$\sigma_{xz}(r) = \sigma_B(r; a_1, c_1) - \sigma_B(r; a_1, c_2) + \sigma_B(r; a_2, c_2) = \sigma_B(r; a_2, c_1), \tag{3.118}$$

gegeben, das Haftgebiet schrumpft also sofort auf den Radius c_1. Der Fall $c_1 < c_2 \leq a_1$ existiert daher nur, falls $\Delta u_{x,0} < 0$, d.h. falls ein Umkehrpunkt der Tangentialbewegung auftritt. Da die gesamte Differenz der tangentialen Starrkörperverschiebung unter diesen Umständen als

$$\Delta u_{x,0} = -\left[u_{x,0,B}(a_1, c_2) + u_{x,0,B}(a_2, c_2)\right] \tag{3.119}$$

geschrieben werden kann, führt die Bedingung $c_2 > c_1$ auf die Forderung

$$\Delta u_{x,0} > -2u_{x,0,1} - \mu\frac{\tilde{E}}{\tilde{G}}\Delta d. \tag{3.120}$$

Falls $c_2 \leq c_1$, wird die gesamte ursprünglich vorhandene Spannungsverteilung gelöscht und neu überschrieben. Man erhält

$$\sigma_{xz}(r) = \text{sgn}\left(\Delta u_{x,0}\right)\sigma_B(r; a_2, c_2) \tag{3.121}$$

und entsprechend

$$u_{x,0,2} = \text{sgn}\left(\Delta u_{x,0}\right)u_{x,0,B}(a_2, c_2). \tag{3.122}$$

Kontaktgebiet schrumpft

Wenn das Kontaktgebiet schrumpft, d. h. $\Delta d < 0$, muss zunächst der Ring $a_2 < r \leq a_1$ von Tangentialspannungen befreit werden, während das neue Kontaktgebiet $r \leq a_2$ haftet. Dazu ist eine Spannungsverteilung

$$\Delta\sigma_{xz,I}(r) = -\sigma_B(r; a_1, a_2) \tag{3.123}$$

und eine Verschiebung

$$\Delta u_{x,0,I} = -u_{x,0,B}(a_1, a_2) = \mu \frac{\tilde{E}}{\tilde{G}} \Delta d \tag{3.124}$$

notwendig. Dann verkleinert man das Kontaktgebiet. Anschließend kann analog wie im vorher betrachteten Fall verfahren werden (wobei das Kontaktgebiet sogar konstant bleibt).

Zusammenfassung der verschiedenen Fälle

Die resultierenden Spannungen nach der Belastung kann man für alle möglichen Fälle zu

$$\sigma_{xz}(r) = \begin{cases} \sigma_B(r; a_1, c_1) + \text{sgn}\left(\Delta u_{x,0}\right)\sigma_B(r; a_2, c_2), & \Delta d \geq 0 \quad \wedge \quad |\Delta u_{x,0}| \leq \mu\frac{\tilde{E}}{\tilde{G}}\Delta d, \\ \sigma_B(r; c_2, c_1) - \sigma_B(r; a_2, c_2), & -\mu\frac{\tilde{E}}{\tilde{G}}|\Delta d| \geq \Delta u_{x,0} > -2u_{x,0,1} - \mu\frac{\tilde{E}}{\tilde{G}}\Delta d, \\ \text{sgn}\left(\Delta u_{x,0} - \mu\frac{\tilde{E}}{\tilde{G}}\Delta d\right)\sigma_B(r; a_2, c_2), & \text{sonst,} \end{cases}$$

$$\tag{3.125}$$

zusammenfassen. Der Radius c_2 des neuen Haftgebiets ergibt sich dabei, je nach den drei in Gl. (3.125) unterschiedenen Möglichkeiten, nach den Gl. (3.114), (3.119) oder (3.122). Die gesamte Tangentialkraft ergibt sich durch die in Gl. (3.125) beschriebene Superposition von Cattaneo-Mindlin-Kräften $F_{x,B}$ nach Gl. (3.108).

Allgemeine Ausgangssituation

Die obigen Beziehungen können ohne Schwierigkeiten in iterativer Form für eine beliebige Ausgangssituation verallgemeinert werden. Es sei $\sigma_{xz,n}$ die Spannungsverteilung nach n Verschiebungsinkrementen Δd_i und $\Delta u_{x,0,i}$. Dann ist

$$\sigma_{xz,n}(r) = \begin{cases} \sigma_{xz,n-1}(r) + \text{sgn}\left(\Delta u_{x,0,n}\right)\sigma_B(r; a_n, c_n), & \text{①} \\ \sigma_{xz,n-2}(r) + \text{sgn}\left(\Delta u_{x,0,n-1}\right)\sigma_B(r; c_n, c_{n-1}) - \text{sgn}\left(\Delta u_{x,0,n}\right)\sigma_B(r; a_n, c_n), & \text{②} \\ \sigma_{xz,n-2}(r) + \text{sgn}\left(\Delta u_{x,0,n} - \mu\frac{\tilde{E}}{\tilde{G}}\Delta d_n\right)\sigma_B(r; a_n, c_n), & \text{sonst,} \end{cases}$$

$$\tag{3.126}$$

wobei die Bedingungen durch

$$\text{①}: \Delta d_n \geq 0 \quad \wedge \quad |\Delta u_{x,0,n}| \leq \mu\frac{\tilde{E}}{\tilde{G}}\Delta d_n, \tag{3.127}$$

$$\textcircled{2} : -\mu \frac{\tilde{E}}{\tilde{G}} |\Delta d_n| \geq \Delta u_{x,0,n} > -\mu \frac{\tilde{E}}{\tilde{G}} \left[\Delta d_n + 2 d_{n-1} - 2 g(c_{n-1}) \right] \tag{3.128}$$

gegeben sind. Wenn der sonstige Fall in Gl. (3.126) eintritt, wurde offenbar das Inkrement mit dem Index $n - 1$ vollständig gelöscht. Man muss dann den Index um Eins reduzieren.

Die ganze Lösung lässt sich als Algorithmus formulieren, was Aleshin et al. [64, 65] benutzten, um „Gedächtnis-Diagramme" (memory diagrams) von Tangentialkontakten mit beliebigen Belastungsgeschichten in der Cattaneo-Mindlin-Näherung zu erstellen. Eine andere Deutung der gezeigten Kontaktlösungen liefert außerdem die im nächsten Kapitel dieses Buches erläuterte Methode der Dimensionsreduktion.

3.5 Torsionskontakt

In diesem Unterkapitel stehen axialsymmetrische Kontakte im Mittelpunkt, die sowohl durch eine Normalkraft als auch durch ein Torsionsmoment um die Normalenachse belastet werden. Torsionskontakte besitzen ähnliche Eigenschaften wie die im vorigen Unterkapitel behandelten Tangentialkontakte: das Kontaktgebiet zerfällt in der Regel in ein Haft- und ein Gleitgebiet und der Kontakt weist daher Gedächtnis- und Hysterese-Effekte auf. Der Aufbau dieses Unterkapitels ist deswegen weitgehend analog zu dem vorherigen: zuerst wird das Kontaktproblem ohne Gleiten gelöst und anschließend lokales Gleiten durch die bei vollständigem Haften am Rand des Kontaktes divergierenden Schubspannungen berücksichtigt.

3.5.1 Torsionskontakt ohne Gleiten

Es soll zunächst das statische, rotationssymmetrische Reissner-Sagoci-Problem für einen elastischen Halbraum gelöst werden. Die gemischten Randbedingungen für die Schubspannung und die torsionale Verschiebung des Halbraums sind

$$\sigma_{\varphi z}(r) = 0, \quad r > a, \tag{3.129}$$

$$u_\varphi(r) = r \left[\varphi - \gamma(r) \right], \quad r \leq a, \tag{3.130}$$

d. h. es wird innerhalb eines kreisförmigen Kontaktgebiets ohne Gleiten eine vorgegebene torsionale Verschiebung in den elastischen Halbraum eingeprägt. Es ist $\gamma(r)$ eine beliebige Funktion mit $\gamma(0) = 0$ und φ ein Winkel um sicherzustellen, dass dies keine Beschränkung der Allgemeinheit darstellt. Physikalisch beschreibt $\gamma(r)$ die Abweichung der torsionalen Verschiebungen von einer reinen Starrkörperrotation um φ. Das einzige tatsächliche Kontaktproblem ohne Gleiten, das durch diese Randbedingungen beschrieben wird, ist der Kontakt mit einem starren flachen zylindrischen Stempel, für den offenbar $\gamma(r) \equiv 0$. Trotzdem benötigt man für die Behandlung des Kontaktproblems mit lokalem Gleiten den allgemeinen Fall für ein beliebiges $\gamma(r)$, da für Torsionskontakte kein dem Ciavarella-Jäger-Theorem für Tangentialkontakte analoges Prinzip existiert, mit dem das Kontaktproblem auf den reibungsfreien Normalkontakt zurückgeführt werden könnte.

Das Verschiebungsfeld in Gl. (3.130) kann in Analogie zur allgemeinen Lösung des rotationssymmetrischen reibungs- und adhäsionsfreien Normalkontaktproblems als Integral von infinitesimalen Starrkörperrotationen mit wachsendem Kontaktradius $\tilde{a}$ aufgefasst werden [10]. Man benötigt also wiederum zuallererst die Lösung für die Torsion durch einen flachen zylindrischen Stempel, die z. B. bei Johnson [11, S. 81 f.] dokumentiert ist. Der Zusammenhang zwischen dem Torsionsmoment M_z und dem Verdrehwinkel φ ist durch

$$M_z = \frac{16\,G}{3}\varphi a^3 \tag{3.131}$$

gegeben. Die Spannungsverteilung im Kontakt ist

$$\sigma_{\varphi z}(r) = \frac{4Gr\varphi}{\pi\sqrt{a^2 - r^2}}, \quad r \le a, \tag{3.132}$$

und die Verschiebungen außerhalb des Kontaktgebiets sind

$$u_\varphi(r) = \frac{2\varphi}{\pi}\left[r \arcsin\left(\frac{a}{r}\right) - a\sqrt{1 - \frac{a^2}{r^2}}\right], \quad r > a. \tag{3.133}$$

Analog zu Gl. (3.25) kann man die Funktion

$$\varphi = \phi(a) \tag{3.134}$$

einführen. Nun werden analog zum reibungsfreien Normalkontakt die einzelnen Starrkörperrotationen mit wachsendem Kontaktradius summiert. Da die folgenden Ergebnisse, wie oben beschrieben, nur für den Kontakt mit Gleiten kontaktmechanische Relevanz haben, sollen sie sich auf den Fall beschränken, dass die Schubspannungen am Rand des Kontaktes (wie die Normalspannungen am Rand des Kontaktes mit gekrümmten Oberflächen) verschwinden. Man erhält nach partieller Integration für das gesamte Torsionsmoment

$$M_z = 16\,G \int_0^a x^2\,[\varphi - \phi(x)]\,\mathrm{d}x. \tag{3.135}$$

Die gesamte Schubspannung im Kontaktgebiet ist

$$\sigma_{\varphi z}(r) = \frac{4Gr}{\pi} \int_r^a \frac{\phi'(x)}{\sqrt{x^2 - r^2}}\,\mathrm{d}x, \quad r \le a, \tag{3.136}$$

und die Verschiebungen sind

$$u_\varphi(r) = \frac{2}{\pi} \int_0^{\min(r,a)} \left[r \arcsin\left(\frac{x}{r}\right) - x\sqrt{1 - \frac{x^2}{r^2}} \right] \phi'(x)\mathrm{d}x + r \int_{\max(r,a)}^{a} \phi'(x)\mathrm{d}x, \quad (3.137)$$

was sich zu

$$u_\varphi(r) = \frac{4}{\pi r} \int_0^{\min(r,a)} \frac{x^2 \left[\varphi - \phi(x) \right]}{\sqrt{r^2 - x^2}} \, \mathrm{d}x \qquad (3.138)$$

zusammenfassen lässt. Die Funktionen $\phi(x)$ und $\gamma(r)$ lassen sich wie im Fall des reibungsfreien Normalkontaktes durch geeignete Abeltransformationen ineinander überführen. Man erhält aus dem Vergleich der Gl. (3.130) und (3.138)

$$\gamma(r) = \frac{4}{\pi r^2} \int_0^r \frac{x^2 \phi(x)}{\sqrt{r^2 - x^2}} \, \mathrm{d}x \qquad (3.139)$$

und durch Inversion dieser Beziehung [14, S. 353]

$$\phi(x) = \frac{1}{2x^2} \frac{\mathrm{d}}{\mathrm{d}x} \left[\int_0^{|x|} \frac{r^3 \gamma(r)}{\sqrt{x^2 - r^2}} \, \mathrm{d}r \right]. \qquad (3.140)$$

3.5.2 Torsionskontakt mit Gleiten

Auf Grundlage der Überlegungen aus dem vorherigen Abschnitt kann man nun den überlagerten Normal- und Torsionskontakt zwischen einem rotationssymmetrischen starren Indenter mit dem Profil $f(r)$ und einem elastischen Halbraum untersuchen, wobei im Kontakt Haftung und Reibung nach dem Amontons-Coulomb-Gesetz angenommen sei.

Der starre Indenter werde um d in den Halbraum eingedrückt und anschließend um den Winkel $\varphi > 0$ um seine Achse verdreht. Wie im Fall des Tangentialkontaktes in der Cattaneo-Mindlin-Näherung wird sich im Inneren des Kontaktes ein Haftgebiet $r \leq c$ mit dem Haftradius $c \leq a$ ausbilden, das von einem ringförmigen Gleitgebiet $c < r \leq a$ umgeben ist. Im Haftgebiet besteht die torsionale Verschiebung aus einer reinen Starrkörperdrehung um den Winkel φ und im Gleitgebiet herrscht Coulumbsche Reibung. Die gemischten Randbedingungen für das Torsionsproblem lauten daher wie folgt:

$$u_\varphi(r) = r\varphi, \quad r \leq c, \qquad (3.141)$$

$$\sigma_{\varphi z}(r) = -\mu \sigma_{zz}(r), \quad r > c. \qquad (3.142)$$

Aus dem Vergleich von Gl. (3.138) mit der Randbedingung (3.141) ist klar, dass

$$\phi(x) = 0, \quad |x| \le c, \tag{3.143}$$

sein muss. Aus dem Vergleich von Gl. (3.136) mit der Randbedingung (3.142) erhält man die Beziehung

$$\sigma_{zz}(r) = -\frac{4Gr}{\mu\pi} \int_r^a \frac{\phi'(x)}{\sqrt{x^2 - r^2}} \, \mathrm{d}x, \quad c < r \le a. \tag{3.144}$$

Dies ist eine Abeltransformation, die mit dem Ergebnis [14, S. 353]

$$\phi(x) = \frac{\mu}{2G} \int_x^a \frac{\sigma_{zz}(r)}{\sqrt{r^2 - x^2}} \, \mathrm{d}r + C, \quad c < |x| \le a, \tag{3.145}$$

invertiert werden kann. Aus der Lösung des Normalkontaktproblems (siehe Gl. (3.28)) ist σ_{zz} bekannt und man erhält

$$\tilde{\phi}(a, x) := C - \phi(x) = \frac{\mu}{\pi(1 - \nu)} \int_x^a \frac{g'(\xi)}{\xi} \mathrm{K}\left(\sqrt{1 - \frac{x^2}{\xi^2}} \right) \mathrm{d}\xi, \quad c < |x| \le a \tag{3.146}$$

mit dem im Anhang definierten vollständigen elliptischen Integral erster Art, $\mathrm{K}(k)$. Die Konstante C ergibt sich aus der Stetigkeit von ϕ an der Stelle $x = c$. Es ist

$$\phi(x) = -\tilde{\phi}(a, x) + \tilde{\phi}(a, c), \quad c < |x| \le a. \tag{3.147}$$

Die Beziehung zwischen dem Verdrehwinkel φ und den Radien c und a ist damit durch

$$\varphi = \phi(a) = \tilde{\phi}(a, c) \tag{3.148}$$

gegeben. Die Torsionsspannungen im Haftgebiet sind

$$\sigma_{\varphi z}(r) = -\frac{4Gr}{\pi} \int_c^a \frac{\partial \tilde{\phi}(a, x)}{\partial x} \frac{\mathrm{d}x}{\sqrt{x^2 - r^2}}, \quad r \le c \tag{3.149}$$

und das gesamte Torsionsmoment beträgt

$$M_z = \frac{16G}{3} \varphi c^3 - 4\mu \int_c^a \left[c\sqrt{r^2 - c^2} + r^2 \arccos\left(\frac{c}{r}\right) \right] \sigma_{zz}(r) \mathrm{d}r. \tag{3.150}$$

Die Ergebnisse in den Gl. (3.148), (3.149) und (3.150) wurden für einen allgemeinen rotationssymmetrischen Indenter zuerst von Jäger [10] publiziert. Für einen parabolischen Indenter mit dem Krümmungsradius $\tilde{R}$ fand Lubkin [66] die Lösung. Mit der Funktion $g(x)$ aus der Lösung des Normalkontaktproblems (siehe Gl. (3.34)) ergibt sich in diesem Fall als Lösung des Torsionsproblems

$$\tilde{\phi}(a, x) = \frac{2\mu a}{\pi(1-\nu)\tilde{R}} \left[\mathrm{K}\left(\sqrt{1 - \frac{x^2}{a^2}}\right) - \mathrm{E}\left(\sqrt{1 - \frac{x^2}{a^2}}\right) \right], \tag{3.151}$$

mit dem im Anhang definierten vollständigen elliptischen Integral zweiter Art $\mathrm{E}(k)$. Die Spannung im Haftgebiet ist [66, 67]

$$\sigma_{\varphi z}(r) = \frac{8\mu G a}{\pi^2(1-\nu)\tilde{R}} \sqrt{1 - \frac{r^2}{a^2}} \left\{ \frac{\pi}{2} + [\mathrm{K}(k) - \mathrm{E}(k)]\,\mathrm{F}\left(\beta, k'\right) - \mathrm{K}(k)\mathrm{E}\left(\beta, k'\right) \right\}, \tag{3.152}$$

mit

$$k' := \frac{c}{a}, \quad k := \sqrt{1 - k'^2}, \quad \beta := \arcsin\sqrt{\frac{c^2 - r^2}{c^2 - (k'r)^2}} \tag{3.153}$$

sowie den im Anhang definierten unvollständigen elliptischen Integralen erster und zweiter Art, $\mathrm{F}\left(\beta, k\right)$ und $\mathrm{E}\left(\beta, k\right)$. Die Schubspannungsverteilung ist in normierter Darstellung für verschiedene Haftradien in Abb. 3.8 gezeigt. Das gesamte Torsionsmoment wurde von Lubkin numerisch bestimmt und tabellarisch angegeben. Jäger [67] gab als analytische Näherung den Ausdruck

$$M_z \approx \frac{4\mu\tilde{E}a^4}{3\tilde{R}} k^2 \left(1 - k^2 + \frac{3\pi}{16}k^2\right) \tag{3.154}$$

an.

Abb. 3.8 Verteilung der normierten Schubspannungen (p_0 bezeichnet den mittleren Druck) bei verschiedenen Haftradien für das Lubkin-Problem. Die dünne Linie bezeichnet die Verteilung bei vollständigem Gleiten

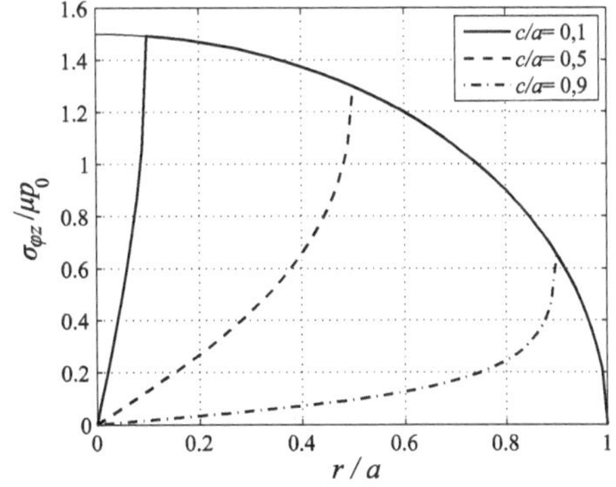

3.5.3 Erweiterung auf beliebige Belastungsgeschichten (parabolischer Kontakt)

Deresiewicz [68] untersuchte den oszillierenden Torsionskontakt von elastischen Kugeln. Eine allgemeine Lösung für beliebige Belastungsgeschichten wurde später von Jäger [67] angegeben. Diese basiert, analog zu dem entsprechenden Tangentialkontaktproblem, auf einer geeigneten Superposition von Lubkin-Lösungen

$$\sigma_L(r; a, c) := \frac{2\mu\tilde{E}}{\pi\tilde{R}}\sqrt{a^2 - r^2}\begin{cases} 1 + \frac{2}{\pi}\left\{[\mathrm{K}(k) - \mathrm{E}(k)]\,\mathrm{F}\left(\beta, k'\right) - \mathrm{K}(k)\mathrm{E}\left(\beta, k'\right)\right\}, & r \leq c, \\ 1 & , & c < r \leq a. \end{cases}$$

$$\text{(3.155)}$$

$$\varphi_L(a, c) := \frac{2\mu a}{\pi(1 - \nu)\tilde{R}}[\mathrm{K}(k) - \mathrm{E}(k)], \tag{3.156}$$

wobei die Definitionen von k, k' und β den Gl. (3.153) entnommen werden können.

Man erkennt, dass durch eine Superposition $\sigma_L(r; a_i, a_k) - \sigma_L(r; a_i, a_j)$ mit $a_i \geq a_j \geq a_k$ ein spannungsfreier Ring $a_j \leq r \leq a_i$ erzeugt werden kann, während das Gebiet $r \leq a_k$ haftet. Diese Beobachtung genügt, um die Spannungsverteilung für beliebige Belastungsgeschichten zu konstruieren. Da das Torsionskontaktproblem nicht, wie das Tangentialkontaktproblem in der Cattaneo-Mindlin-Näherung, auf das Normalkontaktproblem zurückgeführt werden kann und die Lubkin-Spannungen keine zu Gl. (3.109) analoge Superpositionsregel erfüllen, ist die Behandlung der einzelnen Szenarien (etwas paradoxerweise) dabei sogar einfacher als im Fall des Tangentialkontaktes.

Man betrachte einen Kontakt nach einer Lubkin-Belastung. Das Kontaktgebiet mit dem Radius a_1 besteht aus einem Haftgebiet mit dem Radius c_1 und einem Gleitgebiet $c_1 < r \leq a_1$. Ohne Beschränkung der Allgemeinheit sei angenommen, dass $\varphi_1 > 0$. Die Verteilung der Schubspannungen ist durch Gl. (3.155) gegeben. Nun wird die Eindrucktiefe um Δd und anschließend die Starrkörperrotation um $\Delta\varphi$ verändert[8]. Da sich bei jeder (noch so kleinen) torsionalen Belastung vom Rand des Kontaktes ein Gleitgebiet ausbreitet, zerfällt das neue Kontaktgebiet mit dem Radius a_2 wiederum in ein Haftgebiet mit dem Radius c_2 und ein Gleitgebiet $c_2 < r \leq a_2$. Grundsätzlich müssen zwei Fälle unterschieden werden: ein wachsendes Kontaktgebiet mit $a_2 > a_1$ (also $\Delta d > 0$) und ein schrumpfendes Kontaktgebiet mit $a_2 < a_1$ (also $\Delta d < 0$).

Kontaktgebiet wächst

Wenn das Kontaktgebiet wächst, gibt es zunächst – bevor die zusätzliche Verdrehung $\Delta\varphi$ aufgebracht wird – einen Zustand vollständigen Haftens. Danach breitet sich das Gleitgebiet erneut vom Rand des Kontaktes nach innen aus. Solange $c_2 > a_1$, kann einfach eine einzelne Lubkin-Spannung linear superponiert werden,

---

[8]Wie im Tangentialkontakt müssen beide Inkremente nicht zwangsläufig infinitesimal sein.

$$\sigma_{\varphi z}(r) = \sigma_L(r; a_1, c_1) + \sigma_L(r; a_2, c_2) \, \mathrm{sgn}\,(\Delta\varphi), \qquad (3.157)$$

$$\varphi = \varphi_L(a_1, c_1) + \varphi_L(a_2, c_2) \, \mathrm{sgn}\,(\Delta\varphi). \qquad (3.158)$$

Die Bedingung $c_2 > a_1$ führt dabei auf die Forderung

$$|\Delta\varphi| < \varphi_L(a_2, a_1). \qquad (3.159)$$

Falls $c_1 < c_2 < a_1$, muss zunächst der Ring $c_2 \le r \le a_1$ von Spannungen befreit werden; anschließend wird wiederum eine einzelne Lubkin-Spannung linear superponiert:

$$\sigma_{\varphi z}(r) = \sigma_L(r; a_1, c_1) - \sigma_L(r; a_1, c_2) + \sigma_L(r; a_2, c_2) \, \mathrm{sgn}\,(\Delta\varphi), \qquad (3.160)$$

$$\varphi = \varphi_L(a_1, c_1) - \varphi_L(a_1, c_2) + \varphi_L(a_2, c_2) \, \mathrm{sgn}\,(\Delta\varphi). \qquad (3.161)$$

Für den Fall $c_2 \le c_1$ wurde die ganze ursprüngliche Belastungsgeschichte gelöscht und die Lösung ist entsprechend einfach

$$\sigma_{\varphi z}(r) = \sigma_L(r; a_2, c_2) \, \mathrm{sgn}\,(\Delta\varphi), \qquad (3.162)$$

$$\varphi = \varphi_L(a_2, c_2) \, \mathrm{sgn}\,(\Delta\varphi). \qquad (3.163)$$

Die Bestimmung der zu Gl. (3.159) analogen Bedingungen für $\Delta\varphi$ in den letzten beiden Fällen ist dabei elementar.

Kontaktgebiet schrumpft

Wenn das Kontaktgebiet schrumpft, muss zunächst der Ring $a_2 < r \le a_1$ von Schubspannungen befreit werden. Dazu ist eine Verteilung

$$\Delta\sigma_{\varphi z, I}(r) = -\sigma_L(r; a_1, a_2), \qquad (3.164)$$

$$\Delta\varphi_I = -\varphi_L(a_1, a_2) \qquad (3.165)$$

nötig. Anschließend kann man wie oben verfahren, wobei der Kontaktradius konstant bleibt.

Allgemeine Ausgangssituation

Die obigen Beziehungen kann man ohne Schwierigkeiten in iterativer Form für eine beliebige Ausgangssituation verallgemeinern. Es sei $\sigma_{\varphi z, n}$ die Spannungsverteilung nach n Verschiebungsinkrementen Δd_i und $\Delta\varphi_i$. Außerdem sei durch s_i das Vorzeichen der jeweiligen Sliprichtung definiert. Dann ist

$$\sigma_{\varphi z, n}(r) = \begin{cases} \sigma_{\varphi z, n-1}(r) + s_n \sigma_L(r; a_n, c_n) & , \quad \text{für}\,\textcircled{1} \\ \sigma_{\varphi z, n-1}(r) - s_{n-1}\sigma_L(r; a_{n-1}, c_n) + s_n \sigma_L(r; a_n, c_n), & \text{für}\,\textcircled{2} \\ \sigma_{\varphi z, n-2}(r) + s_n \sigma_L(r; a_n, c_n) & , \quad \text{sonst,} \end{cases} \qquad (3.166)$$

wobei die Bedingungen durch

$$\textcircled{1} : \Delta d_n \geq 0 \quad \wedge \quad |\Delta\varphi_n| \leq \varphi_L(a_n, a_{n-1}), \tag{3.167}$$

$$\textcircled{2} : (\Delta d_n \geq 0 \quad \wedge \quad \varphi_L(a_n, a_{n-1}) < |\Delta\varphi_n| \leq \varphi_L(a_n, c_{n-1}) - \varphi_L(a_{n-1}, c_{n-1}) \operatorname{sgn}(\Delta\varphi_n))$$

$$\vee (\Delta d_n < 0 \quad \wedge \quad \varphi_L(a_{n-1}, a_n) < -\Delta\varphi_n \leq \varphi_L(a_n, c_{n-1}) + \varphi_L(a_{n-1}, c_{n-1})) \tag{3.168}$$

gegeben sind. Wenn der sonstige Fall in Gl. (3.166) eintritt, wurde offenbar das Inkrement mit dem Index $n - 1$ vollständig gelöscht. Man muss dann den Index um Eins reduzieren.

3.6 Viskoelastizität

3.6.1 Einführung

Elastomere sind sehr vielseitige Werkstoffe. Durch ihre hohe Deformierbarkeit in Verbindung mit einem vergleichsweise kleinen Elastizitätsmodul passen sie sich sehr gut an andere Oberflächen an. Sie haben ein je nach Zeitskala unterschiedliches Materialverhalten, das auch ihre Kontakteigenschaften maßgeblich beeinflusst. Dabei weist Gummi in vielen Materialpaarungen einen hohen Reibbeiwert im nutzbaren Zeitbereich auf. Außerdem sind Elastomere beständig gegenüber Hitze und Feuchtigkeit. Aufgrund dieser Vielseitigkeit finden Elastomere in Reifen, Dichtungen und anderen technischen Systemen häufige Anwendung. Auch Biomaterialien wie Gelenkknorpel kann man oft als (mehrphasige) viskoelastische Medien modellieren.

Das Materialverhalten dieser Werkstoffklasse lässt sich grob in statische und dynamische Eigenschaften unterteilen. Beide haben ihren Ursprung in der molekularen Struktur der Elastomere, die aus schwach miteinander wechselwirkenden langen Polymerketten aufgebaut sind. Im thermodynamischen Gleichgewicht ist die Anzahl möglicher Konfigurationen einer einzelnen Kette – und damit ihre Entropie – abhängig vom Abstand zwischen den beiden Kettenenden. Im spannungsfreien Zustand befindet sich die Kette im bevorzugten „verknäuelten" Zustand maximaler Entropie. Legt man an einen Elastomerblock daher quasistatisch eine Spannung an, werden die Polymerketten „entflechtet" und die Entropie sinkt. Da damit die Freie Energie steigt, ergibt sich eine elastische Reaktion, die der angelegten Spannung entgegenwirkt. Der mit dieser entropieinduzierten Elastizität verbundene Elastizitätsmodul ist sehr klein (in der Regel von der Größenordnung 1 MPa) und der ganze Prozess mehr oder weniger frei von Dissipation[9].

Die Relaxation in das thermodynamische Gleichgewicht kann allerdings je nach der konkreten Struktur des Elastomers unterschiedlich viel Zeit in Anspruch nehmen. Instantan (das heißt im Moment des Anlegens der Spannung) reagiert das Elastomer wie ein Festkörper

---

[9]Tatsächlich zeigen viele Elastomere eine schwache „statische Hysterese". Inwieweit diese auf viskose Verluste bei sehr kleinen Geschwindigkeiten zurückzuführen ist, soll an dieser Stelle nicht diskutiert werden. Der genannte Effekt wird im weiteren Verlauf dieses Buches auch nicht berücksichtigt.

mit einem Elastizitätsmodul der Größenordnung 1 GPa. Dieser „Glasmodul" ist also um mehrere Größenordnungen höher als der oben beschriebene statische Modul. Durch die innere Reibung während der Relaxation ist die Deformation eines Elastomers auf mittleren Zeitskalen darüber hinaus mit teilweise hoher Energie-Dissipation verbunden.

Insbesondere bei großen Deformationen verhalten sich Elastomere nichtlinear. Im Rahmen dieses Buches sollen sie allerdings als linear-viskoelastische Medien betrachtet werden, weil die Berücksichtigung von Nichtlinearitäten sehr kompliziert ist und den Rahmen dieses Buches sprengen würde. Im folgenden Abschnitt wird daher das allgemeine linear-viskoelastische Materialgesetz von Elastomeren eingeführt, auf dem deren kontaktmechanische Eigenschaften beruhen. Anschließend werden rheologische Modelle und die Kontaktmechanik von viskoelastischen Medien untersucht.

3.6.2 Das allgemeine linear-viskoelastische Materialgesetz

Man betrachte zunächst nur die reine Schubdeformation eines Elastomers: Wird ein Elastomerblock um einen Winkel 2ε geschert und diese Deformation aufrecht erhalten, relaxiert die Schubspannung in dem Medium wegen der oben beschriebenen Mechanismen nach einer Funktion $\sigma = \sigma(t)$. Den auf die Deformation bezogenen Ausdruck

$$G(t) := \frac{\sigma(t)}{2\varepsilon} \tag{3.169}$$

bezeichnet man als zeitabhängigen Schubmodul. Analog dazu gibt es den statischen Kriechversuch, bei dem eine konstante Scherspannung σ an den Block angelegt wird. Die Deformation vergrößert sich dann im Laufe der Zeit, $\varepsilon = \varepsilon(t)$, und den auf die angelegte Spannung bezogenen Ausdruck

$$W(t) := \frac{2\varepsilon(t)}{\sigma} \tag{3.170}$$

nennt man Kriechfunktion. Setzt man lineares Materialverhalten voraus, können die Spannungen bei einer beliebigen Deformationsgeschichte durch die Superposition

$$\sigma(t) = 2 \int\limits_{-\infty}^{t} G(t - t')\dot{\varepsilon}(t')\mathrm{d}t' \tag{3.171}$$

bestimmt werden. Durch Laplace-Transformation dieser Gleichung erhält man unter der Annahme, dass das Medium bis zum Zeitpunkt $t = 0$ undeformiert und spannungsfrei war,

$$\sigma^*(s) = 2sG^*(s)\varepsilon^*(s), \tag{3.172}$$

wobei hier und im Folgenden der Hochstern die Laplace-Transformierte einer zeitabhängigen Funktion bezeichnet. Analog ergibt sich die Deformation bei einer allgemeinen Belastungsgeschichte zu

$$\varepsilon(t) = \frac{1}{2} \int\limits_{-\infty}^{t} W(t - t')\dot{\sigma}(t')\mathrm{d}t', \tag{3.173}$$

was im Laplace-Raum (die Belastung beginne wiederum erst bei $t = 0$) dem Produkt

$$\varepsilon^*(s) = \frac{s}{2} W^*(s)\sigma^*(s), \tag{3.174}$$

entspricht. Aus dem Vergleich der Gl. (3.172) und (3.174) wird sofort deutlich, dass der zeitabhängige Schubmodul (manchmal auch Relaxationsfunktion genannt) und die Kriechfunktion nicht unabhängig voneinander sind. Sie bilden ein Transformationspaar, das der Gleichung

$$s^2 G^*(s)W^*(s) \equiv 1 \tag{3.175}$$

gehorcht. Eine weitere Materialfunktion, die häufig zur Beschreibung des viskoelastischen Verhaltens von Elastomeren verwendet wird, ist der Komplexe (frequenzabhängige) Schubmodul $\hat{G}(\omega)$. Dieser beschreibt die Spannungsantwort bei harmonischer Dehnung und kann über die Beziehung

$$\hat{G}(\omega) := i\omega G^*(s = i\omega), \tag{3.176}$$

mit der imaginären Einheit i, aus der Laplace-Transformierten des zeitabhängigen Moduls gewonnen werden. Sein Realteil wird Speichermodul und sein Imaginärteil Verlustmodul genannt.

Vereinzelt trifft man in der Literatur auch die Funktionen $sG^*(s)$ und $sW^*(s)$ als eigenständige Transformierte der Materialfunktionen. Das hat zum einen den Vorteil, dass diese Funktionen die gleichen physikalischen Einheiten aufweisen wie ihre zeitabhängigen Ursprünge, $G(t)$ und $W(t)$. Zum anderen ist das Produkt der beiden Transformierten wegen Gl. (3.175) grundsätzlich gleich Eins.

Im Allgemeinen zeigt ein Elastomer auch eine viskoelastische Reaktion gegenüber hydrostatischer Kompression. Völlig analog zu den obigen Betrachtungen zur Schubbelastung kann man in diesem Fall einen zeitabhängigen Kompressionsmodul $K(t)$ und eine entsprechende Kriechfunktion einführen. Das vollständige allgemeine linear-viskoelastische Materialgesetz (bereits in nach Scher- und Spuranteil aufgeteilter Form) lautet damit wie folgt:

$$\Sigma_{ij}(t) = 2 \int\limits_{-\infty}^{t} G(t - t')\dot{e}_{ij}(t')\mathrm{d}t', \tag{3.177}$$

$$\sigma_{ll}(t) = 3 \int\limits_{-\infty}^{t} K(t - t')\dot{\varepsilon}_{ll}(t')\mathrm{d}t'. \tag{3.178}$$

Dabei bezeichnen Σ_{ij} und e_{ij} die spurfreien Anteile des Spannungs- und Verzerrungstensors. Die Berücksichtigung des Kriechens bei hydrostatischer Kompression verkompliziert die Lösung von Kontaktaufgaben mit Elastomeren in der Regel deutlich, wie z. B. anhand der Lösung eines noch vergleichsweise einfachen Problems der konischen Indentierung mit einem monoton wachsenden Kontaktradius und rein elastischem Verhalten bei hydrostatischer Kompression von Vandamme und Ulm [69] deutlich wird. In der Regel verwendet man daher nur die Reaktion gegen reinen Schub zur Charakterisierung eines Elastomers. Dies ist sehr häufig auch durchaus berechtigt, da man die meisten relevanten Elastomere, wie Gummi oder Gelenkknorpel, in guter Näherung als inkompressibel annehmen kann [70, 71]. Trotzdem besteht aber natürlich keine physikalische Notwendigkeit, dass ein Elastomer keine Deformationsantwort gegen hydrostatische Kompression aufweist; so nimmt man beispielsweise in der Geophysik an, dass der Erdmantel aus kompressiblem viskoelastischem Material aufgebaut ist [72]. Im folgenden Abschnitt wird daher die Berücksichtigung der Kompressibilität für den Normalkontakt genauer beschrieben.

3.6.3 Berücksichtigung der Kompressibilität (Normalkontakt)

Für den reibungsfreien Normalkontakt kann man das kompressible Problem auf ein entsprechend modifiziertes inkompressibles Problem zurückführen. Man benötigt dafür nur die Fundamentallösung des elastischen Normalkontaktproblems und das viskoelastische Korrespondenzprinzip, das in spezieller Form zuerst von Alfrey [73] publiziert und später von Lee [74] und Radok [75] verallgemeinert wurde. Die genannten Arbeiten beziehen sich auf isotrope, homogene Medien.

Die Fundamentallösung für die vertikale Verschiebung der Oberfläche eines elastischen Halbraums unter Wirkung einer ab dem Zeitpunkt $t = 0$ im Koordinatenursprung aufgebrachten Punktlast in z-Richtung ist nach Gl. (3.3) durch

$$u_z^{\mathrm{el}}(r, t) = \frac{F_z\mathrm{H}(t)(1 - \nu)}{2\pi Gr} = \frac{F_z\mathrm{H}(t)}{4\pi Gr}\frac{3K + 4G}{3K + G} = \frac{F_z\mathrm{H}(t)}{4\pi Gr}\left(1 + \frac{3G}{3K + G}\right) \tag{3.179}$$

gegeben, wobei $\mathrm{H}(t)$ die Heaviside-Funktion bezeichnet. Da das entsprechende viskoelastische Problem die gleichen Randbedingungen aufweist, kann es durch Laplace-Transformation problemlos in das elastische Problem mit einem Parameter s

überführt werden. Die viskoelastische Fundamentallösung kann man daher erhalten, indem zunächst mithilfe der Substitutionen des Korrespondenzprinzips[10],

$$G \to s\,G^*(s),\tag{3.180}$$

$$K \to s\,K^*(s),\tag{3.181}$$

und Laplace-Transformation der zeitabhängigen Punktlast die Laplace-Transformierte der viskoelastischen Lösung gewonnen wird:

$$u_z^*(r,s) = \frac{F_z}{4\pi r}\left\{ \frac{1}{s^2\,G^*(s)} + \frac{3}{[G^*(s)+3K^*(s)]\,s^2} \right\}.\tag{3.182}$$

Die Rücktransformation von Gl. (3.182) liefert dann die gesuchte Lösung des viskoelastischen Problems,

$$u_z(r,t) = \frac{F_z}{4\pi r}\left[W(t) + W_1(t) \right],\tag{3.183}$$

mit

$$W_1^*(s) := \frac{3}{[G^*(s)+3K^*(s)]\,s^2} \quad \Leftrightarrow \quad G_1(t) = K(t) + \frac{G(t)}{3}.\tag{3.184}$$

Gl. (3.183) beschreibt aber die Fundamentallösung für einen inkompressiblen viskoelastischen Halbraum mit der Scher-Kriechfunktion $W(t)+W_1(t)$. Gelingt es also, die Gl. (3.184) nach $W_1(t)$ aufzulösen, ist das kompressible Normalkontaktproblem auf ein entsprechendes äquivalentes inkompressibles Problem zurückgeführt. Diese Rücktransformation ist allerdings in der Regel nur schwer analytisch durchzuführen. Es sei außerdem noch einmal darauf hingewiesen, dass diese Art der Berücksichtigung der Kompressibilität auf den normalen Fundamentallösungen des kompressiblen und des äquivalenten inkompressiblen Mediums beruht und daher nur für den reibungsfreien Normalkontakt anwendbar ist.

3.6.4   Rheologische Modelle

Eine weitere, häufig verwendete Möglichkeit zur Beschreibung der viskoelastischen Eigenschaften von Elastomeren sind sogenannte „rheologische Modelle", die aus einzelnen linearelastischen und linear-viskosen Elementen aufgebaut sind. Durch verschiedene Schaltungen dieser beiden Grundelemente kann man sehr unterschiedliches (und durch eine genügende Verallgemeinerung beliebiges) lineares viskoelastisches Materialverhalten repräsentieren. Zur Darstellung der elastischen und viskosen Elemente werden in der Regel Federn und

---

[10]Den in Gl. (3.172) gegebenen Zusammenhang kann man als elastisches Materialgesetz mit dem Parameter s und dem Schubmodul $sG^*(s)$ deuten; das gleiche gilt auch für die Laplace-Transformation von Gl. (3.178).

Dämpfer verwendet; man muss dabei aber in Erinnerung behalten, dass es sich um kontinuumsmechanische, volumenspezifische Größen handelt. Anstatt von Steifigkeiten und Dämpfungskonstanten wird im Folgenden daher von elastischen Modulen und Viskositäten die Rede sein.

Bis auf ausdrückliche Ausnahmen sind alle betrachteten Medien inkompressibel. Entsprechend bezieht sich die Darstellung nur auf die Rheologie bei der reinen Schubbelastung.

Das Kelvin-Voigt-Medium

Die in vieler Hinsicht einfachste Behandlung von viskoelastischem Materialverhalten besteht in der vollständigen Trennung der elastischen und viskosen Eigenschaften. Das rheologische Modell eines solchen, üblicherweise als Kelvin-Voigt-Körper bezeichneten Mediums ist eine Parallelschaltung einer Feder mit einem Dämpfer. Das Materialgesetz hat daher die Form

$$\sigma(t) = 2G_\infty \varepsilon(t) + 2\eta \dot{\varepsilon}(t). \tag{3.185}$$

Aus dem Vergleich der Gl. (3.171) und (3.185) liest man den zeitabhängigen Schubmodul ab,

$$G(t) = G_\infty + \eta \delta(t), \tag{3.186}$$

wobei $\delta(\cdot)$ die Dirac-Distribution bezeichnet. Daraus ist ersichtlich, dass dieses Material eine unendlich schnelle Spannungsrelaxation aufweist. Aus Gl. (3.176) ergibt sich außerdem

$$\hat{G}(\omega) = G_\infty + i\eta\omega \tag{3.187}$$

für den komplexen Schubmodul. Durch die Anwendung von Gl. (3.175) erhält man als Kriechfunktion den Ausdruck

$$W(t) = \frac{1}{G_\infty}\left[1 - \exp\left(-\frac{G_\infty}{\eta}t\right)\right]. \tag{3.188}$$

Das Maxwell-Medium

Ein weiteres typisches rheologisches Modell ist das Maxwell-Medium, das durch eine Reihenschaltung aus einer Feder und einem Dämpfer repräsentiert wird. Die Superposition der Kriechfunktionen dieser beiden Grundbausteine liefert für die Kriechfunktion des Maxwell-Mediums den Ausdruck

$$W(t) = \frac{1}{G_1} + \frac{t}{\eta_1}. \tag{3.189}$$

Man erkennt, dass das viskoelastische Materialverhalten des Maxwell-Mediums keinen rein elastischen Anteil besitzt (das Material besitzt also keinen statischen Modul), da der Körper bei einer konstanten Belastung unbegrenzt kriecht. Das Material verhält sich auf sehr großen Zeitskalen daher wie eine Flüssigkeit. Die Relaxationsfunktion ergibt sich zu

$$G(t) = G_1 \exp\left(-\frac{G_1}{\eta_1}t\right). \tag{3.190}$$

Die rheologischen Modelle des Kelvin-Voigt-Körpers sowie des Maxwell-Körpers sind schematisch in Abb. 3.9 gezeigt.

Ein Standardmodell für Gummi

Die charakteristischen Eigenschaften von Gummi, die ein rheologisches Modell abbilden sollte, um ein zumindest qualitativ korrektes Materialverhalten zu erzielen, wurden bereits im einführenden Text zu diesem Unterkapitel aufgeführt:

- auf sehr kleinen Zeitskalen einen großen Schubmodul ohne Dissipation
- auf sehr großen Zeitskalen einen kleinen Schubmodul ohne nennenswerte Dissipation
- auf mittleren Zeitskalen hohe Dissipation

Es gibt verschiedene Möglichkeiten, ein minimales rheologisches Modell zu konstruieren, das diese Eigenschaften erfüllt. Eine Variante besteht darin, ein Maxwell-Element mit einer einzelnen Feder mit dem Modul $G_\infty \ll G_1$ parallel zu schalten. Das Medium verhält sich dann auch auf großen Zeitskalen wie ein Festkörper. Die Relaxations- und Kriechfunktion ergeben sich zu

$$G(t) = G_\infty + G_1 \exp\left(-\frac{G_1}{\eta_1}t\right), \tag{3.191}$$

$$W(t) = \frac{1}{G_\infty}\left[1 - \frac{G_1}{G_\infty}\exp\left(-\frac{G_\infty G_1 t}{(G_1 + G_\infty)\,\eta_1}\right)\right], \tag{3.192}$$

und der komplexe Schubmodul beträgt

$$\hat{G}(\omega) = G_\infty + G_1\frac{(\omega\tau)^2}{1 + (\omega\tau)^2} + iG_1\frac{\omega\tau}{1 + (\omega\tau)^2}, \quad \tau := \frac{\eta_1}{G_1}. \tag{3.193}$$

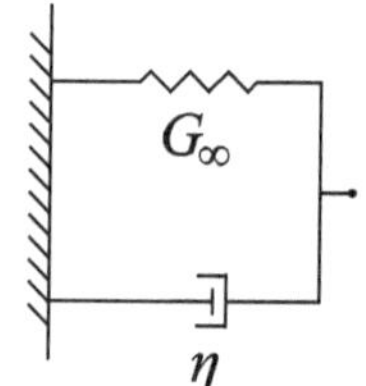

Abb. 3.9 Das Kelvin-Voigt-Medium (links) als rheologisches Modell sowie das Maxwell-Element (rechts)

Für $G_\infty \to 0$ ergeben sich natürlich die Ausdrücke des Maxwell-Mediums, für $G_1 \to \infty$ hingegen die des Kelvin-Voigt-Körpers.

Prony-Reihen

Das oben beschriebene Standard-Medium weist nur auf einer einzigen charakteristischen Zeitskala τ Spannungsrelaxation auf. Die Relaxation durch die „Entflechtung" der Polymermoleküle ist aber in Wirklichkeit ein auf mehreren Längen- und Zeitskalen ablaufender Prozess. Ein reales Elastomer weist daher mehrere charakteristische Relaxationszeiten auf. Um dies in einem rheologischen Modell abzubilden, konstruiert man sogenannte „Prony-Reihen". Es kommen dafür verallgemeinerte Maxwell- oder verallgemeinerte Kelvin-Voigt-Elemente in Frage. Bei einem verallgemeinerten Maxwell-Modell wird das beschriebene Standardmodell um eine beliebige Anzahl von Maxwell-Elementen mit den Modulen G_k und den Viskositäten η_k in Parallelschaltung ergänzt. Der gesamte zeitabhängige Modul ist dann

$$G(t) = G_\infty + \sum_{k=1}^{N} G_k \exp\left(-\frac{t}{\tau_k}\right), \quad \tau_k := \frac{\eta_k}{G_k}. \tag{3.194}$$

Durch den Übergang zu einem kontinuierlichen Spektrum ergibt sich die Transformation

$$G(t) = G_\infty + \int_0^\infty g(s) \exp(-st)\mathrm{d}s, \tag{3.195}$$

durch die sich wegen der Existenz und Eindeutigkeit der Inversen Laplace-Transformation beliebiges linear-viskoelastisches Materialverhalten in dem rheologischen Modell abbilden lässt. Technische Pronyreihen nutzen in der Regel 15 bis 30 verschiedene logarithmisch skalierte Relaxationszeiten.

Der Kelvin-Maxwell-Körper

Wenn das betrachtete Kontaktproblem eine eigene Zeitskala τ hat, z. B. eine charakteristische Dauer[11], spielen die Relaxationsprozesse, die auf eben dieser Zeitskala ablaufen eine dominierende Rolle. Alle anderen Relaxationen können, zumindest in guter Näherung, entweder als unendlich langsam oder als unendlich schnell betrachtet werden. Die verschiedenen Maxwell-Elemente der Prony-Reihe mit großen Relaxationszeiten kann man daher in diesem Fall zu einer einzelnen Feder mit dem Modul G_∞ (gemeinsam mit dem tatsächlichen statischen Modul) zusammenfassen, während die Elemente mit sehr kleinen Relaxationszeiten in einem einzelnen Dämpfer mit der Viskosität η_0 aufgehen:

---

[11] Bei Stoßproblemen hat diese charakteristische Dauer in der Regel die Größenordnung von einigen Millisekunden.

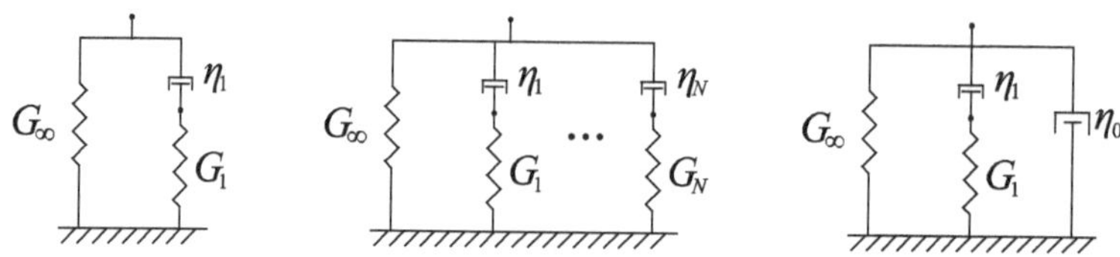

Abb. 3.10 Das Standardelement (links), eine Prony-Reihe in Form eines verallgemeinerten Maxwell-Elements (mitte) und ein Kelvin-Maxwell-Element (rechts). Die verwendeten Größen können dem Text entnommen werden

$$G_\infty = \sum_{\tau_k \gg \tau} G_k, \tag{3.196}$$

$$\eta_0 = \sum_{\tau_k \ll \tau} \eta_k. \tag{3.197}$$

Es entsteht dann eine Parallelschaltung aus einem Kelvin-Voigt- mit einem Maxwell-Element, dessen Relaxationszeit genau der Zeitskala τ entspricht. Die gesamte Relaxationsfunktion dieses Kelvin-Maxwell-Körpers ist elementarerweise durch

$$G(t) = G_\infty + G_1 \exp\left(-\frac{G_1}{\eta_1} t\right) + \eta_0 \delta(t), \quad \eta_1 = G_1 \tau, \tag{3.198}$$

gegeben. Dieses rheologische Element besitzt nur drei freie Parameter (die Zeitskala τ ist durch das Kontaktproblem vorgegeben) und ist deswegen sehr einfach zu implementieren und zu untersuchen. Andererseits ist das Modell gleichzeitig sehr allgemein, da es aus einer beliebig komplizierten Prony-Reihe hervorgeht.

Abb. 3.10 zeigt schematische Darstellungen der rheologischen Modelle des Standardkörpers und des beschriebenen Kelvin-Maxwell-Körpers sowie eine Prony-Reihe in Form eines verallgemeinerten Maxwell-Modells.

Das rheologische Modell für ein allgemeines kompressibles Medium

Es soll zum Abschluss der Betrachtung rheologischer Modelle noch einmal kurz auf den Kontakt mit kompressiblen Medien eingegangen werden, allerdings ohne eine spezielle Rheologie zu berücksichtigen, das heißt, für ein beliebiges Relaxationsverhalten bei Scherung oder Kompression, ausgedrückt durch die beiden Materialfunktionen $G(t)$ und $K(t)$.

Während die analytische Rücktransformation von Gl. (3.184) im Allgemeinen sehr schwierig sein kann, ist es sehr einfach, das rheologische Modell zu konstruieren, das die äquivalente Scher-Kriechfunktion $W(t) + W_1(t)$ aufweist, welche nötig ist, um das kompressible Medium für den Normalkontakt durch ein äquivalentes inkompressibles Medium zu ersetzen: es ist einfach eine Reihenschaltung der rheologischen Modelle, welche die Relaxationsfunktionen $G(t)$ und $G_1(t)$ reproduzieren. Dabei ist wegen Gl. (3.184) $G_1(t)$ eine einfache Superposition, also Parallelschaltung, der Relaxationen $K(t)$ und $G(t)/3$. Das vollständige rheologische Modell ist in Abb. 3.11 gezeigt.

Abb. 3.11 Das rheologische Modell für ein kompressibles Medium mit beliebiger Rheologie (nach [76]). Die Boxen sind als verallgemeinerte rheologische Elemente zu verstehen, die das angegebene Relaxationsverhalten reproduzieren

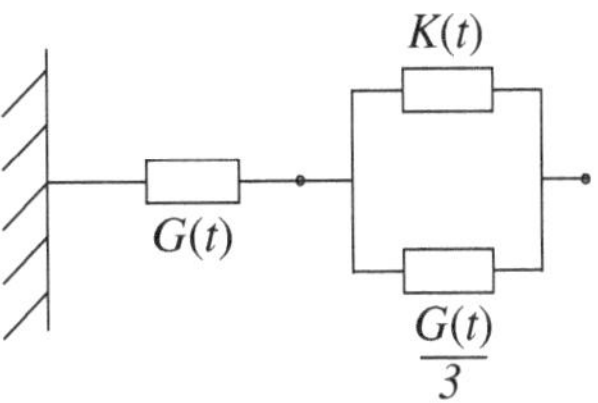

3.6.5 Behandlung viskoelastischer Kontaktprobleme nach Lee und Radok

Mithilfe des Korrespondenzprinzips zwischen Randwertproblemen der linearen Elastizität und Viskoelastizität kann man unter bestimmten Umständen auch Kontaktprobleme zwischen viskoelastischen Körpern untersuchen, wie zuerst Lee und Radok [77] zeigen konnten.

Man betrachte den Normalkontakt zwischen einem starren axialsymmetrischen konvexen Indenter mit dem Profil $f(r)$ und einem inkompressiblen viskoelastischen Medium[12] mit dem zeitabhängigen Schubmodul $G(t)$. Dann lautet die *normierte* Spannungsverteilung für das entsprechende elastische Problem mit dem Kontaktradius a nach Gl. (3.28) wie folgt.

$$\sigma_{zz}^{\mathrm{el}}(r, t) = \sigma_{zz}^{\mathrm{el}}(r; a(t)) := -\frac{4}{\pi} \int\limits_{r}^{a(t)} \frac{g'(x)}{\sqrt{x^2 - r^2}}\, \mathrm{d}x, \quad r \leq a(t), \tag{3.199}$$

wobei die Hilfsfunktion $g(x)$ durch Gl. (3.32) gegeben ist. Die nach dem Korrespondenzprinzip zugehörige viskoelastische Lösung lautet im Laplace-Raum (der Stern bezeichnet wiederum die jeweilige Laplace-Transformierte)

$$\sigma_{zz}^{*}(r, s) = s G^{*}(s) \left(\sigma_{zz}^{\mathrm{el}}\right)^{*}(r, s), \tag{3.200}$$

und im Zeitbereich

$$\sigma_{zz}(r, t) = \int\limits_{0}^{t} G(t - t') \frac{\partial \sigma_{zz}^{\mathrm{el}}}{\partial t'}(r, t')\, \mathrm{d}t'. \tag{3.201}$$

Lee & Radok konnten zeigen, dass die Druckverteilung (3.201) tatsächlich die gemischten Randbedingungen des viskoelastischen Kontaktproblems erfüllt, falls der Kontaktradius

---

[12]Da beide Kontaktpartner elastisch ähnlich sind, muss der Kontakt nicht notwendigerweise reibungsfrei sein.

$a(t)$ monoton mit der Zeit wächst. Der Beweis von Lee & Radok bezieht sich auf den parabolischen Kontakt, lässt sich aber ohne Schwierigkeiten für beliebige axialsymmetrische Profile verallgemeinern [78].

Im Fall des monoton wachsenden Kontaktradius ist außerdem der Zusammenhang zwischen Eindrucktiefe und Kontaktradius universal,

$$d(t) = d^{\mathrm{el}}(t) = d^{\mathrm{el}}\left(a(t)\right) = g(a(t)). \tag{3.202}$$

Die gesamte Normalkraft ergibt sich zu

$$F_z(t) = \int_0^t G(t - t') \frac{\mathrm{d}F_z^{\mathrm{el}}}{\mathrm{d}t'}(t')\mathrm{d}t', \tag{3.203}$$

wobei wegen Gl. (3.27) die entsprechende elastische Lösung durch

$$F_z^{\mathrm{el}}(t) = F_z^{\mathrm{el}}(a(t)) := -8 \int_0^{a(t)} \left[g(a(t)) - g(x)\right]\mathrm{d}x. \tag{3.204}$$

gegeben ist.

3.6.6 Erweiterung auf beliebige Belastungsgeschichten

Schon Lee & Radok haben erkannt, dass die Anwendung der oben beschriebenen Methode für Fälle, in denen der Kontaktradius ein Maximum besitzt, zu unphysikalischen Zugspannungen in den Gebieten am Rand des Kontaktes führt, in denen im Laufe der Indentierung der Kontakt wieder verloren geht. Die korrekte Lösung des axialsymmetrischen Kontaktproblems stammt in diesem Fall von Graham [78] und Ting [79]. Hunter [80] publizierte bereits 1960 die Lösung für den parabolischen Kontakt und untersuchte damit das viskoelastische Normalstoßproblem von Kugeln. Eine alternative aber äquivalente Formulierung schlug später Greenwood [81] vor.

Der Zeitpunkt, bei dem der Kontaktradius sein Maximum annimmt sei t_m. Dann kann für alle $t \leq t_m$ das Kontaktproblem mit den obigen Gleichungen gelöst werden. Für alle $t' > t_m$ gibt es nun einen Zeitpunkt $t_1(t') < t_m$ (siehe die erläuternde Skizze in Abb. 3.12), sodass

$$a(t_1) = a(t'). \tag{3.205}$$

Die korrekten Ausdrücke für die Eindrucktiefe und die Normalkraft für $t > t_m$ lauten dann nach Ting wie folgt:

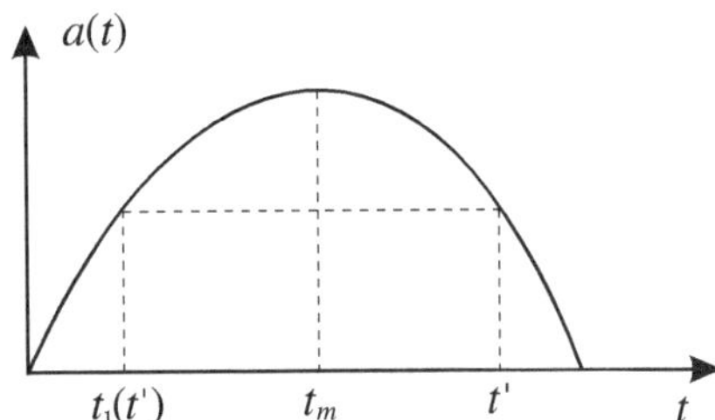

Abb. 3.12 Beispielhafter Verlauf des Kontaktradius mit einem einzelnen Maximum

$$d(t) = d^{\text{el}}\left(a(t)\right) - \int\limits_{t_m}^{t} W(t - t')\frac{\mathrm{d}}{\mathrm{d}t'}\left[\int\limits_{t_1(t')}^{t'} G\left(t' - t''\right)\frac{\mathrm{d}d^{\text{el}}}{\mathrm{d}t''}\left(t''\right)\mathrm{d}t''\right]\mathrm{d}t', \quad (3.206)$$

$$\sigma_{77}(r, t) = \int\limits_{0}^{t_1(t)} G(t - t')\frac{\partial\sigma_{zz}^{\text{el}}}{\partial t'}(r, t')\,\mathrm{d}t', \quad (3.207)$$

$$F_z(t) = \int\limits_{0}^{t_1(t)} G(t - t')\frac{\mathrm{d}F_z^{\text{el}}}{\mathrm{d}t'}(t')\mathrm{d}t', \quad (3.208)$$

mit der Kriechfunktion $W(t)$ des viskoelastischen Mediums.

Eine ähnliche Prozedur kann man auch entwickeln, wenn der Kontaktradius eine beliebige Anzahl von Maxima und Minima aufweist, wie in späteren Publikationen von Graham [82] und Ting [83] demonstriert wurde. Allerdings wird die Ausführung der verketteten Differentiationen und Integrationen mit jedem Extremum des Kontaktradius mühseliger. Da für die Behandlung des einfachen Stoßproblems der Fall eines einzigen Maximums ausreicht, soll an dieser Stelle auf die Angabe der allgemeinen Gleichungen verzichtet werden.

3.7 Funktionale Gradientenmedien

3.7.1 Einführung

Angetrieben durch den technologischen Bedarf nach größerer Beständigkeit und flexiblerer Einsetzbarkeit von Werkstoffen und nicht zuletzt beflügelt durch das Studium von Lösungen, die die Natur in biologischen Tribosystemen entwickelt hat, wurde in den vergangenen Jahrzehnten der Kontaktmechanik von komplexeren Materialklassen – wie Verbundwerkstoffen, geschichteten Medien oder Funktionalen Gradientenmaterialien (FGM) – ein hohes Maß wissenschaftlicher Aufmerksamkeit zuteil. Da, wie sich herausstellt, die Verwendung von FGM in stoßbeanspruchten Systemen von großem Vorteil sein kann, z. B. zur Reduktion der auftretenden Kontaktspannungen, ist das vorliegende Unterkapitel der Kontaktmechanik solcher Medien gewidmet.

Innerhalb eines FGM variieren die mechanischen Eigenschaften kontinuierlich über das Volumen, das Material ist inhomogen. Beispiele sind gehärtete Oberflächen sowie vielfältige biologische und biotechnologische Systeme, wie Knochen, Gelenke oder deren künstliche Varianten, Haftvorrichtungen (z. B. an den Füßen von Geckos) und Zellmembranen [84]. Ein korrekt eingestellter Gradient des Elastizitätsmoduls kann nachweislich zu erhöhter Verschleiß-Beständigkeit führen [85]. Im Gegensatz zu der in vielerlei Hinsicht ähnlichen Klasse der geschichteten Medien leiden FGM dabei nicht unter Delamination, thermozyklischem Kriechen oder anderen an diskrete Grenzflächen gebundenen Versagensmechanismen.

Im Fokus dieses Buches stehen Medien, in denen der Schubmodul G mit der Tiefe z variiert (bei zumindest näherungsweise konstanter Poissonzahl). Diese spezielle Form der Inhomogenität untersuchten Geomechaniker schon seit den 1940er Jahren, lange bevor überhaupt der Begriff „Funktionale Gradientenmaterialien" geprägt wurde, siehe beispielsweise die Arbeiten von Holl [86], Rostovtsev [87] und Gibson [88]. Systematische Untersuchungen des Normalkontaktes ohne Adhäsion gehen auf Booker et al. [89, 90] und Giannakopoulos und Suresh [91, 92]) zurück. Im Laufe der Zeit wurden unterschiedliche konkrete Funktionen $G = G(z)$ betrachtet (siehe z. B. die Abhandlung von Selvadurai [93]); der einzige Fall, der eine weitgehend analytische Behandlung zulässt, scheint dabei das Potenzgesetz

$$G(z) = G_0 \left(\frac{z}{z_0} \right)^k, \quad |k| < 1, \tag{3.209}$$

zu sein. Während der Definitionsbereich des Exponenten k in den meisten Arbeiten auf nicht-negative Werte beschränkt wird, geht aus der Arbeit von Fabrikant und Sankar [94] hervor, dass die erhaltenen Ergebnisse auch für Werte $k < 0$ verwendbar sind. Obwohl der Zusammenhang (3.209) wegen des an der Oberfläche wahlweise verschwindenden ($k > 0$) oder divergierenden ($k < 0$) Moduls quantitativ sicher problematisch ist, soll in dem vorliegenden Buch auf diesen zurückgegriffen werden, da für andere Formen der Inhomogenität bereits die Fundamentallösung, also die Grundlage aller kontaktmechanischen Rechnungen, nur numerisch bestimmbar ist. Außerdem lassen sich alle qualitativen Effekte der Gradierung auch durch den Zusammenhang (3.209) abbilden[13]. Mit $k = 0$ steht als zusätzlicher Vorteil darüber hinaus jederzeit der homogene Grenzfall (mit den bekannten Lösungen) als Testlösung bereit.

Obwohl die Bestimmung der JKR-adhäsiven Lösung des axialsymmetrischen Normalkontaktproblems aus der nicht-adhäsiven Lösung auch für inhomogene Medien keine größere Schwierigkeit darstellt, existieren vollständige Lösungen von adhäsiven Normalkontaktproblemen mit FGM erst seit etwa 10 Jahren [95–97]. Tangentialkontakte von FGM sind sogar erst seit wenigen Jahren durch die Arbeit von Heß und Popov [98] einer analytischen Behandlung zugänglich. Andererseits können durch das viskoelastische Korrespondenz-

---

[13]Insofern gelten für dieses Modell ähnliche Dinge wie die, die an früherer Stelle über das Dugdale-Modell der adhäsiven Spannung gesagt wurden.

prinzip unter bestimmten Umständen auch Kontaktprobleme von viskoelastischen inhomogenen Medien erfasst werden [99]. Dies ist besonders für biologische Gradientenmedien interessant, da diese in der Regel visko- oder poroelastische Eigenschaften aufweisen [84].

3.7.2 Fundamentallösung des inhomogenen Halbraums

Im Fall eines Halbraums mit einer elastischen Gradierung in der Form eines Potenzgesetzes wurde von Booker et al. [89] die Fundamentallösung für die Verschiebungen des Halbraums unter Einwirkung einer Punktlast im Ursprung hergeleitet. Für die Verschiebungen der Halbraumoberfläche ergibt sich

$$u_x = \frac{z_0^k}{4\pi G_0 r^{3+k}} \left[\left(Hx^2 + Py^2 \right) F_x + \left(H - P \right) xy F_y + A x r F_z \right], \tag{3.210}$$

$$u_y = \frac{z_0^k}{4\pi G_0 r^{3+k}} \left[\left(Hy^2 + Px^2 \right) F_y + \left(H - P \right) xy F_x + A y r F_z \right], \tag{3.211}$$

$$u_z = \frac{z_0^k}{4\pi G_0 r^{3+k}} \left[Lr \left(x F_x + y F_y \right) + B r^2 F_z \right], \tag{3.212}$$

mit den Kürzeln

$$B := \frac{2(1-\nu)}{(1+k)^2} \beta \sin\left(\frac{\pi\beta}{2}\right) \frac{\Gamma\left(\frac{3+k+\beta}{2}\right)\Gamma\left(\frac{3+k-\beta}{2}\right)}{\left[\Gamma\left(1+\frac{k}{2}\right)\right]^2}, \tag{3.213}$$

$$L := -\frac{2(1-\nu)}{k} \cos\left(\frac{\pi\beta}{2}\right) \frac{\Gamma\left(\frac{3+k+\beta}{2}\right)\Gamma\left(\frac{3+k-\beta}{2}\right)}{\Gamma\left(\frac{1+k}{2}\right)\Gamma\left(\frac{3+k}{2}\right)} = -A \tag{3.214}$$

für die vertikale Verschiebung, wobei die Hilfsgröße β durch

$$\beta := \sqrt{(1+k)\left(1 - \frac{k\nu}{1-\nu}\right)}. \tag{3.215}$$

definiert ist, sowie den Kürzeln

$$H := -\frac{2(1-\nu)k}{\beta(1-k)} \sin\left(\frac{\pi\beta}{2}\right) \frac{\Gamma\left(\frac{3+k+\beta}{2}\right)\Gamma\left(\frac{3+k-\beta}{2}\right)}{\left[\Gamma\left(1+\frac{k}{2}\right)\right]^2} + \frac{2}{1-k}, \tag{3.216}$$

$$P := \frac{2(1-\nu)}{\beta(1-k)} \sin\left(\frac{\pi\beta}{2}\right) \frac{\Gamma\left(\frac{3+k+\beta}{2}\right)\Gamma\left(\frac{3+k-\beta}{2}\right)}{\left[\Gamma\left(1+\frac{k}{2}\right)\right]^2} - \frac{2k}{1-k} \tag{3.217}$$

für die tangentiale Verschiebung. Im homogenen Fall $k = 0$ erhält man die Lösungen von Boussinesq und Cerruti aus den Gl. (3.1) bis (3.3).

Für den Kontakt zweier Körper (der Exponent k der Gradierung muss für beide übereinstimmen), die der Halbraumnäherung genügen und die durch eine Punktkraft im gemeinsamen Koordinatenursprung aufeinander wirken, lauten die sich ergebenden relativen Verschiebungen damit wie folgt:

$$\Delta u_x = \frac{F_x}{4\pi r^{3+k}}\left[\left(\frac{z_{01}^k}{G_{01}}H_1 + \frac{z_{02}^k}{G_{02}}H_2\right)x^2 + \left(\frac{z_{01}^k}{G_{01}}P_1 + \frac{z_{02}^k}{G_{02}}P_2\right)y^2\right]$$
$$+ \frac{xyF_y}{4\pi r^{3+k}}\left(\frac{z_{01}^k}{G_{01}}H_1 + \frac{z_{02}^k}{G_{02}}H_2 - \frac{z_{01}^k}{G_{01}}P_1 - \frac{z_{02}^k}{G_{02}}P_2\right) + \frac{xrF_z}{4\pi r^{3+k}}\left(\frac{z_{01}^k}{G_{01}}A_1 - \frac{z_{02}^k}{G_{02}}A_2\right),$$
$$\tag{3.218}$$

$$\Delta u_z = \frac{1}{4\pi r^{2+k}}\left[\left(\frac{z_{01}^k}{G_{01}}L_1 - \frac{z_{02}^k}{G_{02}}L_2\right)(xF_x + yF_y) + \left(\frac{z_{01}^k}{G_{01}}B_1 + \frac{z_{02}^k}{G_{02}}B_2\right)rF_z\right]. \tag{3.219}$$

Die beiden Körper sind elastisch ähnlich, d. h. die relativen tangentialen Verschiebungen durch die Normalbelastung und *vice versa* verschwinden, falls

$$\frac{z_{01}^k}{G_{01}}L_1 = \frac{z_{02}^k}{G_{02}}L_2. \tag{3.220}$$

Insbesondere ist das der Fall bei gleichen Materialien, oder wenn ein Körper starr ist und der andere dem Holl-Verhältnis

$$\nu = \nu_H := \frac{1}{2+k} \tag{3.221}$$

genügt, oder wenn beide Körper dem Holl-Verhältnis genügen. Es ist dabei offensichtlich, dass dieses Verhältnis nur für positive Exponenten k physikalisch erfüllbar ist, da die thermodynamische Stabilität eines Mediums nur für $\nu \leq 0{,}5$ gegeben ist. Das bedeutet aber natürlich nicht, dass verschiedene Körper mit negativen Exponenten nicht elastisch ähnlich sein können, sie müssen nur die Bedingung (3.220) erfüllen.

Wenn ein Halbraum dem Holl-Verhältnis genügt, vereinfachen sich die oben eingeführten Kürzel bedeutend und man erhält

$$\beta = 1, \quad B = \frac{1}{1+k}, \quad L = 0, \quad H = 2+k, \quad P = 1. \tag{3.222}$$

Falls die beteiligten Gradientenmedien elastisch ähnlich sind und der Kontakt der Halbraumhypothese genügt, kann der Kontakt zwischen zwei elastischen Körpern wie im homogenen Fall auf den Kontakt zwischen einem starren Indenter und einem elastischen Halbraum zurückgeführt werden. Die Verallgemeinerung der effektiven elastischen Moduln für Materialien mit einer elastischen Gradierung in der Form eines Potenzgesetzes sind die Moduln

$$c_N := 4\cos\left(\frac{k\pi}{2}\right)\left(\frac{z_{01}^k}{G_{01}}B_1 + \frac{z_{02}^k}{G_{02}}B_2\right)^{-1}, \tag{3.223}$$

$$c_T := 8\cos\left(\frac{k\pi}{2}\right)\left[\frac{z_{01}^k}{G_{01}}(H_1 + P_1) + \frac{z_{02}^k}{G_{02}}(H_2 + P_2)\right]^{-1}. \tag{3.224}$$

Diese vereinfachen sich für $k = 0$ zu $\tilde{E}$ und $\tilde{G}$.

3.7.3   Reibungsfreier Normalkontakt ohne Adhäsion

Wie im elastisch homogenen Fall ist die Grundlage der allgemeinen axialsymmetrischen Lösung des reibungsfreien Normalkontaktproblems elastisch inhomogener Körper die Lösung des Problems der reibungsfreien Indentierung eines elastisch inhomogenen Halbraums durch einen starren flachen zylindrischen Stempel. Diese Lösung wurde ebenfalls von Booker et al. [90], basierend auf der von ihnen erhaltenen Fundamentallösung, vorgelegt. Die Normalkraft F_z als Funktion der Eindrucktiefe d und des Stempelradius a beträgt

$$F_z = -2c_N\frac{da^{1+k}}{1+k}, \tag{3.225}$$

woraus man die Kontaktsteifigkeit

$$k_z = 2c_N\frac{a^{1+k}}{1+k} \tag{3.226}$$

erhält. Die Spannungsverteilung im Kontakt hat die Form

$$\sigma_{zz}(r) = -\frac{c_N d}{\pi\sqrt{\left(a^2 - r^2\right)^{1-k}}}, \quad r \leq a, \tag{3.227}$$

und die Verschiebungen außerhalb des Kontaktes können zu

$$u_z(r) = -\frac{d}{\pi}\cos\left(\frac{k\pi}{2}\right)\mathrm{B}\left(\frac{a^2}{r^2}; \frac{1+k}{2}, \frac{1-k}{2}\right), \quad r > a, \tag{3.228}$$

bestimmt werden. Es sei darauf hingewiesen, dass diese Lösung (wie im homogenen Fall) – obwohl die Definition des Normalmoduls c_N in Gl. (3.223) impliziert, dass beide Körper elastisch sein können – nur für den Kontakt mit einem *starren* Stempel gültig ist, da der elastische Stempel unbedingt die Annahmen der Halbraumhypothese verletzt.

Durch eine geeignete Superposition von infinitesimalen Stempellösungen kann man nun, in völliger Analogie zu dem in Abschn. 3.2.2 ausführlich hergeleiteten homogenen Fall, die Lösung für eine beliebige axialsymmetrische Indenterform $f(r)$ bestimmen. Man erhält für die gesamte Normalkraft, die Spannungsverteilung und die Verschiebungen nach Abschluss des Indentierungsvorgangs [97]:

$$F_z = -2c_N \int_0^a [d - g(x)]\, x^k \mathrm{d}x, \tag{3.229}$$

$$\sigma_{zz}(r) = -\frac{c_N}{\pi} \int_r^a \frac{g'(x)\mathrm{d}x}{\sqrt{\left(x^2 - r^2\right)^{1-k}}}, \quad r \le a, \tag{3.230}$$

$$u_z(r) = -\frac{2}{\pi} \cos\left(\frac{k\pi}{2}\right) \int_0^{\min(r,a)} \frac{x^k [d - g(x)]\, \mathrm{d}x}{\sqrt{\left(r^2 - x^2\right)^{1+k}}}. \tag{3.231}$$

Die Verschiebungen innerhalb des Kontaktes sind durch den Eindruckkörper vorgegeben, also

$$f(r) = \frac{2}{\pi} \cos\left(\frac{k\pi}{2}\right) \int_0^r \frac{x^k g(x)\mathrm{d}x}{\sqrt{\left(r^2 - x^2\right)^{1+k}}}. \tag{3.232}$$

Dies ist eine verallgemeinerte Abel-Transformation, die mit dem Ergebnis [97]

$$g(x) = |x|^{1-k} \int_0^{|x|} \frac{f'(r)\mathrm{d}r}{\sqrt{\left(x^2 - r^2\right)^{1-k}}} \tag{3.233}$$

invertiert werden kann. Damit ist das Kontaktproblem in allgemeiner Form gelöst. Für den parabolischen Kontakt mit dem Krümmungsradius $\tilde{R}$ in der Nähe des Kontaktes ergibt sich

$$g(x) = \frac{x^2}{\tilde{R}(1 + k)}, \tag{3.234}$$

$$d = \frac{a^2}{\tilde{R}(1 + k)}, \tag{3.235}$$

$$F_z = -\frac{4c_N a^{3+k}}{\tilde{R}(1 + k)^2(3 + k)}, \tag{3.236}$$

$$\sigma_{zz}(r) = -\frac{2c_N}{\pi \tilde{R}(1 + k)^2} \sqrt{\left(a^2 - r^2\right)^{1+k}}, \quad r \le a, \tag{3.237}$$

was im homogenen Fall $k = 0$ natürlich mit der Hertzschen Lösung übereinstimmt.

Für ein Profil in der Form eines Potenzgesetzes (siehe Gl. (3.38)) lautet die Lösung des Kontaktproblems für die makroskopischen Größen wie folgt:

$$d(a) = \beta(n,k)Aa^n, \quad \beta(n,k) := \frac{n}{2}B\left(\frac{n}{2}, \frac{1+k}{2}\right) \tag{3.238}$$

$$F_z(a) = -\frac{2nc_N\beta(n,k)A}{(1+k)(n+k+1)}\,a^{n+k+1}, \tag{3.239}$$

mit der im Anhang definierten vollständigen Beta-Funktion $B(\cdot, \cdot)$.

Die entscheidende Größe für die dynamischen Eigenschaften eines Kontaktes ist die Kontaktsteifigkeit als Funktion der Eindrucktiefe d. Im Fall des Potenzprofils ergibt sich hierfür

$$k_z(d) = \frac{2}{1+k}c_N\left(\frac{1}{\beta(n,k)A}\right)^{\frac{1+k}{n}} d^{\frac{1+k}{n}}. \tag{3.240}$$

Man erkennt, dass sich derselbe Zusammenhang auch für den Kontakt eines Indenters mit einem homogenen elastischen Halbraum mit dem effektiven Modul $\tilde{E}$ ergibt, wenn man den Exponent $\tilde{n}$ des Indenterprofils entsprechend

$$\tilde{n} := \frac{n}{1+k} \tag{3.241}$$

wählt. Die dynamischen Eigenschaften eines Kontaktes mit einem FGM sind also durch ein bestimmtes homogenes Problem exakt abbildbar. Die Konstante $\tilde{A}$ des äquivalenten homogenen Problems[14] ergibt sich zu

$$\tilde{A} = A\left(\frac{\tilde{E}}{c_N}\right)^{\tilde{n}}(1+k)^{\tilde{n}}\frac{\beta(n,k)}{\beta(\tilde{n},0)}. \tag{3.242}$$

3.7.4 Reibungsfreier Normalkontakt mit Adhäsion in der JKR-Näherung

Die Tatsache, dass der JKR-adhäsive (reibungsfreie) Normalkontakt zwischen einem axialsymmetrischen starren Indenter und einem elastischen Halbraum aus einer Superposition des entsprechenden nicht-adhäsiven Problems mit einer Indentierung durch einen flachen zylindrischen Stempel hervorgeht, folgt unmittelbar aus der Gleichheit der gemischten Randbedingungen des nicht-adhäsiven und des JKR-adhäsiven Problems und ist daher unabhängig von den elastischen Eigenschaften des Halbraums. Insbesondere gilt dies auch für die spezielle Form der elastischen Inhomogenität, die in diesem Unterkapitel behandelt wird, der Gradierung in der Form eines Potenzgesetzes.

Die Lösung des nicht-adhäsiven Problems wurde oben gezeigt. Bei der Herleitung der JKR-adhäsiven aus der nicht-adhäsiven Lösung (siehe Abschn. 3.3.2) muss man in Gl. (3.54) nur den Ausdruck der (nicht-adhäsiven) inkrementellen Kontaktsteifigkeit aus Gl. (3.226)

---

[14]Die Äquivalenz erstreckt sich natürlich nicht über lokale Größen, wie z. B. Spannungen.

einsetzen. Man erhält (wie im Abschn. 3.3.2 bezeichnet das Superskript „n.a." die nicht-adhäsiven Größen):

$$d = d^{\text{n.a.}} - \Delta l = d^{\text{n.a.}} - \sqrt{\frac{2\pi\Delta\gamma}{c_N}}a^{1-k}, \tag{3.243}$$

$$F_z = F_z^{\text{n.a.}} + k_z^{\text{n.a.}}\Delta l = F_z^{\text{n.a.}} + \frac{2}{1+k}\sqrt{2\pi\Delta\gamma c_N a^{3+k}}. \tag{3.244}$$

Für den parabolischen Kontakt ergibt sich entsprechend

$$d = \frac{a^2}{\tilde{R}(1+k)} - \sqrt{\frac{2\pi\Delta\gamma}{c_N}}a^{1-k}, \tag{3.245}$$

$$F_z = -\frac{4c_N a^{3+k}}{\tilde{R}(1+k)^2(3+k)} + \frac{2}{1+k}\sqrt{2\pi\Delta\gamma c_N a^{3+k}} \tag{3.246}$$

als Lösung des JKR-adhäsiven (reibungsfreien) Normalkontaktproblems. Der instantane Kontaktradius für $d = 0$ beträgt

$$a_0 = \left[\frac{2\pi\Delta\gamma\tilde{R}^2(1+k)^2}{c_N}\right]^{\frac{1}{3+k}}. \tag{3.247}$$

Die kritische Konfiguration, bei der der Kontakt seine Stabilität verliert und sich auflöst, ist im Fall der Kraftsteuerung durch die Beziehungen

$$d_c^{\text{KS}} = \frac{k-1}{(1+k)(3+k)\tilde{R}}\left[\frac{\pi(1+k)^2(3+k)^2 R^2\Delta\gamma}{8c_N}\right]^{\frac{2}{3+k}}, \tag{3.248}$$

$$a_c^{\text{KS}} = \left[\frac{\pi(1+k)^2(3+k)^2\tilde{R}^2\Delta\gamma}{8c_N}\right]^{\frac{1}{3+k}}, \tag{3.249}$$

$$F_{z,c}^{\text{KS}} = \frac{3+k}{2}\pi\Delta\gamma\tilde{R} \tag{3.250}$$

und im Fall der Wegsteuerung durch

$$d_c^{\text{WS}} = -\frac{3+k}{(1-k^2)R}\left[\frac{\pi(1-k^2)^2\tilde{R}^2\Delta\gamma}{8c_N}\right]^{\frac{2}{3+k}}, \tag{3.251}$$

$$a_c^{\text{WS}} = \left[\frac{\pi(1-k^2)^2\tilde{R}^2\Delta\gamma}{8c_N}\right]^{\frac{1}{3+k}}, \tag{3.252}$$

$$F_{z,c}^{\text{WS}} = \frac{(1-k)(3k+5)}{2(3+k)}\pi\Delta\gamma\tilde{R} \tag{3.253}$$

gegeben. Wie von Chen et al. [95] angemerkt wurde, ist die maximale Adhäsionskraft (bei Kraftsteuerung) im Fall des Gibson-Mediums, also des inkompressiblen linear-gradierten Halbraums ($k \to 1$, $\nu = 0{,}5$), gleich $2\pi \, \Delta\gamma \, R$, d. h. gleich der maximalen Adhäsionskraft im DMT-Grenzfall der Adhäsion[15]. Die Erklärung dieses Phänomens – für steigende Werte des Exponenten k verringert sich die Differenz zwischen dem DMT- und dem JKR-Verhalten – wurde erst durch die kürzlich publizierte Lösung des Dugdale-Maugis-adhäsiven Normalkontaktproblems von axialsymmetrischen Körpern mit einer elastischen Gradierung in der Form eines Potenzgesetzes geliefert [100].

3.7.5 Tangentialkontakt

Analytische Lösungen von Tangentialkontaktproblemen elastisch gradierter Materialien existieren, wie gesagt, erst seit sehr kurzer Zeit. Der Aufbau des folgenden Abschnitts orientiert sich dabei an der Struktur des Unterkapitels 3.4, das dem Tangentialkontakt elastisch homogener Medien gewidmet ist; zunächst wird das Problem ohne lokales Gleiten (also mit einem unendlich großen Reibkoeffizienten) gelöst und anschließend der Einfluss endlicher Reibung berücksichtigt. Die Kontaktpartner seien einander grundsätzlich elastisch ähnlich.

Kontakt ohne Gleiten
Verschiebt man ein kreisförmiges Gebiet mit dem Radius a an der Oberfläche eines Halbraums mit einer elastischen Gradierung in der Form (3.209) als Ganzes um $u_{x,0}$, so ist dafür eine tangentiale Kraft[16]

$$F_x = \frac{2}{1+k} c_T a^{1+k} u_{x,0}, \tag{3.254}$$

mit dem in Gl. (3.224) gegebenen Tangentialmodul des Gradientenmediums, notwendig. Die Verteilung der Scherspannungen in der Kontaktfläche hat die Form

$$\sigma_{xz}(r) = \frac{c_T}{\pi} \frac{u_{x,0}}{\sqrt{(a^2 - r^2)^{1-k}}}, \quad r \le a, \tag{3.255}$$

und die tangentiale Kontaktsteifigkeit des haftenden Kontaktes ergibt sich zu

$$k_x = 2c_T \frac{a^{1+k}}{1+k}. \tag{3.256}$$

Eine wichtige Größe ist der häufig „Mindlin-Verhältnis" genannte Quotient l aus der tangentialen und normalen Kontaktsteifigkeit des Flachstempelkontaktes. Dieser ist unabhängig von der Kontaktkonfiguration durch das Verhältnis der Moduln

---

[15]Die maximale Adhäsionskraft in der DMT-Theorie entspricht einer Konfiguration ohne direkten Kontakt; sie ist daher grundsätzlich von den elastischen Eigenschaften unabhängig.
[16]Die Herleitung der Lösung dieses Kontaktproblems ist im Anhang gegeben.

Abb. 3.13 Konturlinien-Diagramm für das Mindlin-Verhältnis zwischen tangentialer und normaler Kontaktsteifigkeit für einen gradierten elastischen Halbraum als Funktion des Exponenten k der elastischen Gradierung und der Poissonzahl ν (für den gesamten thermodynamisch stabilen Wertebereich von ν)

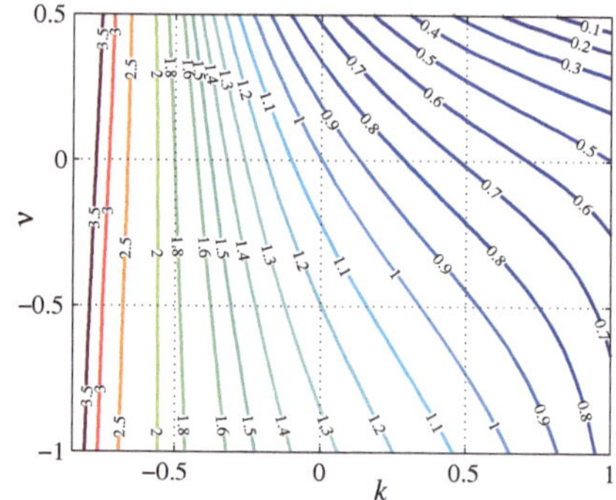

$$l := \frac{k_x}{k_z} = \frac{c_T}{c_N} \tag{3.257}$$

gegeben. Wenn ein Medium starr ist und das zweite dem Holl-Verhältnis (3.221) genügt, oder beide Medien dem Holl-Verhältnis genügen, vereinfacht sich dieser Ausdruck zu [101]

$$l = \frac{2}{(1+k)(3+k)}. \tag{3.258}$$

Für ein einzelnes elastisches Medium mit einer Gradierung in der Form eines Potenzgesetzes hängt l nur von dem Exponent k und der Poissonzahl ν (und nicht von G_0 oder z_0) ab. Der Zusammenhang $l = l(k, \nu)$ ist in Abb. 3.13 als Konturlinien-Diagramm dargestellt.

Kontakt mit Gleiten

Eine axialsymmetrische Spannungsverteilung der Form

$$\sigma_{xz}(r) = \sigma_1 \left(1 - \frac{r^2}{a^2} \right)^{\frac{1+k}{2}}, \quad r \leq a, \tag{3.259}$$

erzeugt an der Oberfläche eines Mediums mit einer elastischen Gradierung in der Form eines Potenzgesetzes mit dem Exponenten k innerhalb des Kontaktgebiets die tangentialen Verschiebungen[17]

$$u_x(x, y) = \frac{\pi \sigma_1 (1+k)}{2 c_T} a^{1-k} \left\{ 1 - \left[1 - \frac{(1-k)(3H+P)}{4(H+P)} \right] \frac{x^2}{a^2} - \left[1 - \frac{(1-k)(H+3P)}{4(H+P)} \right] \frac{y^2}{a^2} \right\}, \tag{3.260}$$

$$u_y(x, y) = \frac{\pi \sigma_1 z_0^k (1-k^2)(H-P)xy}{4 c_T (H+P) a^{1+k}}, \tag{3.261}$$

---

[17]Die Lösung dieses Randwertproblems mithilfe der Fundamentallösung des Gradientenmaterials ist im Anhang gegeben.

mit den in den Gl. (3.216) und (3.217) eingeführten Kürzeln H und P. Auf die Angabe der Verschiebungen außerhalb des Kontaktgebiets wurde verzichtet, da das tangentiale Kontaktproblem mit Gleiten, wie im homogenen Fall, im Rahmen der Cattaneo-Mindlin-Näherung (Vernachlässigung der Querverschiebungen im Gleitgebiet, Gültigkeit eines lokalen Amontons-Coulomb-Reibgesetzes) gelöst werden soll. Allerdings existieren für Gradientenmedien – im Gegensatz zu homogenen Medien – noch keine publizierten Studien zu dem aus diesen vereinfachenden Annahmen resultierenden Fehler.

Im Rahmen dieser Vereinfachung ist mit den oben angegebenen Verschiebungen und der Lösung des Normalkontaktproblems klar, dass eine Spannungsverteilung der Form

$$\sigma_{xz}(r) = \frac{2\mu c_N}{\pi \tilde{R}(1+k)^2} \begin{cases} \left(a^2 - r^2\right)^{\frac{1+k}{2}} - \left(c^2 - r^2\right)^{\frac{1+k}{2}}, & r \leq c, \\ \left(a^2 - r^2\right)^{\frac{1+k}{2}}, & c < r \leq a, \end{cases} \tag{3.262}$$

mit dem Haftradius c, die gemischten Randbedingungen des Tangentialkontaktproblems von Kugeln erfüllt. Das Ciavarella-Jäger-Theorem gilt also im Rahmen der Cattaneo-Mindlin-Näherung auch für den Tangentialkontakt von Kugeln mit der beschriebenen elastischen Gradierung. Die tangentiale Starrkörperverschiebung und die gesamte Tangentialkraft bestimmt man leicht zu

$$u_{x,0} = \frac{\mu c_N}{c_T} \left(\frac{a^2}{\tilde{R}(1+k)} - \frac{c^2}{\tilde{R}(1+k)} \right), \tag{3.263}$$

$$F_x = -\mu F_z \left[1 - \left(\frac{c}{a}\right)^{3+k} \right]. \tag{3.264}$$

Da die Spannungsverteilung (3.262) die Superpositionsregel (3.109) erfüllt, ist der in Abschn. 3.4.3 geschilderte Formalismus zur Behandlung beliebiger Belastungsgeschichten für den axialsymmetrischen Tangentialkontakt homogener Medien auch für das hier untersuchte, elastisch inhomogene Tangentialkontaktproblem anwendbar.

3.8 Plastizität

3.8.1 Einführung

Die Spannungen in mechanischen Kontakten, gerade bei stoßartiger Belastung, sind oft so hoch, dass es zumindest lokal zu plastischer Deformation kommt. Die Berücksichtigung der Plastizität für das Kontaktproblem ist in analytischer Form äußerst kompliziert, da zu diesem Zweck in der Regel die Kenntnis des vollständigen Spannungszustands auch innerhalb der kontaktierenden Körper notwendig ist. Das liegt daran, dass das Maximum der Vergleichsspannung (und damit der Ausgangspunkt der plastischen Deformation) sehr häufig unterhalb der Oberfläche lokalisiert ist. Es ist dabei bemerkenswert, dass der Spannungszustand direkt unterhalb eines nur in normaler Richtung belasteten Kontaktes zum Großteil reiner hydrostatischer Kompression entspricht [11, S. 173 f.]. In elasto-plastischen Kontakten gibt es deswegen in der Regel einen elastisch deformierten „Kern" in der unmittelbaren Umgebung des Kontaktes, der von einem plastisch deformierten Gebiet eingeschlossen ist.

Die Phänomenologie von elasto-plastischen Kontaktproblemen kann man grob in vier Stadien unterteilen: Bei ausreichend kleinen Belastungen sind alle Deformationen elastisch; bei größeren Lasten folgt ein elasto-plastischer Bereich, der schließlich in ein voll-plastisches Stadium mit unbeschränktem Fließen übergeht. Die Entlastung ist ein im Wesentlichen elastischer Prozess [11, S. 181 ff.], [102] mit einem durch die vorherige plastische Verformung veränderten Profil.

Einen hervorragenden und aktuellen Überblick über die verschiedenen theoretischen Ansätze in diesem Bereich (einschließlich der Behandlung von Adhäsion, Reibung und Rauigkeit) bietet die Publikation von Ghaednia et al. [103]; deswegen sollen an dieser Stelle nur die wichtigsten Arbeiten zu dem Thema kurz beschrieben werden.

3.8.2 Normalkontakt ohne Adhäsion (parabolischer Kontakt)

Die ersten Publikationen zu plastischen Kontaktproblemen (und ein Großteil der experimentellen Arbeiten auf dem Gebiet) stammen aus dem Bereich der Härtemessung. Der Indentierung eines elasto-plastischen Mediums (Halbraums) durch eine starre Kugel entspricht dabei das Brinell-Verfahren. Dieses Problem wurde für den starr-plastischen Fall von Ishlinski [104] mithilfe des Gleitlinienverfahrens vollständig analytisch gelöst.

Ein Klassiker auf dem Gebiet der Härtemessung ist das Buch von Tabor [105]. Er begründete, dass die Spannungsverteilung im voll-plastischen Kontakt näherungsweise konstant ist und diese konstante Spannung (d. h. die Härte) in etwa dem Dreifachen der Fließgrenze entspricht [105, S. 17].

Seit knapp 40 Jahren bedienen sich die meisten theoretischen, der Problematik gewidmeten Arbeiten numerischer Lösungen mithilfe der Finite-Elemente-Methode (FEM). Durch die Fortschritte in der Entwicklung der Methode und der Rechenleistung moderner Computer waren dabei FEM-basierte Modelle von elasto-plastischen Normalkontakten in der Lage, immer mehr Effekte immer besser zu berücksichtigen und zu untersuchen, beginnend mit der elastisch-ideal-plastischen Indentierung durch eine starre Kugel [106], über die Berücksichtigung der Verfestigung [107–109] und des Reibregimes [110, 111] bis zur Betrachtung des Kontaktes zweier elasto-plastischer Körper [112]. Anders als für elastische Kontakte (im Rahmen der Halbraumnäherung) wurden dabei, besonders bei großen plastischen Deformationen, Unterschiede zwischen der Indentierung (also dem Kontakt eines starren gekrümmten Körpers mit einem elasto-plastischen Halbraum) und der Verflachung (d. h. dem Kontakt eines elasto-plastischen Körpers mit einer starren Ebene) beobachtet [113, 114]. Diese Unterschiede sind im Wesentlichen darauf zurückzuführen, dass zur Erzeugung starker plastischer Deformation Eindrucktiefen nötig sind, die die Halbraumannahme grob verletzen. Die makroskopische Form des deformierten Körpers spielt dann eine Rolle, beispielsweise für das Fließverhalten.

Da FEM-Modelle von dynamischen Problemen immer noch sehr rechenintensiv sind, wurden seit etwa 20 Jahren auch wieder verstärkt analytische Näherungslösungen für das elasto-plastische Normalkontaktproblem gesucht – meist mit Bezug auf das jeweilige Stoßproblem und daher fokussiert auf den Zusammenhang zwischen Normalkraft und Eindrucktiefe. Vu-Quoc et al. [115] schlugen ein einfaches Modell vor, das sie mithilfe von FEM-Rechnungen validierten, beziehungsweise anpassten. Leider enthält dieses Modell zwei empirische Parameter, die nicht *a priori* bekannt sind und für jedes Kontaktproblem separat aus FEM-Modellen oder Experimenten bestimmt werden müssen. Ein analytisches Modell ohne zusätzliche fit-Parameter stammt von Thornton [116]. Ein weiterer analytischer Ansatz, der von Zhao et al. [117] und Brake [118] verfolgt wurde, besteht in der Interpolation im elasto-plastischen Bereich zwischen den analytischen Lösungen für den elastischen und voll-plastischen Bereich. Da beide Modelle, der Ansatz von Thornton und die elasto-plastische Interpolation, im weiteren Verlauf dieses Buches zur Behandlung des elasto-plastischen Normalstoßes herangezogen werden, sind sie im Folgenden detaillierter ausgeführt. Eine weitere Möglichkeit der analytischen Behandlung und daher ebenfalls dargestellt sind außerdem analytische Approximationen von rigorosen FEM-Lösungen.

Das Modell von Thornton

Das Maximum der Vergleichsspannung nach von-Mises im Hertzschen Kontakt liegt unterhalb der Oberfläche; dieses Maximum kann man mit der Lösung von Huber [119] für die Spannungen im Inneren des Halbraums bestimmen. Johnson [11, S. 155] gab für den Hertzschen Normalkontakt an, dass lokales Fließen (sowohl nach dem Kriterium von Tresca als auch dem nach von-Mises) im Inneren bei einem Druck

$$p_{\max} = 1{,}6\,\sigma_f, \tag{3.265}$$

mit der Fließgrenze σ_f in einem einachsigen Zugversuch[18], beginnt. Die entsprechenden kritischen Werte der Anpresskraft, des Kontaktradius und der Indentierungstiefe sind

$$F_Y := \frac{4}{3}\left(\frac{4\pi}{5}\right)^3\left(\frac{\sigma_f}{\tilde{E}}\right)^3 \tilde{E}\tilde{R}^2, \quad a_Y := \frac{4\pi}{5}\frac{\sigma_f}{\tilde{E}}\tilde{R}, \quad d_Y := \left(\frac{4\pi}{5}\right)^2\left(\frac{\sigma_f}{\tilde{E}}\right)^2\tilde{R}. \tag{3.266}$$

Die Idee von Thornton besteht nun darin, von der elastischen Druckverteilung auszugehen und diese bei dem kritischen Wert $p_Y := 1{,}6\,\sigma_f$ „abzuschneiden". Für den Hertzschen Kontakt ergibt sich für die Druckverteilung im elasto-plastischen Bereich beispielsweise der Zusammenhang

---

[18] Wenn beide Körper deformierbar sind, bezeichnet σ_f die Fließgrenze des weniger festen Mediums. Das gleiche gilt für die Härte σ_0.

$$\sigma_{zz}(r) = -\frac{2\tilde{E}}{\pi \tilde{R}} \begin{cases} \sqrt{a^2 - r^2}, & a_p < r \le a, \\ \sqrt{a^2 - a_p^2}, & r \le a_p, \end{cases} \tag{3.267}$$

mit

$$p_Y = \frac{2\tilde{E}a_Y}{\pi \tilde{R}} = \frac{2\tilde{E}}{\pi \tilde{R}}\sqrt{a^2 - a_p^2}, \tag{3.268}$$

der in Abb. 3.14 schematisch gezeigt ist. Aus der letzten Gl. (3.268) folgt, dass

$$a^2 = a_Y^2 + a_p^2. \tag{3.269}$$

Die gesamte Normalkraft wird durch Integration der Druckverteilung bestimmt und mit Gl. (3.269) erhält man

$$F_z = 2\pi \int\limits_0^a \sigma_{zz}(r)\, r\, \mathrm{d}r = -\frac{8\pi}{15}\sigma_f \left(3a^2 - a_Y^2\right). \tag{3.270}$$

Wenn man außerdem annimmt, dass der Zusammenhang zwischen Kontaktradius und Eindrucktiefe (zumindest für nicht zu starke plastische Deformation) weiterhin durch die elastische Lösung $a^2 = d\tilde{R}$ gegeben ist, lautet der Zusammenhang zwischen Normalkraft und Eindrucktiefe im elasto-plastischen Bereich

$$F_z(d) = -\frac{8\pi}{15}\sigma_f \tilde{R}\left(3d - d_Y\right). \tag{3.271}$$

Diese (bemerkenswerterweise lineare) Gleichung beschreibt die Tangente an die elastische Hertzsche Lösung am Ende des elastischen Bereichs.

Die Entlastung (nach Erreichen der maximalen Eindrucktiefe $d_{\max}$) des Kontaktes ist ein weitgehend elastischer Prozess. Thornton nahm daher an, dass der Zusammenhang zwischen Normalkraft und Eindrucktiefe in der Entlastungsphase durch die elastische Lösung

Abb. 3.14 Druckverteilung für den elastisch-ideal-plastischen Hertzschen Kontakt nach dem Modell von Thornton. Die dünnen Linien beschreiben elastische Druckverteilungen nach Hertz

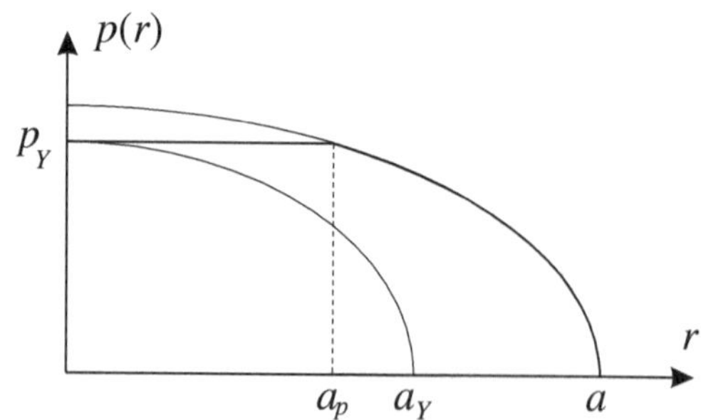

$$F_z = -\frac{4}{3}\tilde{E}\sqrt{R_p\,(d - d_{\text{res}})^3}, \tag{3.272}$$

mit dem durch die plastische Deformation vergrößerten Krümmungsradius des Profils [11, S. 182]

$$R_p = \frac{4\tilde{E}a_{\text{max}}^3}{3|F_{z,\text{max}}|}, \tag{3.273}$$

beschrieben werden kann. Die nach der vollständigen Entlastung verbleibende Resteindrucktiefe ergibt sich aus der Stetigkeit des Kraftverlaufs zu

$$d_{\text{res}} = d_{\text{max}} - \left(\frac{3|F_{z,\text{max}}|}{4\tilde{E}\sqrt{R_p}}\right)^{2/3} = d_{\text{max}} - \frac{a_{\text{max}}^2}{R_p}. \tag{3.274}$$

Normiert man alle Größen auf die kritischen Werte zu Beginn des lokalen Fließens, kann Gl. (3.271) in dimensionsloser Form als

$$\frac{F_z}{F_Y} = -\frac{1}{2}\left(3\frac{d}{d_Y} - 1\right) \tag{3.275}$$

geschrieben werden. Für die Entlastungsphase ergibt sich

$$\frac{F_z}{F_Y} = -\sqrt{\frac{R_p}{\tilde{R}}}\left[\frac{d}{d_Y} - \frac{d_{\text{max}}}{d_Y}\left(1 - \frac{\tilde{R}}{R_p}\right)\right]^{3/2}, \tag{3.276}$$

wobei wegen der Gl. (3.271) und (3.273) der Zusammenhang zwischen der maximalen Eindrucktiefe und dem Krümmungsradius während der Entlastung durch

$$\frac{\tilde{R}}{R_p} = \frac{1}{2}\left(3 - \frac{d_Y}{d_{\text{max}}}\right)\sqrt{\frac{d_Y}{d_{\text{max}}}}. \tag{3.277}$$

gegeben ist. Offenbar hängt das Verhalten in diesem Modell nur von dem Verhältnis d_Y/d_{max} ab. In Abb. 3.15 sind die Verläufe der Normalkraft als Funktion der Eindrucktiefe in normierten Größen bei einem vollständigen Belastungs- und Entlastungszyklus für verschiedene Werte dieses Verhältnisses dargestellt.

Der hysteretische Energie-Verlust ΔU während eines vollständigen Lastzyklus kann ohne Schwierigkeiten durch Integration bestimmt werden. In normierten Größen erhält man den Zusammenhang

$$\frac{|\Delta U|}{F_Y\,d_Y} = \frac{2}{5} + \frac{1}{4}\left(\frac{3d_{\text{max}}^2}{d_Y^2} - 2\frac{d_{\text{max}}}{d_Y} - 1\right) - \frac{2}{5}\sqrt{\frac{R_p}{\tilde{R}}}\left(\frac{d_{\text{max}}}{d_Y} - \frac{d_{\text{res}}}{d_Y}\right)^{5/2}, \tag{3.278}$$

der in Abb. 3.16 grafisch dargestellt ist.

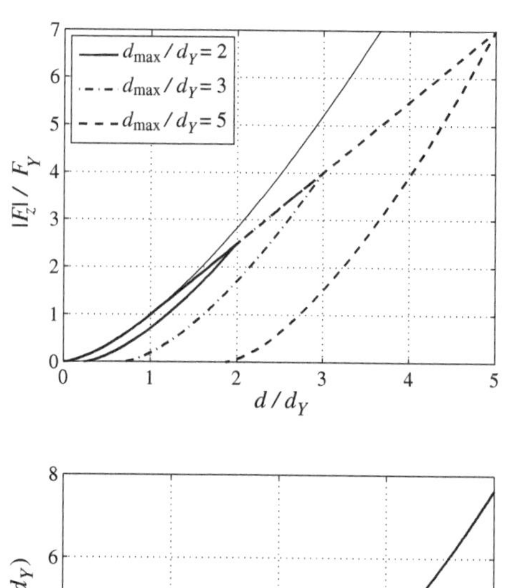

Abb. 3.15 Normalkraft als Funktion der Eindrucktiefe für verschiedene maximale Eindrucktiefen nach dem Thornton-Modell. Die dünne Linie beschreibt die elastische Lösung

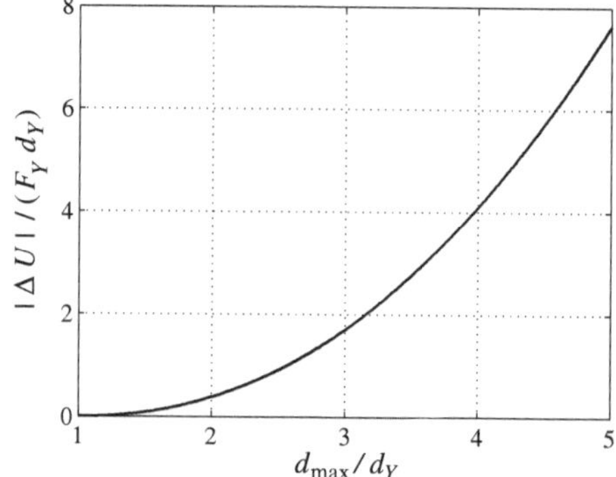

Abb. 3.16 Normierter Hysterese-Verlust bei einem vollständigen Lastzyklus als Funktion der maximalen Eindrucktiefe nach dem Thornton-Modell

Die Lösung von Thornton ist nur am Anfang des elasto-plastischen Bereichs verwendbar, wenn der Kontakt noch weit entfernt von der voll-plastischen Konfiguration ist. Dies ist bereits daran erkennbar, dass für den Zusammenhang zwischen Kontaktradius und Eindrucktiefe weiterhin die elastische Lösung verwendet wird und der Maximaldruck im Kontakt im elasto-plastischen Bereich nicht weiter steigt. Diese beiden Schwächen des Modells wurden in einer modifizierten Version von Li et al. [120] behoben, allerdings auf Kosten deutlich reduzierter Handhabbarkeit und der Einführung eines fit-Parameters sowie weiterer, theoretisch schwer begründbarer Annahmen. Im Folgenden wird daher eine einfachere analytische Näherungslösung für den elasto-plastischen Kontakt geschildert, die man bis in den voll-plastischen Bereich verwenden kann.

Interpolation im elasto-plastischen Bereich

Bei rein elastischer Deformation der Kugeln ist der Zusammenhang zwischen Normalkraft und Eindrucktiefe durch die Hertzsche Lösung gegeben. In dimensionsloser Form lässt sich diese als

$$\frac{F_z^{\text{el}}}{F_Y} = -\left(\frac{d}{d_Y}\right)^{3/2}, \quad d \leq d_Y, \tag{3.279}$$

schreiben. Für den voll-plastischen Bereich kann man unter einigen vereinfachenden Annahmen ebenfalls eine analytische Lösung konstruieren. Zunächst ist die Druckverteilung im voll-plastischen Kontakt, wie Experimente und FEM-Simulationen zeigen, in sehr guter Näherung konstant. Die gesamte Normalkraft ist daher einfach

$$F_z^{\text{pl}} = -\pi \sigma_0 a^2, \tag{3.280}$$

mit der Härte σ_0. Der Zusammenhang zwischen Kontaktradius und Eindrucktiefe ist im voll-plastischen Bereich, wenn die Profile der Kugeln immer noch durch die parabolische Näherung beschreibbar sind,

$$a = \sqrt{2\tilde{R}d} + C. \tag{3.281}$$

Die Konstante C hängt von dem genauen Fließverhalten ab und kann nur schwer theoretisch bestimmt werden. Nimmt man an, dass am Rand des Kontaktes durch die plastische Deformation Material weder aufgehäuft noch entfernt wird, ist der Wert von C Null. In normierten Größen lautet die Beziehung zwischen Normalkraft und Eindrucktiefe in diesem Fall wie folgt:

$$\frac{F_z^{\text{pl}}}{F_Y} = -\frac{15\sigma_0}{8\sigma_f}\frac{d}{d_Y} := -Q\frac{d}{d_Y}, \quad d > Dd_y. \tag{3.282}$$

Für metallische Werkstoffe entspricht die Härte ungefähr dem Dreifachen der Fließgrenze, die Konstante Q hat also in etwa den Wert $Q \approx 5$. In mehreren Publikationen[19] wurde allerdings darauf hingewiesen, dass die Härte mit dem Verhältnis $a/\tilde{R}$ fällt, beispielsweise nach dem Zusammenhang [121]

$$\frac{\sigma_0}{\sigma_Y} = 2{,}84 - 0{,}92\left[1 - \cos\left(\frac{\pi a}{\tilde{R}}\right)\right]. \tag{3.283}$$

Die „Konstante" Q ist also selbst schwach von der Eindrucktiefe abhängig. Da es sich bei dem Interpolationsmodell aber generell um ein recht grobes Verfahren handelt, soll diese Abhängigkeit im Rahmen der Präzision des Modells vernachlässigt werden. Der Wert der Konstante D für den Gültigkeitsbereich der voll-plastischen Lösung ist ebenfalls nur schwer theoretisch begründbar; Johnson [11, S. 180] gab aufgrund experimenteller Ergebnisse den ungefähren Wert $D \approx 80$ an.

Für den elasto-plastischen Bereich kann man nun eine analytische Näherungslösung finden, indem zwischen der elastischen und der voll-plastischen Lösung stetig differenzierbar interpoliert wird. Obwohl dieses Verfahren im elasto-plastischen Bereich keine konkrete

---

[19]siehe die Übersicht von Ghaednia et al. [103]

Physik beschreibt, bietet es in vielen Fällen, wie sich zeigen wird, eine gute Approximation des tatsächlichen Verhaltens. Zur Erfüllung aller Übergangsbedingungen ist für die Interpolation ein Polynom dritter Ordnung

$$-\frac{F_z}{F_Y} = 1 + \frac{3}{2}\left(\frac{d}{d_Y} - 1\right) + C_2\left(\frac{d}{d_Y} - 1\right)^2 + C_3\left(\frac{d}{d_Y} - 1\right)^3, \quad d_Y < d \leq Dd_Y,$$

(3.284)

hinreichend. Die Stetigkeit der Normalkraft und der Kontaktsteifigkeit am Übergang zum voll-plastischen Bereich liefert die Werte der noch unbestimmten Konstanten:

$$C_2 = \frac{Q(2D+1) - 3D}{(D-1)^2}, \quad C_3 = \frac{3D + 1 - 2Q(D+1)}{2(D-1)^3}.$$

(3.285)

Für den Kontaktradius als Funktion der Eindrucktiefe kann man ähnlich interpolieren. Die normierten Lösungen im elastischen und voll-plastischen Bereich sind

$$\frac{a_{\mathrm{el}}^2}{a_Y^2} = \frac{d}{d_Y}, \quad \frac{a_{\mathrm{pl}}^2}{a_Y^2} = 2\frac{d}{d_Y}.$$

(3.286)

Durch stetig differenzierbare Interpolation erhält man für den elasto-plastischen Bereich

$$\frac{a^2}{a_Y^2} = 1 + \left(\frac{d}{d_Y} - 1\right) + \frac{2D+1}{(D-1)^2}\left(\frac{d}{d_Y} - 1\right)^2 - \frac{D+1}{(D-1)^3}\left(\frac{d}{d_Y} - 1\right)^3, \quad d_y < d \leq Dd_Y.$$

(3.287)

Die elastische Entlastung kann man wiederum mithilfe der Gl. (3.272) bis (3.274) behandeln.

Der normierte Energieverlust durch die Hysterese beträgt für den Fall, dass nicht in den voll-plastischen Bereich belastet wird (d. h. $d_{\max} \leq Dd_Y$)

$$\frac{|\Delta U|}{F_Y\, d_Y} = \frac{2}{5} + \left(\frac{d_{\max}}{d_Y} - 1\right) + \frac{3}{4}\left(\frac{d_{\max}}{d_Y} - 1\right)^2 + \frac{C_2}{3}\left(\frac{d_{\max}}{d_Y} - 1\right)^3 + \frac{C_3}{4}\left(\frac{d_{\max}}{d_Y} - 1\right)^4$$
$$- \frac{2}{5}\sqrt{\frac{R_p}{\tilde{R}}}\left(\frac{d_{\max}}{d_Y} - \frac{d_{\mathrm{res}}}{d_Y}\right)^{5/2}.$$

(3.288)

Die Bestimmung der Hysterese für den Fall $d_{\max} > Dd_Y$ ist elementar aber länglich und soll daher an dieser Stelle aus Platzgründen ausgelassen werden.

Die Abbildungen 3.17 und 3.18 zeigen den normierten Normalkraftverlauf und den hysteretischen Energieverlust nach dem Interpolationsmodell für $Q = 5$ und $D = 80$. Vergleicht man mit den obigen Abbildungen der gleichen Zusammenhänge für das Modell von Thornton, erkennt man, dass letzteres eine deutlich geringere Kontaktsteifigkeit für den elasto-plastischen Bereich vorhersagt. Daraus resultiert im Thornton-Modell eine größere

Abb. 3.17 Verläufe aus
Abb. 3.15 für das
Interpolationsmodell mit
$Q = 5$ und $D = 80$

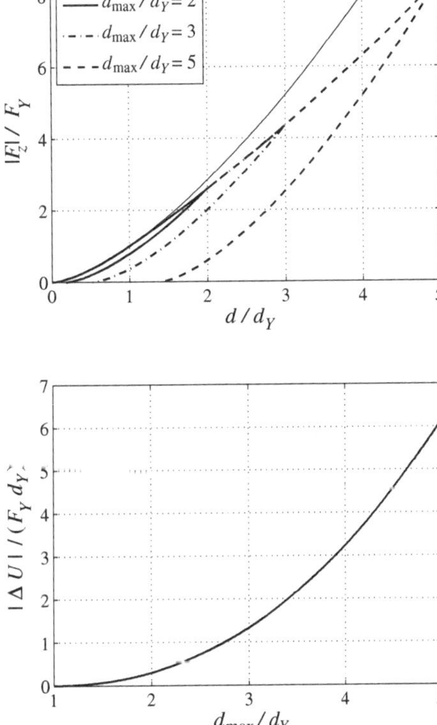

Abb. 3.18 Verlauf aus
Abb. 3.16 für das
Interpolationsmodell mit
$Q = 5$ und $D = 80$

Resteindrucktiefe nach der Indentierung und ein größerer Energieverlust durch die elasto-plastische Hysterese.

Es sei angemerkt, dass in der Wahl der voll-plastischen Lösung und der Interpolationsfunktionen eine gewisse Freiheit besteht; Brake [118] verwendete beispielsweise Hermite-Polynome und einen anderen Wert der Konstante C. Im obigen Text wurde dabei nur die, aus der Sicht des Autors, einfachste Variante dargestellt.

Analytische Approximation von FEM-Lösungen

Die korrekteste Variante zur Beschreibung der Lösung des elasto-plastischen Normalkontaktproblems mithilfe geschlossen analytischer Ausdrücke besteht sicherlich in der analytischen Approximation von rigorosen FEM-Rechnungen. Zu diesem Thema gibt es eine umfangreiche Literatur, an dieser Stelle soll aber nur ein einzelnes Modell gezeigt werden, das Jackson et al. [121] vorschlugen. Die Vorteile dieses Modells (im Rahmen des vorliegenden Buches) bestehen darin, dass es explizit für die Behandlung des Stoßproblems eingeführt und durch entsprechende Experimente validiert wurde.

Jackson et al. untersuchten den Normalkontakt zwischen einer elasto-plastischen Kugel und einem ebenfalls elasto-plastischen Halbraum. Das weniger feste Medium ist der Halbraum. Dabei kann man praktisch von einem reinen Indentierungsproblem ausgehen, wenn die Zugfestigkeit der Kugel die des Halbraums um den Faktor 1,7 übersteigt [112]. Man unterscheidet wiederum drei Regime: den elastischen Bereich, der durch die Hertzsche Lösung beschrieben wird, den elasto-plastischen Bereich und die elastische Entlastung. Die elasto-plastische Lösung verwendeten Jackson et al. erst für Eindrucktiefen $d > 1,9\,d_Y^*$, mit dem modifizierten Ausdruck für die Eindrucktiefe, bei der die erste plastische Deformation einsetzt,

$$d_Y^* := \left(\frac{\pi C \sigma_Y}{2\tilde{E}}\right)^2 \tilde{R}, \quad C := 1{,}295 \exp(0{,}736\nu), \tag{3.289}$$

mit der Poissonzahl ν des Halbraums. Offenbar hängt diese Eindrucktiefe – zu der natürlich auch eine sich aus der Hertzschen Lösung ergebende Normalkraft F_Y^* gehört – von ν ab, für $\nu = 0{,}3$ stimmt sie allerdings fast genau mit dem Wert aus Gl.(3.266) überein. Die elasto-plastische Lösung lautet unter Verwendung des Kürzels $\delta := d/d_Y^*$ wie folgt:

$$-\frac{F_z}{F_Y^*} = \exp\left(-0{,}25\delta^{5/12}\right)\delta^{3/2} + \frac{4\sigma_0}{C\sigma_Y}\left[1 - \exp\left(-\frac{1}{25}\delta^{5/9}\right)\right]\delta. \tag{3.290}$$

Das Verhältnis zwischen Härte und Fließgrenze ist durch Gl. (3.283) bestimmt und der Kontaktradius im elasto-plastischen Regime ist durch die Beziehung

$$a = \sqrt{\tilde{R}d}\left(\frac{\delta}{1{,}9}\right)^B, \quad B := 0{,}07 \exp\left(\frac{23\,\sigma_Y}{\tilde{E}}\right) \tag{3.291}$$

gegeben. Die Entlastung gehorcht wiederum der Gl. (3.272), wobei Jackson et al. für die Resteindrucktiefe den Ausdruck

$$d_{\mathrm{res}} = 1{,}02\,d_{\mathrm{max}}\left[1 - \left(\frac{d_{\mathrm{max}} + 5{,}9\,d_Y}{6{,}9\,d_Y}\right)^{-0{,}54}\right] \tag{3.292}$$

angaben. Der Krümmungsradius R_p ergibt sich aus der Stetigkeit des Kraftverlaufs bei der maximalen Belastung.

3.8.3 Normalkontakt mit Adhäsion (parabolischer Kontakt)

Der adhäsive Normalkontakt elasto-plastischer Körper ist noch weit von einer umfassenden, robusten Beschreibung entfernt. Einzelne Aspekte des Problems wurden allerdings in der Literatur bereits behandelt.

Mesarovic und Johnson [122] untersuchten den Einfluss der Plastizität auf das Ablöseverhalten von adhäsiven Kugeln. Dazu nahmen sie an, dass man den Einfluss der Adhäsion während der elasto-plastischen Belastung vernachlässigen kann, und dass die Entlastung, wie im nicht-adhäsiven Fall, ein elastischer Prozess ist. Mit dem durch die plastische Deformation veränderten Profil am Ende der Belastung lösten sie das elastische Problem mit Adhäsion während der Abzugsphase im Rahmen der JKR-Theorie und der Theorie von Maugis und charakterisierten verschiedene Parameterbereiche mit unterschiedlichen Ablösemechanismen.

Ein weiterer wichtiger Beitrag stammt von Wu und Adams [123]. Diese bestimmten unter Verwendung des Adhäsionsmodells von Greenwood und Johnson [34] durch Betrachtung des vollständigen Spannungszustands im Inneren des elastischen Mediums die kritische Last, um unter einem adhäsiven Hertzschen Kontakt plastische Deformation zu initiieren, und stellten fest, dass diese kritische Last durch die Wirkung der Adhäsion deutlich herabgesetzt wird; dabei kann es in einem adhäsiven Kontakt sogar ohne eine äußere Normalkraft zu lokalem Fließen kommen. Abb. 3.19 zeigt die von Wu und Adams angegebene normierte kritische Normalkraft, um auf der Symmetrie-Achse lokales Fließen zu initiieren, als Funktion des Parameters

$$\Phi := \frac{\tilde{E}}{\pi \sigma_f} \left(\frac{16 \pi \Delta \gamma}{3 \tilde{R} \tilde{E}} \right)^{1/3} \tag{3.293}$$

für verschiedene Poissonzahlen. Der Faktor Φ^3 in der Normierung der Normalkraft stammt, bis auf einen numerischen Faktor, aus dem Verhältnis zwischen $3\pi \Delta \gamma \tilde{R}$ und der in Gl. (3.266) gegebenen Fließgrenze F_Y im nicht-adhäsiven Fall.

Darüber hinaus gibt es für wachsende Tabor-Parameter einen sinkenden kritischen Wert von Φ, oberhalb dessen lokales Fließen durch die adhäsive Spannungskonzentration am Rand des Kontaktes einsetzt [123].

Das Grundproblem bei der Lösung des elasto-plastischen Normalkontaktes mit Adhäsion ist die Behandlung der Spannungskonzentration am Rand des Kontaktes. In der JKR-Theorie divergiert diese Spannung, es tritt dann grundsätzlich lokales Fließen am Kontaktrand auf. Tatsächlich ist die Spannung wegen der Diskretheit der atomaren Struktur

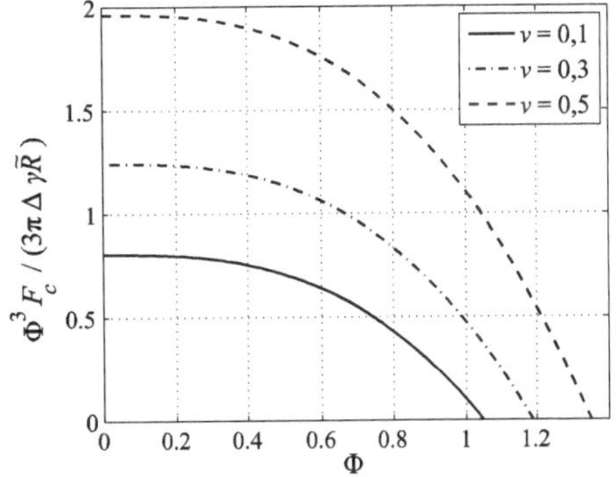

Abb. 3.19 Normierte kritische Normalkraft für den adhäsiven Hertzschen Kontakt, um auf der z-Achse lokales Fließen zu initiieren, als Funktion des Parameters Φ (siehe Gl. (3.293)) für verschiedene Poissonzahlen; nach [123]

natürlich beschränkt, wie beispielsweise in der Theorie von Maugis. Trotzdem kann diese Spannung, wie oben erwähnt, ausreichen, um am Rand des Kontaktes Fließen zu initiieren. Die plastische Deformation wird dann die Öffnung und Schließung des externen Risses, den der Rand des adhäsiven Kontaktes darstellt, beeinflussen. Tvergaard und Hutchinson [124] stellten durch bruchmechanische numerische Untersuchungen fest, dass die in der inelastischen Deformation dissipierte Energie nur dann relevant gegenüber der Oberflächentrennungsarbeit wird, wenn die kohäsive (oder adhäsive) Spannung größer als die Härte des Materials ist.

3.9 Zusammenfassung

Dieses Kapitel widmete sich der Kontaktmechanik von axialsymmetrischen, makroskopisch glatten Körpern im Gleichgewicht. Die untersuchten Effekte, wie Reibung oder Adhäsion, wurden dabei grundsätzlich als makroskopisch gegeben betrachtet, ohne ihre tiefer liegende mikro- oder nano-tribologische Herkunft (Rauigkeit der Oberflächen auf mehreren Skalen und Anderes) genauer zu beleuchten. Alle gezeigten Modelle sind daher kontinuumsmechanischer Natur.

Eine fundamentale Voraussetzung der dargestellten Ergebnisse ist die als Halbraumnäherung bekannte Annahme, dass die Abmaße der kontaktierenden Körper sehr viel größer sind als die charakteristische Länge des Kontaktgebiets, und dass die Gradienten der sich berührenden Oberflächen (im undeformierten Zustand) in der Umgebung des Kontaktes klein sind. Wenn die Kontaktpartner außerdem elastisch ähnlich sind, kann der Kontakt zwischen ihnen auf den äquivalenten Kontakt zwischen einem starren Eindruckkörper mit einem elastischen Halbraum zurückgeführt werden.

Das reibungs- und adhäsionsfreie Normalkontaktproblem zwischen einem starren axialsymmetrischen Indenter mit einem elastischen Halbraum wird durch die Idee gelöst, dass man die Differenz zweier infinitesimal benachbarter Kontaktkonfigurationen als infinitesimale Indentierung durch einen zylindrischen Flachstempel interpretieren kann. Die Lösung des allgemeinen kreissymmetrischen Problems ergibt sich daher durch eine geeignete Superposition von Flachstempel-Lösungen.

Adhäsion spielt in Kontakten eine Rolle, wenn die betrachteten Systeme sehr klein sind, zumindest einer der Kontaktpartner sehr weich ist oder die kontaktierenden Oberflächen sehr glatt sind. Von entscheidender Bedeutung in Kontaktproblemen mit Adhäsion ist die charakteristische Reichweite der adhäsiven Wechselwirkung im Vergleich zu den Abmessungen des Kontaktes. Ist diese Reichweite klein gegenüber der kleinsten charakteristischen Kontaktlänge, spricht man vom JKR-Grenzfall des adhäsiven Kontaktes. Der entgegengesetzte Grenzfall wird durch die DMT-Theorie beschrieben. Beide Grenzfälle sind von der konkreten Form des adhäsiven Potentials unabhängig. Im Übergangsbereich zwischen beiden Grenzfällen spielt diese Form allerdings eine Rolle. Die Theorie von Maugis beschreibt den Übergang für den parabolischen Normalkontakt mithilfe des Dugdale-Stufenpotentials.

In der JKR-Näherung ergibt sich die Lösung des axialsymmetrischen, adhäsiven Normal-kontaktproblems durch die Superposition der nicht-adhäsiven Lösung mit einer Starrkörper-Anhebung des Kontaktgebiets. Die Lösung des JKR-adhäsiven Kontaktproblems kann also auf die des Problems ohne Adhäsion zurückgeführt werden. Bildung und Auflösung des adhäsiven Kontaktes sind instabile Prozesse. Die kritischen Kontaktkonfigurationen hängen dabei von der Steifigkeit der Versuchsapparatur ab; die Grenzfälle sind kraft- oder wegge-steuerte Versuche.

Im Gegensatz zum Normalkontaktproblem hängt die Lösung des Tangentialkontaktpro-blems mit Reibung nicht nur von der momentanen Kontaktkonfiguration ab, sondern im Allgemeinen von der ganzen Belastungsgeschichte, der tangential belastete Kontakt weist Gedächtnis- und Hysterese-Effekte auf. Es ist daher (ohne Kenntnis der Belastungsge-schichte) nicht möglich, einen allgemeinen Zusammenhang zwischen Tangentialkraft und -verschiebung zu formulieren. Für die einfachste Belastungsgeschichte, eine konstante Nor-malkraft mit einer anschließend aufgebrachten monoton wachsenden Tangentialkraft, wurde der Tangentialkontakt von Kugeln unter den folgenden Annahmen analytisch gelöst:

- Die Kontaktpartner sind elastisch ähnlich.
- Im Kontakt gilt ein lokales isotropes Amontons-Coulomb-Reibgesetz mit einem konstan-ten und einheitlichen Reibungskoeffizienten zwischen den kontaktierenden Oberflächen.
- Die Tangentialspannungen sind uni-direktional und rotationssymmetrisch verteilt.
- Die aus den Tangentialspannungen resultierenden Verschiebungen in Querrichtung kön-nen vernachlässigt werden.

Das Kontaktgebiet besteht dann aus einem inneren kreisförmigen Haftgebiet mit dem Radius $c \leq a$ und einem äußeren Gebiet lokalen Gleitens. Die Lösung des tangentialen Kontakt-problems ergibt sich im Rahmen der obigen (als Cattaneo-Mindlin-Näherung) bekannten Annahmen als Differenz der Lösungen des Normalkontaktproblems mit den Kontaktradien c und a. Die Lösung für beliebige Belastungsgeschichten ergibt sich durch eine geeignete, als Algorithmus formulierbare Superposition von Lösungen für die oben beschriebene ele-mentare Belastungsgeschichte.

Torsionskontakte weisen ähnliche Eigenschaften auf wie Tangentialkontakte: das Kon-taktgebiet zerfällt in ein Haft- und Gleitgebiet und der Kontakt zeigt Gedächtnis und Hysterese. Unter den Annahmen elastischer Ähnlichkeit und lokaler Amontons-Coulomb-Reibung kann das axialsymmetrische Kontaktproblem für die elementare Belastungsge-schichte (konstante Normalkraft und anschließend aufgebrachtes monoton wachsendes Tor-sionsmoment) – in Analogie zum axialsymmetrischen Normalkontakt – durch eine geeignete Superposition von Starrkörperrotationen durch einen zylindrischen Flachstempel mit wach-sendem Kontaktradius a gelöst werden. Die Lösung für beliebige Belastungsgeschichten ergibt sich durch eine dem Tangentialkontakt ähnliche Superposition der Lösungen für die elementare Belastungsgeschichte.

Elastomere werden im Rahmen dieses Buches als linear-viskoelastische Medien behandelt. Das Materialverhalten kann dann durch zwei Relaxations- oder Kriechfunktionen beschrieben werden, die die Materialantwort gegen reinen Schub, bzw. hydrostatische Kompression wiedergeben. Für das reibungsfreie Normalkontaktproblem kann man den Kontakt kompressibler Medien exakt auf den mit einem äquivalenten inkompressiblen Medium zurückführen.

Zur Beschreibung der Rheologie von Elastomeren werden außerdem häufig Schaltungen von Federn und Dämpfern, sogenannte rheologische Modelle, verwendet. Das Kelvin-Voigt-Modell entspricht einer vollständigen Entkopplung der elastischen und viskosen Eigenschaften des Mediums und bietet deswegen die in vielerlei Hinsicht einfachste Beschreibung viskoelastischen Materialverhaltens. Weitere Modelle sind das Maxwell-Medium, das Standardmedium und Prony-Reihen mit mehreren Relaxationszeiten. Wenn das untersuchte Kontaktproblem selbst eine feste Zeitskala hat, spielt nur die Relaxation auf dieser Zeitskala eine relevante Rolle; in diesem Fall eignet sich das Kelvin-Maxwell-Modell zur Charakterisierung der viskoelastischen Eigenschaften.

Kontaktprobleme linear-viskoelastischer Medien können wegen des Korrespondenzprinzips zwischen elastischen und viskoelastischen Rand-Anfangswert-Problemen durch eine geeignete Superposition der entsprechenden elastischen Kontaktlösungen behandelt werden. Man muss dabei zwischen Belastungsgeschichten unterscheiden, bei denen der Kontaktradius monoton mit der Zeit wächst oder eine bestimmte Anzahl zeitlicher Extrema hat.

Funktionale Gradientenmedien (FGM) können gegenüber homogenen Medien in vielen Fällen deutlich verbesserte mechanische Eigenschaften aufweisen. Eine geschlossen analytische Behandlung von FGM ist nur für sehr spezielle Formen der Inhomogenität möglich, beispielsweise, wenn der elastische Modul mit der Tiefe nach einem Potenzgesetz variiert. Wie im Fall homogener Materialien kann man für FGM das axialsymmetrische nicht-adhäsive Normalkontaktproblem durch die Superposition infinitesimaler Flachstempel-Indentierungen lösen. Adhäsive Normalkontakte und Tangentialkontakte mit Reibung kann man mit den anhand homogener Medien entwickelten Methoden auf den nicht-adhäsiven Normalkontakt zurückführen.

Die Spannungen in mechanischen Kontakten sind so groß und räumlich konzentriert, dass es leicht zu lokalem Fließen der kontaktierenden Körper kommen kann. Ein vollständiger Belastungszyklus eines elasto-plastischen Kontaktes besteht dabei aus vier Stadien: elastische, elasto-plastische und voll-plastische Belastung sowie elastische Entlastung mit einem durch die plastische Deformation veränderten Profil. Die rigorose Behandlung des elasto-plastischen Normalkontaktproblems ist in der Regel nur mithilfe der FEM möglich. Unter bestimmten Annahmen können aber analytische Näherungslösungen gefunden werden. Adhäsion reduziert die nötige äußere Normalkraft, um in einem Kontakt plastische Deformationen zu initiieren.

Literatur

1. Boussinesq, J. (1885). *Application des Potentiels a L'etude de L'Equilibre et du Mouvement des Solides Elastiques*. Lille: Imprimerie L. Danel.
2. Cerruti, V. (1882). Ricerche intorno all'equilibrio de' corpi elastici isotropi. *Rendiconte della Accademia Nazionale dei Lincei, 3*(13), 81–122.
3. Landau, L. D., & Lifshitz, E. M. (1975). *Lehrbuch der Theoretischen Physik, Bd. VII: Elastizitätstheorie*. Berlin: Akademie.
4. Rao, A. K. (1971). Stress Concentrations and Singularities at Interface Corners. *ZAMM Zeitschrift für Angewandte Mathematik und Mechanik, 51*(5), 395–406.
5. Föppl, L. (1941). Elastische Beanspruchung des Erdbodens unter Fundamenten. *Forschung auf dem Gebiet des Ingenieurwesens A, 12*(1), 31–39.
6. Schubert, G. (1942). Zur Frage der Druckverteilung unter elastisch gelagerten Tragwerken. *Ingenieur- Archiv, 13*(3), 132–147.
7. Galin, L. A. (1946). Spatial contact problems of the theory of elasticity for punches of circular shape in plane. *PrikladnayaMatematika i Mekhanika, 10*, 425–448.
8. Sneddon, I. N. (1965). The relation between load and penetration in the axisymmetric boussinesq problem for a punch of arbitrary profile. *International Journal of Engineering Science, 3*(1), 47–57.
9. Mossakovski, V. I. (1963). Compression of elastic bodies under conditions of sticking (axisymmetric case). *PMM Journal of Applied Mathematics and Mechanics, 27*(3), 630–643.
10. Jäger, J. (1995). Axi-symmetric bodies of equal material under torsion or shift. *Archive of Applied Mechanics, 65*(7), 478–487.
11. Johnson, K. L. (1985). *Contact mechanics*. Cambridge: Cambridge University Press.
12. Popov, V. L. (2015). *Kontaktmechanik und Reibung. Von der Nanotribologie bis zur Erdbeben dynamik*, 3. Aufl. Berlin: Springer-Vieweg.
13. Barber, J. R. (2018). *Contact mechanics*. Basel: Springer.
14. Bracewell, R. N. (2000). *The fourier transform and its applications* (3. Aufl.). New York: McGraw-Hill Book Company.
15. Hertz, H. (1882). Über die Berührung fester elastischer Körper. *Journal für die reine und angewandte Mathematik, 92*, 156–171.
16. Segedin, C. M. (1957). The relation between load and penetration for a spherical punch. *Mathematika, 4*(2), 156–161.
17. Popov, V. L., Heß, M., & Willert, E. (2018). *Handbuch der Kontaktmechanik. Exakte Lösungen axialsymmetrischer Kontaktprobleme*. Berlin: Springer Vieweg.
18. Mossakovski, V. I. (1954). The fundamental mixed problem of the theory of elasticity for a half-space with a circular line separating the boundary conditions. *Prikladnaya Matematika i Mekhanika, 18*, 187–196.
19. Spence, D. A. (1968). Self-similar solutions to adhesive contact problems with incremental loading. *Proceedings of the Royal Society of London, Series A, 305*, 55–80.
20. Spence, D. A. (1975). The hertz contact problem with finite friction. *Journal of Elasticity, 5*(3–4), 297–319.
21. Storåkers, B., & Elaguine, D. (2005). Hertz contact at finite friction and arbitrary profiles. *Journal of the Mechanics and Physics of Solids, 53*(6), 1422–1447.
22. Zhupanska, O. I. (2009). Axisymmetric contact with friction of a rigid spherewith an elastic half-space. *Proceedings of the Royal Society of London, Series A, 465*, 2565–2588.
23. Borodich, F. M., & Keer, L. M. (2004). Contact problems and depth-sensing nanoindentation for frictionless and frictional boundary conditions. *International Journal of Solids and Structures, 41*(9–10), 2479–2499.

24. Griffith, A. A. (1921). The phenomena of rupture and flow in solids. *Philosophical Transactions of the Royal Society of London, Series A, 221*, 163–198.
25. Johnson, K. L., Kendall, K., & Roberts, A. D. (1971). Surface energy and the contact of elastic solids. *Proceedings of the Royal Society of London, Series A, 324*, 301–313.
26. Derjaguin, B. V., Muller, V. M., & Toporov, Y. P. (1975). Effect of contact deformations on the adhesion of particles. *Journal of Colloid and Interface Science, 53*(2), 314–326.
27. Bradley, A. I. (1932). The cohesive force between solid surfaces and the surface energy of solids. *The London, Edinburgh, and Dublin Philosophical Magazine and Journal of Science, 13*(86), 853–862.
28. Tabor, D. (1977). Surface forces and surface interactions. *Journal of Colloid and Interface Science, 58*(1), 2–13.
29. Maugis, D. (1992). Adhesion of spheres: The JKR-DMT transition using a Dugdale model. *Journal of Colloid and Interface Science, 150*(1), 243–269.
30. Dugdale, D. S. (1960). Yielding of steel sheets containing slits. *Journal of the Mechanics and Physics of Solids, 8*(2), 100–104.
31. Greenwood, J. A. (1997). Adhesion of elastic spheres. *Proceedings of the Royal Society of London, Series A, 453*, 1277–1297.
32. Feng, J. Q. (2000). Contact behavior of spherical elastic particles: A computational study of particle adhesion and deformations. *Colloids and Surfaces A: Physicochemical and Engineering Aspects, 172*(1–3), 175–198.
33. Muller, V. M., Yushchenko, V. S., & Derjaguin, B. V. (1980). On the influence of molecular forces on the deformation of an elastic sphere and its sticking to a rigid plane. *Journal of Colloid and Interface Science, 77*(1), 91–101.
34. Greenwood, J. A., & Johnson, K. L. (1998). An alternative to the Maugis model of adhesion between elastic spheres. *Journal of Physics D: Applied Physics, 31*(22), 3279–3290.
35. Barthel, E. (1998). On the Description of the Adhesive Contact of Spheres with Arbitrary Interaction Potentials. *Journal of Colloid and Interface Science, 200*(1), 7–18.
36. Ciavarella, M., Joe, J., Papangelo, A., & Barber, J. R. (2019). The role of adhesion in contact mechanics. *Journal of the Royal Society Interface, 16*, 20180738. https://doi.org/10.1098/rsif.2018.0738.
37. Barquins, M., & Maugis, D. (1982). Adhesive contact of axisymmetric punches on an elastic half-space: The modified Hertz-Huber's stress tensor for contacting spheres. *Journal de Mécanique Théorique et Appliquée, 1*(2), 331–357.
38. Kesari, H., & Lew, A. J. (2012). Adhesive frictionless contact between an elastic isotropic half-space and a rigid axi-symmetric punch. *Journal of Elasticity, 106*(2), 203–224.
39. Argatov, I. I., Li, Q., Pohrt, R., & Popov, V. L. (2016). Johnson-Kendall-Roberts adhesive contact for a toroidal indenter. *Proceedings of the Royal Society of London, Series A, 472*, 20160218. https://doi.org/10.1098/rspa.2016.0218.
40. Popov, V. L. (2018). Solution of adhesive contact problem on the basis of the known solution for nonadhesive one. *Facta Universitatis, Series Mechanical Engineering, 16*(1), 93–98.
41. Ciavarella, M. (2018). An approximate JKR solution for a general contact, including rough contacts. *Journal of the Mechanics and Physics of Solids, 114*, 209–218.
42. Popov, V. L. (2017). *Surface profiles with zero and finite adhesion force and adhesion instabilities.* https://arxiv.org/abs/1707.07867.
43. Giannakopoulos, E. A., Lindley, T. C., & Suresh, S. (1998). Aspects of equivalence between contact mechanics and fracture mechanics: Theoretical connections and a life-prediction methodology for fretting-fatigue. *Acta Materialia, 46*(9), 2955–2968.
44. Savkoor, A. R., & Briggs, G. A. D. (1977). The effect of tangential force on the contact of elastic solids in adhesion. *Proceedings of the Royal Society of London, Series A, 356*, 103–114.

45. Hutchinson, J. W. (1990). Mixed mode fracture mechanics of interfaces. In M. von Rühle (Hrsg.), *Metal-ceramic interfaces*, (S. 295–306). Pergamon.

46. Johnson, K. L. (1997). Adhesion and friction between a smooth elastic spherical asperity and a plane surface. *Proceedings of the Royal Society of London, Series A, 453*, 63–179.

47. Popov, V. L., Lyashenko, I. A., & Filippov, A. E. (2017). Influence of tangential displacement on the adhesion strength of a contact between a parabolic profile and an elastic half-space. *Royal Society Open Science, 4*(8), 161010. https://doi.org/10.1098/rsos.161010.

48. Kim, K. S., McMeeking, R. M., & Johnson, K. L. (1998). Adhesion, slip, cohesive zones and energy fluxes for elastic spheres in contact. *Journal of the Mechanics and Physics of Solids, 46*(2), 243–266.

49. Waters, J. F., & Guduru, P. R. (2009). Mode-mixity-dependent adhesive contact of a sphere on a plane surface. *Proceedings of the Royal Society of London, Series A, 466*, 1303–1325.

50. Menga, N., Carbone, G., & Dini, D. (2018). Do uniform tangential interfacial stresses enhance adhesion? *Journal of the Mechanics and Physics of Solids, 112*, 145–156.

51. Popov, V. L., & Dimaki, A. V. (2017). Friction in an adhesive tangential contact in the Coulomb-Dugdale approximation. *The Journal of Adhesion, 93*(14), 1131–1145.

52. Filippov, A. E., Klafter, J., & Urbakh, M. (2004). Friction through dynamical formation and rupture of molecular bonds. *Physical Review Letters, 92*(13), 135503. https://doi.org/10.1103/PhysRevLett.92.135503.

53. Borodich, F. M., Galanov, B. A., Prostov, Y. I., & Suarez-Alvarez, M. M. (2012). Influence of complete sticking on the indentation of a rigid cone into an elastic half-space in the presence of molecular adhesion. *PMM Journal of Applied Mathematics and Mechanics, 76*(5), 590–596.

54. Lyashenko, I. A., Willert, E., & Popov, V. L. (2016). Adhesive impact of an elastic sphere with an elastic half space: Numerical analysis based on the method of dimensionality reduction. *Mechanics of Materials, 92*, 155–163.

55. Mergel, J. C., Sahli, R., Scheibert, J., & Sauer, R. A. (2018). Continuum contact models for coupled adhesion and friction. *The Journal of Adhesion, 95*(12), 1101–1133. https://doi.org/10.1080/00218464.2018.1479258.

56. Cattaneo, C. (1938). Sul Contatto di due Corpore Elastici: Distribuzione degli sforzi. *Rendiconti dell' Academi Nazionale dei Lincei, 27*, 342–348, 434–436, 474–478.

57. Mindlin, R. D. (1949). Compliance of Elastic Bodies in Contact. *Journal of Applied Mechanics, 16*(3), 259–268.

58. Munisamy, R. L., Hills, D. A., & Nowell, D. (1994). Static Axisymmetric Hertzian contacts subject to shearing forces. *Journal of Applied Mechanics, 61*(2), 278–283.

59. Mindlin, R. D., & Deresiewicz, H. (1953). Elastic spheres in contact under varying oblique forces. *Journal of Applied Mechanics, 20*(3), 327–344.

60. Jäger, J. (1993). Elastic contact of equal spheres under oblique forces. *Archive of Applied Mechanics, 63*(6), 402–412.

61. Jäger, J. (1998). A new principle in contact mechanics. *Journal of Tribology, 120*(4), 677–684.

62. Ciavarella, M. (1998). Tangential loading of general three-dimensional contacts. *Journal of Applied Mechanics, 65*(4), 998–1003.

63. Ciavarella, M. (1998). The generalized Cattaneo partial slip plane contact problem. I – Theory. *International Journal of Solids and Structures, 35*(18), 2349–2362.

64. Aleshin, V., & Van Den Abeele, K. (2012). Hertz-Mindlin problem for arbitrary oblique 2D loading: General solution by memory diagrams. *Journal of the Mechanics and Physics of Solids, 60*(1), 14–36.

65. Aleshin, V., Bou Matar, O., & Van Den Abeele, K. (2015). Method of memory diagrams for mechanical frictional contacts subject to arbitrary 2D loading. *International Journal of Solids and Structures, 60–61*, 84–95.

66. Lubkin, J. L. (1951). The torsion of elastic spheres in contact. *Journal of Applied Mechanics, 18*(2), 183–187.
67. Jäger, J. (1994). Torsional impact of elastic spheres. *Archive of Applied Mechanics, 64*(4), 235–248.
68. Deresiewicz, H. (1954). Contact of elastic spheres under an oscillating torsional couple. *Journal of Applied Mechanics, 21*, 52–56.
69. Vandamme, M., & Ulm, F. J. (2006). Viscoelastic solutions for conical indentation. *International Journal of Solids and Structures, 43*(10), 3142–3165.
70. Zimmermann, J., & Stommel, M. (2013). The mechanical behaviour of rubber under hydrostatic compression and the effect on the results of finite element analyses. *Archive of Applied Mechanics, 83*(2), 293–302.
71. Bachrach, N. M., Mow, V. C., & Guilak, F. (1998). Incompressibility of the solid matrix of articular cartilage under high hydrostatic pressures. *Journal of Biomechanics, 31*(5), 445–451.
72. Tanaka, Y., Klemann, V., Martinec, Z., & Riva, R. E. M. (2011). Spectral-finite element approach to viscoelastic relaxation in a spherical compressible Earth: Application to GIA modelling. *Geophysical Journal International, 184*(1), 220–234.
73. Alfrey, T. (1944). Non-homogeneous stresses in visco-elasticmedia. *Quarterly of Applied Mathematics, 2*(2), 113–119.
74. Lee, E. H. (1955). Stress analysis in visco-elastic bodies. *Quarterly of Applied Mathematics, 13*(2), 183–190.
75. Radok, J. R. M. (1957). Visco-elastic stress analysis. *Quarterly of Applied Mathematics, 15*(2), 198–202.
76. Willert, E. (2018). Short note: Method of dimensionality reduction for compressible viscoelasticmedia. II. Frictionless normal contact for arbitrary shear and bulk rheologies. *ZAMM Zeitschrift für Angewandte Mathematik und Mechanik, 98*(11), 2022–2026.
77. Lee, E. H., & Radok, J. R. M. (1960). The contact problem for viscoelastic bodies. *Journal of Applied Mechanics, 27*(3), 438–444.
78. Graham, G. A. C. (1965). The contact problem in the linear theory of viscoelasticity. *International Journal of Engineering Science, 3*(1), 27–46.
79. Ting, T. C. T. (1966). The contact stresses between a rigid indenter and a viscoelastic half-space. *Journal of Applied Mechanics, 33*(4), 845–854.
80. Hunter, S. C. (1960). The Hertz problem for a rigid spherical indenter and a viscoelastic half-space. *Journal of the Mechanics and Physics of Solids, 8*(4), 219–234.
81. Greenwood, J. A. (2010). Contact between an axisymmetric indenter and a viscoelastic half-space. *International Journal of Mechanical Sciences, 52*(6), 829–835.
82. Graham, G. A. C. (1967). The contact problemin the linear theory of viscoelasticitywhen the time dependent contact area has any number of maxima and minima. *International Journal of Engineering Science, 5*(6), 495–514.
83. Ting, T. C. T. (1968). Contact problems in the linear theory of viscoelasticity. *Journal of Applied Mechanics, 35*(2), 248–254.
84. Liu, Z., Meyers, M. A., Zhang, Z., & Ritchie, R. O. (2017). Functional gradients and heterogeneities in biological materials: Design principles, functions, and bioinspired applications. *Progress in Materials Science, 88*, 467–498.
85. Suresh, S. (2001). Graded Materials for Resistance to Contact Deformation and Damage. *Science, 292*, 2447–2451.
86. Holl, D. L. (1941). Stress transmissions in earths. *Highway Research Board Proceedings, 20*, 709–721.
87. Rostovtsev, N. A. (1961). An integral equation encountered in the problem of a rigid foundation bearing on nonhomogeneous soil. *PMM Journal of Applied Mathematics and Mechanics, 25*(1), 238–246.

88. Gibson, R. E. (1967). Some results concerning displacements and stresses in a non-homogeneous elastic half-space. *Géotechnique, 17*(1), 58–67.

89. Booker, J. R., Balaam,N. P., & Davis, E. H. (1985). The behaviour of an elastic non-homogeneous half-space. Part I-line and point loads. *International Journal for Numerical and Analytical Methods in Geomechanics, 9*(4), 353–367.

90. Booker, J. R., Balaam,N. P., & Davis, E. H. (1985). The behaviour of an elastic non-homogeneous half-space. Part II-circular and strip footings. *International Journal for Numerical and Analytical Methods in Geomechanics, 9*(4), 369–381.

91. Giannakopoulos, E. A., & Suresh, S. (1997). Indentation of solids with gradients in elastic properties: Part I. Point force. *International Journal of Solids and Structures, 34*(19), 2357–2392.

92. Giannakopoulos, E. A., & Suresh, S. (1997). Indentation of solids with gradients in elastic properties: Part II. axisymmetric indentors. *International Journal of Solids and Structures, 34*(19), 2393–2428.

93. Selvadurai, A. P. (2007). The analytical method in geomechanics. *Applied Mechanics Reviews, 60*(3), 87–106.

94. Fabrikant, V. I., & Sankar, T. S. (1984). On contact problems in an inhomogeneous half-space. *International Journal of Solids and Structures, 20*(2), 159–166.

95. Chen, S., Yan, C., Zhang, P., & Gao, H. (2009). Mechanics of adhesive contact on a power law graded elastic half-space. *Journal of the Mechanics and Physics of Solids, 57*(9), 1437–1448.

96. Jin, F., & Guo, X. (2013). Mechanics of axisymmetric adhesive contact of rough surfaces involving powerlaw graded materials. *International Journal of Solids and Structures, 50*(20–21), 3375–3386.

97. Jin, F., Guo, X., & Zhang, W. (2013). A unified treatment of axisymmetric adhesive contact on a power-law graded elastic half-space. *Journal of Applied Mechanics, 80*(6), 061024. https://doi.org/10.1115/1.4023980.

98. Heß, M., & Popov, V. L. (2016). Method of dimensionality reduction in contact mechanics and friction: A user's handbook. II. Power-law graded materials. *Facta Universitatis, Series Mechanical Engineering, 14*(3), 251–268.

99. Paulino, G. H., & Jin, Z. H. (2001). Correspondence principle in viscoelastic functionally graded materials. *Journal of Applied Mechanics, 68*(1), 129–132.

100. Willert, E. (2018). Dugdale-Maugis adhesive normal contact of axisymmetric power-law graded elastic bodies. *Facta Universitatis, Series Mechanical Engineering, 16*(1), 9–16.

101. Willert, E., & Popov, V. L. (2017). The oblique impact of a rigid sphere on a power-law graded elastic halfspace. *Mechanics of Materials, 109*, 82–89.

102. Etsion, I., Kligerman, Y., & Kadin, Y. (2005). Unloading of an elastic-plastic loaded spherical contact. *International Journal of Solids and Structures, 42*(13), 3716–3729.

103. Ghaednia, H., et al. (2017). A review of elastic-plastic contact mechanics. *AppliedMechanics Review, 69*(6), 060804. https://doi.org/10.1115/1.4038187.

104. Ishlinski, A. J. (1944). The problem of plasticity with the axial symmetry and Brinell's test. *Prikladnaya Matematika i Mekhanika, 8*, 201–224.

105. Tabor, D. (1951). *The Hardness of Metals*. Oxford: Oxford University Press.

106. Hardy, C., Baronet, C. N., & Tordion, G. V. (1971). The elasto-plastic indentation of a half-space by a rigid sphere. *International Journal for Numerical Methods in Engineering, 3*(4), 451–462.

107. Follansbee, P. S., & Sinclair, G. B. (1984). Quasi-static normal indentation of an elasto-plastic half-space by a rigid sphere - I: Analysis. *International Journal of Solids and Structures, 20*(1), 81–91.

108. Sinclair, G. B., Follansbee, P. S., & Johnson, K. L. (1985). Quasi-static normal indentation of an elasto-plastic half-space by a rigid sphere - II: Results. *International Journal of Solids and Structures, 21*(8), 865–888.

109. Hill, R., Storåkers, B., & Zdunek, A. B. (1989). A theoretical study of the Brinell hardness test. *Proceedings of the Royal Society of London, Series A, 423*, 301–330.

110. Mesarovic, S. D., & Fleck, N. A. (1999). Spherical indentation of elastic-plastic solids. *Proceedings of the Royal Society of London, Series A, 455*, 2707–2728.

111. Mesarovic, S. D., & Fleck, N. A. (2000). Frictionless indentation of dissimilar elastic-plastic spheres. *International Journal of Solids and Structures, 37*(46–47), 7071–7091.

112. Ghaednia, H., Pope, S. A., Jackson, R. L., & Marghitu, D. B. (2016). A comprehensive study of the elastoplastic contact of a sphere and a flat. *Tribology International, 93*(A), 78–90.

113. Kogut, L., & Etsion, I. (2002). Elastic-plastic contact analysis of a sphere and a rigid flat. *Journal of Applied Mechanics, 69*(5), 657–662.

114. Jackson, R. L., & Kogut, L. (2005). A comparison of flattening and indentation approaches for contact mechanics modeling of single asperity contacts. *Journal of Tribology, 128*(1), 209–212.

115. Vu-Quoc, L., Zhang, X., & Lesburg, L. (1999). A normal force-displacement model for contacting spheres accounting for plastic deformation: Force-driven formulation. *Journal of Applied Mechanics, 67*(2), 363–371.

116. Thornton, C. (1997). Coefficient of restitution for collinear collisions of elastic-perfectly plastic spheres. *Journal of Applied Mechanics, 64*(2), 383–386.

117. Zhao, Y., Maietta, D. M., & Chang, L. (2000). An asperity microcontact model incorporating the transition from elastic deformation to fully plastic flow. *Journal of Tribology, 122*(1), 86–93.

118. Brake, M. R. (2012). An analytical elastic-perfectly plastic contact model. *International Journal of Solids and Structures, 49*(22), 3129–3141.

119. Huber, M. T. (1904). Zur Theorie der Berührung fester elastischer Körper. *Annalen der Physik, 14*, 153–163.

120. Li, L. Y., Wu, C. Y., & Thornton, C. (2001). A theoretical model for the contact of elastoplastic bodies. *Proceedings of the Institution of Mechanical Engineers, Part C: Journal of Mechanical Engineering Science, 216*(4), 421–431.

121. Jackson, R. L., Green, I., & Marghitu, D. B. (2010). Predicting the coefficient of restitution of impacting elastic-perfectly plastic spheres. *Nonlinear Dynamics, 60*(3), 217–229.

122. Mesarovic, S. D., & Johnson, K. L. (2000). Adhesive contact of elastic-plastic spheres. *Journal of the Mechanics and Physics of Solids, 48*(10), 2009–2033.

123. Wu, Y. C., & Adams, G. G. (2008). Plastic yield conditions for adhesive contacts between a rigid sphere and an elastic half-space. *Journal of Tribology, 131*(1), 011403. https://doi.org/10.1115/1.3002329.

124. Tvergaard, V., & Hutchinson, J. W. (1992). The relation between crack growth resistance and fracture process parameters in elastic-plastic solids. *Journal of the Mechanics and Physics of Solids, 40*(6), 1377–1397.

Die Methode der Dimensionsreduktion in der Kontaktmechanik $\quad$ 4

Sehr viele rotationssymmetrische Kontaktprobleme können exakt auf Kontakte zwischen einem entsprechend zu wählenden starren ebenen Profil und einer eindimensionalen Bettung von linearen, unabhängigen verallgemeinerten Federelementen abgebildet werden. Der mathematische und numerische Aufwand zur Behandlung solcher Kontakte ist deutlich geringer als im Fall des rotationssymmetrischen Originals; mathematisch durch die Rückführung des mehrdimensionalen Randwertproblems auf einfache algebraische Operationen und die Analysis einer einzigen Veränderlichen, numerisch durch die Reduktion der Freiheitsgrade und (was noch wichtiger ist) deren Entkopplung. Den Abbildungsschritt von dem dreidimensionalen, axialsymmetrischen Original auf das ebene Ersatzsystem leistet die Methode der Dimensionsreduktion (MDR), die in den letzten 10 Jahren am Fachgebiet für Systemdynamik und Reibungsphysik der TU Berlin entwickelt und in einer Vielzahl von Publikationen dokumentiert wurde und auf deren Grundlage der überwiegende Teil der numerischen Rechnungen dieses Buches entstanden ist. In diesem Kapitel soll daher die MDR als Berechnungsmethode in der Kontaktmechanik eingeführt und die meisten der im letzten Kapitel hergeleiteten kontaktmechanischen Grundlagen im Rahmen der MDR gedeutet werden. Einen guten Überblick über die Methode liefern die Monografie von Popov und Heß [1] sowie die „Benutzerhandbücher" von Popov et al. [2–4].

4.1 $\quad$ Reibungsfreier Normalkontakt ohne Adhäsion

Eine wesentliche Grundlage der MDR ist die Beobachtung, dass die im Unterkapitel 3.2 hergeleiteten Gleichungen zur Lösung des rotationssymmetrischen reibungsfreien Normalkontaktproblems ohne Adhäsion eine einfache geometrische Deutung erlauben: Drückt man ein ebenes Profil $g(x)$ um d in eine Winklersche Bettung mit der Liniensteifigkeit $k_z'(x) = \tilde{E}$, werden die Federn der Bettung um

E. Willert, *Stoßprobleme in Physik, Technik und Medizin*,
https://doi.org/10.1007/978-3-662-60296-6_4

$$u_z^{1D}(x) = -d + g(x), \quad |x| \le a, \tag{4.1}$$

verschoben. Die Grenze des Kontaktgebiets ist durch die Forderung

$$u_z^{1D}(\pm a) = 0, \tag{4.2}$$

beziehungsweise

$$d = g(a) \tag{4.3}$$

bestimmt. Die Streckenlast in normaler Richtung ist

$$q_z(x) := k_z'(x)u_z^{1D}(x) = \tilde{E}\, u_z^{1D}(x) \tag{4.4}$$

und die gesamte Normalkraft kann durch

$$F_z = \int_{-a}^{a} q_z(x)\mathrm{d}x = -2\tilde{E} \int_{0}^{a} [d - g(x)]\,\mathrm{d}x \tag{4.5}$$

berechnet werden. Offensichtlich reproduzieren die Gl. (4.3) und (4.5) die Ergebnisse aus den Gl. (3.25) und (3.27), wenn man das ebene Profil $g(x)$ entsprechend Gl. (3.32) aus dem rotationssymmetrischen Profil $f(r)$ bestimmt. Der reibungsfreie Normalkontakt zwischen rotationssymmetrischen elastischen Körpern kann also exakt auf den Kontakt zwischen einem entsprechend definierten ebenen Profil $g(x)$ und einer elastischen Bettung aus unabhängigen, linearen Federn abgebildet werden. Der letztere ebene Kontakt soll im Folgenden als „MDR-Modell" bezeichnet werden. Man muss dabei aber bedenken, dass es sich nicht um ein Modell im herkömmlichen Sinn handelt, sondern um ein exaktes aber abstraktes Äquivalenzsystem, das die gleichen Zusammenhänge zwischen den makroskopischen Kontaktgrößen aufweist wie der ursprüngliche rotationssymmetrische Kontakt elastischer Kontinua. Die beiden äquivalenten Kontakte sind in Abb. 4.1 gezeigt.

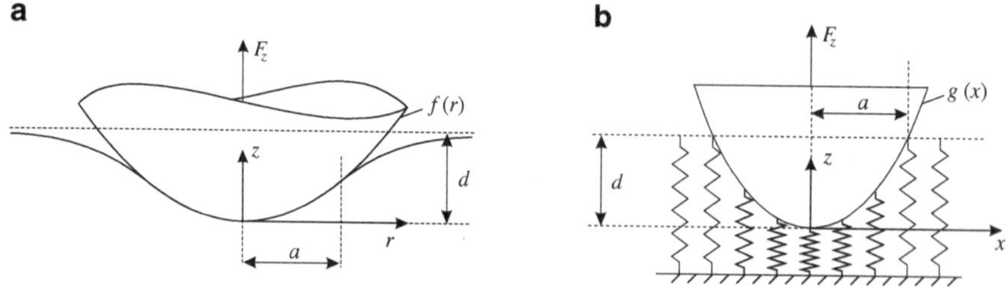

Abb. 4.1 **a** Ursprüngliches axialsymmetrisches Normalkontaktproblem zwischen einem starren Indenter mit dem Profil $f(r)$ und einem elastischen Halbraum; **b** Äquivalentes ebenes Problem im Rahmen der MDR

Wegen Gl. (3.28) können auch die Spannungen im dreidimensionalen Kontakt nach der Beziehung

$$\sigma_{zz}(r) = -\frac{1}{\pi} \int_r^a \frac{q_z'(x)}{\sqrt{x^2 - r^2}} \, \mathrm{d}x, \quad r \leq a, \tag{4.6}$$

aus der Streckenlast des ebenen Modells gewonnen werden. Dies ist eine Abel-Transformation, die man mit dem Ergebnis [5, S. 353]

$$q_z(x) = 2 \int_x^a \frac{r\sigma_{zz}(r)}{\sqrt{r^2 - x^2}} \mathrm{d}r \tag{4.7}$$

invertieren kann. Die (lokalen) Verschiebungen $u_z(r)$ und $u_z^{1D}(x)$ sind durch

$$u_z(r) = \frac{2}{\pi} \int_0^{\min(r,a)} \frac{u_z^{1D}(x)}{\sqrt{r^2 - x^2}} \, \mathrm{d}x \tag{4.8}$$

verknüpft, wie man durch einen Vergleich von Gl. (3.30) mit Gl. (4.1) leicht erkennt. Die Lösung des Kontaktproblems besteht also im Grunde aus der Bestimmung des ebenen Profils $g(x)$ mithilfe von Gl. 3.32.

Ein Sonderfall, der in der obigen Betrachtung streng genommen nicht enthalten ist, soll wegen seiner großen Bedeutung noch einmal für sich betrachtet werden. Dies betrifft den reibungsfreien Normalkontakt zwischen einem flachen zylindrischen Stempel mit einem elastischen Halbraum. Dieser Kontakt ist aber trivial im Rahmen der MDR abbildbar. Dies liegt an der Tatsache (die letztlich der Ursprung der MDR ist), dass die Steifigkeit des Flachstempelkontaktes (3.21) proportional zum Radius a des zylindrischen Stempels ist. Die MDR-Abbildung des zylindrischen Flachstempels ist damit ein ebener Flachstempel mit dem Halbmesser a. Die Verschiebungen des MDR-Modells sind daher

$$u_z^{1D}(x) = -d, \quad |x| \leq a, \tag{4.9}$$

was sofort auf die normale Streckenlast

$$q_z(x) = -\tilde{E}d, \quad |x| \leq a, \tag{4.10}$$

mit der Ableitung

$$q_z'(x) = \tilde{E}d\left[\delta(x - a) - \delta(x + a)\right], \tag{4.11}$$

führt. In der letzten Gleichung wurde dabei von der Dirac-Distribution $\delta(\cdot)$ Gebrauch gemacht. Die Normalkraft ist durch

$$F_z = \int\limits_{-a}^{a} q_z(x)\mathrm{d}x = -2\tilde{E}da \tag{4.12}$$

gegeben und die Spannungen im Kontaktgebiet des rotationssymmetrischen Kontaktes sind mit der Beziehung

$$\sigma_{zz}(r) = -\frac{1}{\pi}\int\limits_{r}^{a+} \frac{q_z'(x)}{\sqrt{x^2 - r^2}}\,\mathrm{d}x = -\frac{\tilde{E}d}{\pi\sqrt{a^2 - r^2}},\quad r \le a, \tag{4.13}$$

bestimmbar, wobei man die Integration über das abgeschlossene Intervall ausführen muss, was durch die Obergrenze $a+$ angedeutet ist. Die Verschiebungen innerhalb des Kontaktes betragen

$$u_z(r) = \frac{2}{\pi}\int\limits_{0}^{r} \frac{u_z^{1D}(x)}{\sqrt{r^2 - x^2}}\,\mathrm{d}x = -d,\quad r \le a, \tag{4.14}$$

und die außerhalb

$$u_z(r) = \frac{2}{\pi}\int\limits_{0}^{a} \frac{u_z^{1D}(x)}{\sqrt{r^2 - x^2}}\,\mathrm{d}x = -\frac{2d}{\pi}\arcsin\left(\frac{a}{r}\right),\quad r > a. \tag{4.15}$$

Die aufgeführten Gleichungen reproduzieren die Lösung des rotationssymmetrischen Kontaktproblems aus den Gl. (3.20), (3.22) und (3.23).

4.2   Reibungsfreier Normalkontakt mit Adhäsion

Da das reibungsfreie adhäsive Normalkontaktproblem auf das nicht-adhäsive Problem zurückgeführt werden kann und letzteres, wie beschrieben, im Rahmen der MDR exakt abgebildet wird, trifft dies auch für den adhäsiven Kontakt zu. Dies gilt sowohl für die Beschreibung der Adhäsion durch die JKR-Theorie als auch für die allgemeinere Lösung von Maugis. Im Folgenden wird die Implementierung beider Ansätze mithilfe der MDR kurz erläutert.

4.2.1   Abbildung des adhäsiven Normalkontaktes in der JKR-Näherung

Wie in Abschn. 3.3.2 dargestellt, kann man den JKR-adhäsiven Normalkontakt als eine Superposition des nicht-adhäsiven Kontaktes mit einer Indentierung um

$$\Delta l = \sqrt{\frac{2\pi\Delta\gamma a}{\tilde{E}}} \tag{4.16}$$

durch einen flachen zylindrischen Stempel mit dem Radius a deuten. Beide Teile der Superposition sind exakt abbildbar; wegen der Linearität aller zugrundeliegenden Gleichungen gilt dies auch für die Summe. Es muss daher zur Abbildung des JKR-adhäsiven Kontaktes nur das gesamte Kontaktgebiet $|x| \leq a$ um Δl angehoben werden. Die Federn am Rand des Kontaktes sind damit um

$$u_z^{1D}(\pm a) = -d + g(a) = \sqrt{\frac{2\pi \Delta \gamma a}{\tilde{E}}} \qquad (4.17)$$

verschoben. Gl. (4.17) ersetzt die Gl. (4.2) für den nicht-adhäsiven Kontakt und ist im Rahmen der MDR als „Regel von Heß" bekannt [6, S. 56]. Alle anderen Abbildungsregeln, die für den nicht-adhäsiven Kontakt gelten, bleiben von dieser Regel unberührt und sind unverändert gültig. Dies gilt für die Gl. (4.1), (4.4), (4.5), (4.6), (4.8) und die Definition des ebenen Profils (3.32).

4.2.2 Abbildung des adhäsiven Normalkontaktes nach Maugis

Die Abbildungsregeln des Maugis-adhäsiven Normalkontaktes im Rahmen der MDR publizierten Popov und Dimaki [7] für den Kontakt von Kugeln. Die Verallgemeinerung auf beliebige axialsymmetrische Profile kann man im Handbuch von Popov et al. [8, S. 111 ff.] nachschlagen. Im Rahmen des vorliegenden Buches wird nur der parabolische Kontakt mit einem Krümmungsradius $\tilde{R}$ behandelt.

Das Dugdale-Potential (3.46), das Maugis für die adhäsive Spannnung annahm, kann man durch den Zusammenhang (4.7) sehr einfach in die entsprechende adhäsive Streckenlast des MDR-Modells transformieren:

$$q_{z,\mathrm{adh}}(x) = 2 \int_x^b \frac{r \sigma_m}{\sqrt{r^2 - x^2}} \mathrm{d}r = 2\sigma_m \sqrt{b^2 - x^2}. \qquad (4.18)$$

Die normalen Verschiebungen der Federbettung sind durch zwei Bedingungen eindeutig festgelegt: im Gebiet des direkten Kontaktes sind sie durch den Eindruckkörper vorgegeben,

$$u_z^{1D}(x) = \frac{x^2}{\tilde{R}} - d, \quad |x| \leq a, \qquad (4.19)$$

und außerhalb des direkten Kontaktes durch die adhäsive Streckenlast (4.18),

$$u_z^{1D}(x) = \frac{2\sigma_m}{\tilde{E}} \sqrt{b^2 - x^2}, \quad a < |x| \leq b. \qquad (4.20)$$

Da die Spannungen am Rand des direkten Kontaktgebiets endlich und stetig sein sollen, muss u_z^{1D} an den Stellen $x = \pm a$ stetig sein, was auf die Bedingung

$$d = \frac{a^2}{\tilde{R}} - \frac{2\sigma_m}{\tilde{E}}\sqrt{b^2 - a^2} \tag{4.21}$$

führt, die Gl. (3.72) reproduziert. Die gesamte Normalkraft kann durch

$$F_z = 2\tilde{E}\int_0^b u_z^{1D}(x)\mathrm{d}x = -\frac{4}{3}\tilde{E}\frac{a^3}{\tilde{R}} + 2\sigma_m\left[b^2\arccos\left(\frac{a}{b}\right) + a\sqrt{b^2 - a^2}\right] \tag{4.22}$$

bestimmt werden, was ebenfalls dem Ergebnis (3.37) von Maugis entspricht. Den Radius b des Gebiets der adhäsiven Spannung muss man im ursprünglichen dreidimensionalen Kontakt ermitteln. Allerdings liefern die Verschiebungen des MDR-Modells wegen Gl. (4.8) auch die Verschiebungen u_z und man erhält mit Gl. (3.70) die Forderung

$$h_1 = \frac{b^2}{2\tilde{R}} - d - \frac{2}{\pi}\int_0^b \frac{u_z^{1D}}{\sqrt{b^2 - x^2}}\mathrm{d}x, \tag{4.23}$$

die man zu dem in Gl. (3.74) gegebenen Ausdruck

$$\frac{\pi h_1}{2} = \arccos\left(\frac{a}{b}\right)\left(\frac{b^2}{2\tilde{R}} - d\right) + \frac{a}{2\tilde{R}}\sqrt{b^2 - a^2} - \frac{2\sigma_m}{\tilde{E}}(b - a) \tag{4.24}$$

umformen kann. Damit sind alle Zusammenhänge zwischen den makroskopischen Kontaktgrößen und der Kontaktkonfiguration aus der Lösung von Maugis mit dem MDR-Modell exakt reproduziert (und auf einfache Art hergeleitet).

4.3 Tangentialkontakt

Wegen der perfekten Analogie zwischen der Druckverteilung (3.22) unter einem flachen zylindrischen Stempel und der Verteilung der Tangentialspannungen (3.91) bei einer tangentialen Starrkörperverschiebung eines kreisförmigen Gebiets liegt es nahe, dass auch Tangentialkontakte im Rahmen der MDR abgebildet werden können. Tatsächlich muss man zur exakten Abbildung von elastischen Tangentialkontakten ohne Gleiten[1] nur die Federn der elastischen Bettung wegen der tangentialen Steifigkeit (3.93) des (haftenden) Flachstempelkontakts mit einer tangentialen Liniensteifigkeit $k_x'(x) = \tilde{G}$ versehen. Mithilfe der tangentialen Streckenlast,

$$q_x(x) := k_x'(x)u_x^{1D}(x) = \tilde{G}\,u_x^{1D}(x), \tag{4.25}$$

können dann die Schubspannungsverteilung im ursprünglichen Kontakt,

---

[1] Wie im vorangegangenen Kapitel sei bei der Behandlung des Tangentialkontaktproblems grundsätzlich die elastische Ähnlichkeit der Kontaktpartner vorausgesetzt.

$$\sigma_{xz}(r) = -\frac{1}{\pi} \int_r^a \frac{q_x'(x)}{\sqrt{x^2 - r^2}}\, dx, \quad r \leq a, \tag{4.26}$$

und die gesamte Tangentialkraft

$$F_x = \int_{-a}^{a} q_x(x)dx = 2\tilde{G} \int_0^a u_x^{1D}(x)dx \tag{4.27}$$

bestimmt werden.

Da der axialsymmetrische Tangentialkontakt mit Reibung im Rahmen der Näherung von Cattaneo und Mindlin durch das Ciavarella-Jäger-Theorem auf den reibungsfreien Normalkontakt zurückgeführt werden kann und dieser im Rahmen der MDR exakt abgebildet wird, gilt letzteres auch für das Tangentialkontaktproblem. Die Federn der elastischen Bettung müssen dazu nur ein lokales Amontons-Coulomb-Reibgesetz der Form

$$|q_x(x)| \leq \mu|q_z(x)| \quad \wedge \quad |\Delta v_x(x)| = 0 \quad \text{bei Haften}, \tag{4.28}$$

$$|q_x(x)| = \mu|q_z(x)| \quad \wedge \quad |\Delta v_x(x)| > 0 \quad \text{bei Gleiten}, \tag{4.29}$$

erfüllen. $\Delta v_x(x)$ beschreibt hier die relative tangentiale Geschwindigkeit zwischen zwei kontaktierenden Punkten auf dem Eindruckkörper und der elastischen Bettung.

Betrachten wir zunächst eine einzelne Cattaneo-Mindlin-Belastung: Der Körper wird um d eingedrückt und anschließend um $u_{x,0,B} > 0$ tangential verschoben. Während der tangentialen Belastung breitet sich ein Gleitgebiet vom Rand des Kontaktes aus. Das Haftgebiet hat den Radius c. Nach dem obigen Reibgesetz ist die tangentiale Streckenlast am Ende der Belastung

$$q_{x,B}(x; a, c) = \begin{cases} -\mu q_z(x), & c < |x| \leq a, \\ \tilde{G} u_{x,0,B}, & |x| \leq c, \end{cases} \tag{4.30}$$

mit der normalen Streckenlast $q_z(x)$ aus Gl. (4.4). Da q_x bei $|x| = c$ stetig sein muss, ergibt sich der Haftradius als Lösung der Gleichung

$$u_{x,0,B}(a, c) = \frac{\mu \tilde{E}}{\tilde{G}} \left(\frac{a^2}{\tilde{R}} - \frac{c^2}{\tilde{R}} \right) = \frac{\mu \tilde{E}}{\tilde{G}} \left[g(a) - g(c) \right]. \tag{4.31}$$

Die tangentialen Federverschiebungen sind daher

$$u_{x,B}^{1D}(x; a, c) = \mu \frac{\tilde{E}}{\tilde{G}} \begin{cases} g(a) - g(x), & c < |x| \leq a, \\ g(a) - g(c), & |x| \leq c. \end{cases} \tag{4.32}$$

Die gesamte Tangentialkraft ist

$$F_{x,B}(a,c) = 2\mu\tilde{E}\left[\int_0^a \frac{a^2}{\tilde{R}} - \frac{x^2}{\tilde{R}}\mathrm{d}x - \int_0^c \frac{c^2}{\tilde{R}} - \frac{x^2}{\tilde{R}}\mathrm{d}x\right] = -\mu\left[F_z(a) - F_z(c)\right] \quad (4.33)$$

und die sich aus der Streckenlast (4.32) wegen Gl. (4.26) ergebende Verteilung von Tangentialspannungen im axialsymmetrischen Kontinuum lautet

$$\sigma_{xz,B}(r;a,c) = -\frac{\mu}{\pi}\begin{cases} \int_c^a \frac{q_z'(x)}{\sqrt{x^2-r^2}}\mathrm{d}x, & r \le c, \\ \int_r^a \frac{q_z'(x)}{\sqrt{x^2-r^2}}\mathrm{d}x, & c < r \le a, \end{cases} = -\mu\begin{cases} \sigma_{zz}(r;a) - \sigma_{zz}(r;c), & r \le c, \\ \sigma_{zz}(r;a), & c < r \le a. \end{cases}$$

$$(4.34)$$

Offensichtlich reproduzieren die Gl. (4.31), (4.33) und (4.34) die Lösung des Kontaktproblems aus den Gl. (3.107), (3.108) und (3.106).

Die Anwendung des lokalen Reibgesetzes für die Federn der elastischen Bettung liefert aber auch bei beliebigen Belastungsgeschichten die korrekten Federverschiebungen, die notwendig sind, um die Lösung des axialsymmetrischen Problems exakt zu reproduzieren. Aus Platzgründen sollen hier nicht alle einzelnen Fälle demonstriert, sondern nur anhand eines weiteren Beispiels gezeigt werden, wie man das Reibgesetz verwenden muss. Dazu werde nach einer einzelnen Cattaneo-Mindlin-Belastung die Eindrucktiefe um $\Delta d < 0$ reduziert und anschließend so tangential verschoben, dass das neue Haftgebiet größer ist als das alte, $c_2 > c_1$. Wegen Gl. (3.125) ist klar, dass die korrekten Inkremente der tangentialen Verschiebungen durch

$$\Delta u_x^{1D}(x) = -u_{x,B}^{1D}(x;a_1,c_2) - u_{x,B}^{1D}(x;a_2,c_2) \quad (4.35)$$

gegeben sind. Anwendung des lokalen Reibgesetzes liefert dagegen[2]

$$\Delta u_x^{1D}(x) = \mu\frac{\tilde{E}}{\tilde{G}}\begin{cases} \frac{\tilde{G}\Delta u_{x,0}}{\mu\tilde{E}}, & |x| \le c_2, \\ g(x) - g(a_2) - g(a_1) + g(x), & c_2 < |x| \le a_2, \\ g(x) - g(a_1), & a_2 < |x| \le a_1. \end{cases} \quad (4.36)$$

Da die Verschiebungen stetig bei $|x| = c_2$ sind, erhält man den Gl. (3.119) reproduzierenden Zusammenhang

$$\Delta u_{x,0} = \mu\frac{\tilde{E}}{\tilde{G}}[2g(c_2) - g(a_2) - g(a_1)] = -\left[u_{x,0,B}(a_1,c_2) + u_{x,0,B}(a_2,c_2)\right] \quad (4.37)$$

---

[2]Man bedenke, dass es wegen $c_2 > c_1$ zu einer Umkehr der Slip-Richtung kommen muss. Die Slip-Richtung einer einzelnen Feder wird dabei durch die Richtung der Auslenkung vorgegeben, die die Feder hätte, wenn sie haften könnte.

und damit schließlich

$$\Delta u_x^{1D}(x) = -u_{x,B}^{1D}(x; a_1, c_2) - u_{x,B}^{1D}(x; a_2, c_2). \tag{4.38}$$

4.4 Torsionskontakt

Auch der Torsionskontakt zwischen einem rotationssymmetrischen starren Indenter und einem elastischen Halbraum kann im Rahmen der MDR exakt abgebildet werden. Prägt man auf eine Winklersche Bettung mit der Linien-Quersteifigkeit $k_y'(x) = 8G$ eine Querverschiebung

$$u_y^{1D}(x) = x\left[\varphi - \phi\left(|x|\right)\right], \quad |x| \le a, \tag{4.39}$$

auf, beträgt das gesamte Torsionsmoment aus den Federverschiebungen

$$M_z = 16G \int_0^a x^2 \left[\varphi - \phi\left(x\right)\right] \mathrm{d}x. \tag{4.40}$$

Dies deckt sich exakt mit dem Ergebnis (3.135). Die Verschiebungen und Spannungen im räumlichen, rotationssymmetrischen System können wegen der Gl. (3.136) und (3.138) durch die Beziehungen

$$\sigma_{\varphi z}(r) = -\frac{4Gr}{\pi} \int_r^a \frac{\mathrm{d}}{\mathrm{d}x}\left[\frac{u_y^{1D}(x)}{x}\right] \frac{\mathrm{d}x}{\sqrt{x^2 - r^2}}, \tag{4.41}$$

$$u_\varphi(r) = \frac{4}{\pi r} \int_0^{\min(r,a)} \frac{x u_y^{1D}(x)}{\sqrt{r^2 - x^2}} \, \mathrm{d}x \tag{4.42}$$

aus den Verschiebungen des MDR-Modells gewonnen werden. Damit lässt sich bereits das Kontaktproblem ohne Gleiten exakt abbilden [9]. Mit den Gl. (4.39), (3.147) und (3.148) kann man außerdem die Federverschiebungen im dimensionsreduzierten Modell bestimmen, die nötig sind, um das Kontaktproblem mit Gleiten ebenfalls exakt wiederzugeben [10]:

$$u_y^{1D}(x) = x \begin{cases} \tilde{\phi}(c, a), & |x| \le c \\ \tilde{\phi}(x, a), & c < |x| \le a \end{cases}. \tag{4.43}$$

Um in der Lage zu sein, beliebige Belastungsgeschichten effizient numerisch zu simulieren, ist es sinnvoll – in Analogie zum Tangentialkontakt – den effektiven Reibbeiwert des dimensionsreduzierten Modells so zu wählen, dass die Federn im Gleitgebiet ein lokales Coulombgesetz der Form

$$k_y' u_y^{1D}(x, a) = -\mu^{1D}(x, a) k_z' u_z^{1D}(x, a), \quad c < |x| \le a, \tag{4.44}$$

erfüllen. Mit den Federverschiebungen aus den Gl. (4.1) und (4.43) und den bekannten Liniensteifigkeiten $k'_y = 8G$ und $k'_z = \tilde{E}$ ist damit der nötige effektive Reibbeiwert durch

$$\mu^{1D}(x,a) = \frac{8G}{\tilde{E}} \frac{x\tilde{\phi}(x,a)}{g(a) - g(x)} = 4(1 - \nu)\frac{x\tilde{\phi}(x,a)}{g(a) - g(x)} \tag{4.45}$$

gegeben. Am Rand des Kontaktes ist dieser Reibbeiwert unabhängig von der Form des Indeters, denn es ist [9]

$$\lim_{x \to a} \mu^{1D}(x,a) \equiv 2\mu. \tag{4.46}$$

Im Fall des parabolischen Indenters erhält man mit Gl. (3.151) den Ausdruck

$$\frac{\mu^{1D}_{\text{para}}(\xi)}{\mu} = \frac{8}{\pi} \frac{\xi}{1 - \xi^2} \left[K\left(\sqrt{1 - \xi^2}\right) - E\left(\sqrt{1 - \xi^2}\right) \right], \quad \xi = \frac{x}{a}. \tag{4.47}$$

Dies kann in sehr guter Näherung durch den Ausdruck [10]

$$\frac{\mu^{1D}_{\text{para}}(\xi)}{\mu} \approx 2\xi^{0,6} + 2\xi - \frac{11}{3}\xi^2 + \frac{5}{3}\xi^3 \tag{4.48}$$

approximiert werden[3]. Der Vergleich zwischen dem exakten Verlauf und dieser Näherung ist in Abb. 4.2 gezeigt.

Wie im Fall des Tangentialkontaktes liefert die Anwendung des lokalen Reibgesetzes für die Federn der elastischen Bettung auch bei beliebigen Belastungsgeschichten die korrekten Federverschiebungen in Querrichtung, wenn der lokale Reibbeiwert gemäß Gl. (4.47) (für den parabolischen Kontakt) definiert wird. Aus Platzgründen soll allerdings an dieser Stelle auf die Darstellung der einzelnen Fälle verzichtet werden.

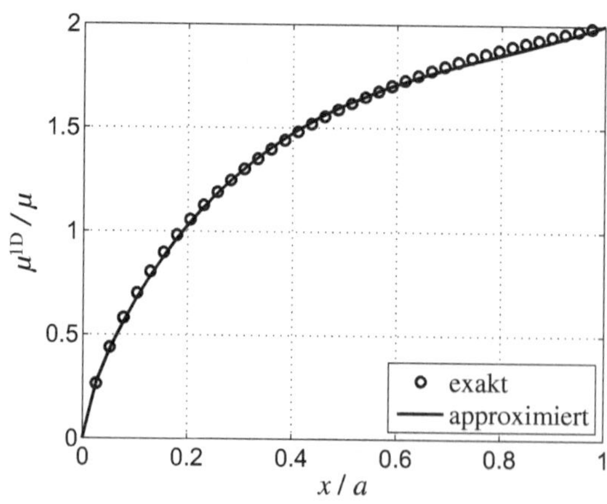

Abb. 4.2 Torsionskontakt mit einem parabolischen Indenter: Vergleich zwischen dem exakten Ausdruck (4.47) für den Reibbeiwert im MDR-Modell und der Näherung (4.48)

---

[3]In [10] sind die Näherungsausdrücke für den parabolischen und den konischen Indenter vertauscht.

4.5 Viskoelastizität

Die MDR ist ebenfalls für axialsymmetrische Kontakte mit (inkompressiblen) linear-visko-elastischen Medien anwendbar. Das liegt daran, dass das Materialverhalten dieser Medien vollständig durch den zeitabhängigen Schubmodul $G(t)$ gegeben ist, während die Grundgleichungen der elastischen MDR linear in G sind. Die Anwendung des viskoelastischen Korrespondenzprinzips führt daher im Zeitbereich zu der gleichen Art von Faltungen, wie sie auch in der Theorie von Lee und Radok auftreten. Die Idee einer MDR für viskoelastische Medien schlugen zuerst Kürschner und Filippov [11] für den Kontakt mit einer viskosen Flüssigkeit vor. Argatov und Popov [12] konnten die Korrektheit der Methode für beliebige (inkompressible) linear-viskoelastische Rheologien unter der Annahme beweisen, dass der Kontaktradius monoton wächst oder ein einzelnes Maximum aufweist.

Um die MDR auf viskoelastische Medien anzuwenden, müssen die linearen Elemente der Winklerschen Bettung mit der Relaxationsfunktion $G(t)$ versehen werden, die Bettung besteht also nicht mehr aus Federn, sondern aus rheologischen Elementen, die das jeweilige viskoelastische Materialverhalten reproduzieren[4]. Die viskoelastische Bettung hat dann die differentiellen normalen und tangentialen Steifigkeiten

$$\mathrm{d}k_z(t) = \frac{2}{1-\nu}G(t)\mathrm{d}x = 4G(t)\mathrm{d}x, \tag{4.49}$$

$$\mathrm{d}k_x(t) = \frac{4}{2-\nu}G(t)\mathrm{d}x = \frac{8}{3}G(t)\mathrm{d}x. \tag{4.50}$$

Der Kontaktradius ist dadurch bestimmt, dass die normale Streckenlast am Rand des (nicht-adhäsiven) Kontaktes verschwindet,

$$q_z\left(x = a(t), t\right) = 0. \tag{4.51}$$

Alle anderen Abbildungsregeln der Methode, insbesondere die Definition des ebenen Profils $g(x)$ und die Bestimmung der rotationssymmetrischen Spannungen aus den ebenen Streckenlasten, bleiben unverändert gültig.

Analog zu dem entsprechenden Abschnitt im vorhergehenden Kapitel zu den kontaktmechanischen Grundlagen sei angenommen, dass die Belastung des Kontaktes zum Zeitpunk $t = 0$ beginnt. Die Normalverschiebungen im MDR-Modell sind dann durch

$$u_z^{1D}(x, t) = -d(t) + g(x)\mathrm{H}(t), \quad |x| \leq a(t), \tag{4.52}$$

mit der Heaviside-Funktion $\mathrm{H}(\cdot)$, gegeben. Die Streckenlast ergibt sich wegen des Superpositionsprinzips durch die Faltung

---

[4]Beispielsweise eine Feder in Parallelschaltung mit einem Dämpfer im Fall des Kelvin-Voigt-Mediums.

$$q_z(x, t) = 4 \int_0^t G(t - t') \frac{\partial u_z^{1D}}{\partial t'} \, \mathrm{d}t'. \tag{4.53}$$

Wenn der Kontaktradius monoton wächst, kommen neue Elemente der Bettung grundsätzlich unausgelenkt in Kontakt, der Zusammenhang zwischen Kontaktradius und Indentierungstiefe ist daher durch den elastischen Zusammenhang

$$d(t) = g(a(t)) = d^{\mathrm{el}}(a(t)) \tag{4.54}$$

gegeben, der Gl. (3.202) reproduziert. Außerdem sind die Normalspannungen im rotationssymmetrischen System für einen monoton wachsen Kontaktradius wegen Gl. (4.6) durch die Beziehung

$$\sigma_{zz}(r, t) = -\frac{4}{\pi} \int_0^t G(t - t') \frac{\partial}{\partial t'} \left[\int_r^{a(t')} \frac{\mathrm{d}g}{\mathrm{d}x} \frac{\mathrm{d}x}{\sqrt{x^2 - r^2}} \right] \mathrm{d}t' = \int_0^t G(t - t') \frac{\partial \sigma_{zz}^{\mathrm{el}}}{\partial t'}(r, t') \, \mathrm{d}t'. \tag{4.55}$$

gegeben, die Gl. (3.201) reproduziert. Die elastische Lösung $\sigma_{zz}^{\mathrm{el}}$ wurde dabei in Gl. (3.199) definiert.

Für den Fall, dass der Kontaktradius ein einzelnes Maximum aufweist, sei noch einmal auf die erläuternde Skizze in Abb. 3.12 verwiesen. Der Zeitpunkt, an dem der Kontaktradius sein Maximum annimmt, sei t_m. Für alle $t \leq t_m$ kann das Kontaktproblem auf obige Art und Weise gelöst werden. Außerdem existiert für alle $t > t_m$ ein Zeitpunkt $t_1(t) < t_m$, sodass der Kontaktradius bei t und t_1 den gleichen Wert annimmt. Das Integral auf der rechten Seite von Gl. (4.53) wird nun in der Form

$$q_z(x, t) = 4 \int_0^{t_1(t)} G(t - t') \frac{\partial u_z^{1D}}{\partial t'} \, \mathrm{d}t' + 4 \int_{t_1(t)}^t G(t - t') \dot{d}(t') \, \mathrm{d}t' - 4g(x) \int_{t_1(t)}^t G(t - t') \delta(t') \, \mathrm{d}t', \tag{4.56}$$

mit der Dirac-Distribution $\delta(\cdot)$, aufgespalten. Wegen deren Filtereigenschaften verschwindet das dritte Integral, falls $a(t) \neq 0$. Das zweite Integral ist unabhängig von x, die ganze Gleichung ist aber für alle $x \leq a(t)$ gültig. Insbesondere ist bei $x = a(t)$:

$$\int_{t_1(t)}^t G(t - t') \dot{d}(t') \, \mathrm{d}t' = 0, \tag{4.57}$$

was sich nach Ting [13] zu Gl. (3.207) umstellen lässt. Damit ist außerdem

$$q_z(x, t) = 4 \int_0^{t_1(t)} G(t - t') \frac{\partial u_z^{1D}}{\partial t'} \, \mathrm{d}t', \tag{4.58}$$

woraus sich mit Gl. (4.6) die Beziehung (3.207) herleiten lässt. Damit ist gezeigt, dass die beschriebenen Abbildungsregeln der MDR für viskoelastische Kontakte die Lösung des axialsymmetrischen Kontaktproblems exakt reproduzieren, wenn der Kontaktradius monoton wächst oder ein einzelnes Maximum hat.

Da bei axialsymmetrischen Kontakten der viskoelastische (reibungsfreie) Normalkontakt und der elastische Tangentialkontakt im Rahmen der Cattaneo-Mindlin-Näherung auf den reibungsfreien Normalkontakt zurückgeführt werden können, gilt das auch für den viskoelastischen Tangentialkontakt im Rahmen der Cattaneo-Mindlin-Näherung. Die MDR ist daher (innerhalb der bereits beschriebenen Annahmen) auch für viskoelastische Tangentialkontakte anwendbar. Die tangentiale Streckenlast

$$q_x(x, t) = \frac{8}{3} \int_0^t G(t - t') \frac{\partial u_x^{1D}}{\partial t'} \, dt'. \tag{4.59}$$

muss dafür nur ein lokales Reibgesetz erfüllen, das in den Gl. (4.28) und (4.29) ausgedrückt ist.

Für Stoßprobleme mit Reibung wurde durch den Vergleich mit rigorosen numerischen Simulationen mithilfe der Randelemente-Methode (*boundary element method*, BEM) gezeigt, dass die MDR im Rahmen der getroffenen Annahmen und der numerischen Präzision die exakte Lösung des Kontaktproblems liefert [14]. Der MDR-basierte Algorithmus war dabei um mehrere Größenordnungen schneller als die Lösung auf Grundlage der BEM.

Anstatt der Ausführung der Faltungen (4.53) und (4.59) ist es häufig (gerade für die numerische Implementierung) einfacher, die Gleichgewichtsbedingungen für die inneren und äußeren Freiheitsgrade der rheologischen Elemente der viskoelastischen Bettung auszuwerten. Details zu diesem Verfahren kann man in dem „Benutzerhandbuch" [4] nachschlagen.

4.6 Funktionale Gradientenmedien

4.6.1 Reibungsfreier Normalkontakt ohne Adhäsion

Auch der reibungsfreie Normalkontakt von inhomogenen oder geschichteten elastischen Medien kann im Rahmen der MDR exakt abgebildet werden, solange die Rotationssymmetrie des Kontaktes erhalten bleibt [15]. Letztendlich ist zur Bestimmung der Abbildungsregeln im Rahmen der MDR nur die Kenntnis der vollständigen Lösung des Problems der Indentierung durch einen flachen zylindrischen Stempel notwendig [9]. Für die elastische Gradierung in der Form des Potenzgesetzes (3.209) wurden die Abbildungsregeln von Heß [16] publiziert.

Wird ein starres ebenes Profil $g(x)$ (siehe Gl. (3.233)) um d in eine elastische Bettung von unabhängigen Federn gedrückt, sind die Federn um u_z^{1D} (siehe Gl. (4.1)) verschoben. Die Federbettung habe die Liniensteifigkeit

$$k_z'(x) = c_N x^k, \qquad (4.60)$$

diese variiert also nach dem gleichen Potenzgesetz, wie der elastische Modul mit der Tiefe im ursprünglichen axialsymmetrischen System. Die Grenze des Kontaktgebiets ist wie im homogenen Fall durch die Bedingung (4.3) bestimmt und die gesamte Normalkraft beträgt

$$F_z = -2c_N \int_0^a [d - g(x)] \, x^k \mathrm{d}x, \qquad (4.61)$$

was offensichtlich Gl. (3.229) reproduziert. Wegen Gl. (3.230) kann mittels der Beziehung

$$\sigma_{zz}(r) = -\frac{c_N}{\pi} \int_r^a \frac{\left[u_z^{1D}(x)\right]' \mathrm{d}x}{\sqrt{\left(x^2 - r^2\right)^{1-k}}}, \quad r \le a, \qquad (4.62)$$

die Druckverteilung im Originalsystem aus den Federverschiebungen bestimmt werden. Dies ist eine verallgemeinerte Abel-Transformation, die man mit dem Ergebnis [8, S. 256]

$$u_z^{1D}(x) = \frac{2}{c_N} \cos\left(\frac{k\pi}{2}\right) \int_x^a \frac{r\sigma_{zz}(r)\mathrm{d}r}{\sqrt{\left(r^2 - x^2\right)^{1+k}}} \qquad (4.63)$$

invertieren kann. Mit Gl. (3.231) ergeben sich die Verschiebungen des Originalsystems nach

$$u_z(r) = \frac{2}{\pi} \cos\left(\frac{k\pi}{2}\right) \int_0^r \frac{x^k u_z^{1D}(x)\mathrm{d}x}{\sqrt{\left(r^2 - x^2\right)^{1+k}}} \qquad (4.64)$$

aus den Verschiebungen des MDR-Ersatzmodells. Völlig analog zum homogenen Fall kann man außerdem zeigen, dass durch die beschriebenen Regeln auch der Flachstempelkontakt (der streng genommen noch nicht in der Herleitung enthalten ist) korrekt abgebildet wird [8, S. 256 f.], wenn man die aufgeführten Integrale über die abgeschlossenen Intervalle auswertet.

4.6.2 Reibungsfreier Normalkontakt mit Adhäsion in der JKR-Näherung

Wie beschrieben gilt auch für inhomogene elastische Medien, dass die Lösung des JKR-adhäsiven axialsymmetrischen Normalkontaktproblems aus der Superposition des nicht-adhäsiven Problems mit einer geeigneten Flachstempellösung hervorgeht. Da beide

Teilprobleme für die in der vorliegenden Arbeit behandelte Inhomogenität im Rahmen der MDR exakt abbildbar sind, gilt das auch für die Superposition. Zur Abbildung des JKR-adhäsiven Problems muss man dabei wegen Gl. (3.243) nur die Beziehung (4.17) für den homogenen Fall durch die Bedingung

$$u_z^{1D}(\pm a) = -d + g(a) = \sqrt{\frac{2\pi\,\Delta\gamma}{c_N}\,a^{1-k}} \tag{4.65}$$

ersetzen, die zuerst von Heß [16] publiziert wurde.

4.6.3 Tangentialkontakt

Da das Ciavarella-Jäger-Theorem auch für Funktionale Gradientenmedien mit einer elastischen Gradierung in der Form eines Potenzgesetzes mit dem Exponenten k gültig ist, können auch für diese Materialien axialsymmetrische Tangentialkontakte im Rahmen der Cattaneo-Mindlin-Näherung exakt durch die MDR abgebildet werden [3]. Die Federn der elastischen Bettung müssen dafür nur mit normalen und tangentialen Liniensteifigkeiten $k_z'(x) = c_N x^k$ und $k_x'(x) = c_T x^k$ versehen werden, wobei man die Definitionen der Moduln c_N und c_T in den Gl. (3.223) und (3.224) nachschlagen kann. Die Anwendung des lokalen Reibgesetzes für die Elemente der Bettung in der in den Gl. (4.28) und (4.29) gegebenen Form erfolgt wie im Fall homogener Medien und liefert, wie gewohnt, die exakte Lösung des Kontaktproblems für beliebige Belastungsgeschichten [3].

4.7 Zusammenfassung

Das reibungs- und adhäsionsfreie Normalkontaktproblem zwischen einem axialsymmetrischen starren Eindruckkörper und einem homogenen elastischen Halbraum kann durch eine Superposition von inkrementellen Flachstempel-Indentierungen gelöst werden. Die Steifigkeit des Flachstempelkontaktes ist dabei proportional zu seinem Durchmesser. Wegen dieser beiden Tatsachen lässt die Lösung des axialsymmetrischen Normalkontaktproblems eine einfache, anschauliche Deutung zu: Der Kontakt kann auf den Kontakt zwischen einem bestimmten ebenen starren Profil mit einer Winklerschen Bettung aus unabhängigen, linearen Federn abgebildet werden. Den Abbildungsschritt vom kreissymmetrischen zum äquivalenten ebenen Problem leistet die Methode der Dimensionsreduktion (MDR). Die Abbildung ist im Rahmen der Annahmen des Normalkontaktproblems exakt und vollständig, keine Information geht verloren.

Da das reibungsfreie, nicht-adhäsive, elastische, axialsymmetrische Normalkontaktproblem im Rahmen der MDR abgebildet werden kann, gilt das auch für alle Kontaktprobleme, die sich auf dieses Problem zurückführen lassen – wie adhäsive Normalkontakte in der

JKR-Näherung oder nach der Theorie von Maugis, Tangentialkontakte axialsymmetrischer Körper in der Cattaneo-Mindlin-Näherung oder Kontakte linear-viskoelastischer Medien. Auch die Lösungen des axialsymmetrischen Torsionskontaktproblems und die von Kontaktproblemen inhomogener Medien mit einer funktionalen elastischen Gradierung kann man im Rahmen der MDR interpretieren.

Während die MDR im Fall des Normalkontaktes die Lösung des Kontaktproblems „nur" reproduziert und eine geometrische Interpretation dazu liefert – die allerdings für sich allein ebenfalls sehr nützlich sein kann – liegt die große Stärke der Methode in der schnellen numerischen Simulation von Kontakten mit komplexen Belastungsgeschichten. Während die Anwendung der klassischen Lösungsschemata bei beliebigen Belastungsgeschichten, z. B. von Tangentialkontakten oder Kontakten mit viskoelastischen Medien, kompliziert und teilweise numerisch aufwendig ist, stellt die Implementierung der entsprechenden MDR-Regeln überhaupt kein Problem dar. Die erhaltene MDR-Lösung ist dabei trotzdem exakt und der numerische Aufwand durch die Reduktion auf die Berechnung eines eindimensionalen Arrays unabhängiger, linearer Elemente sehr gering.

Literatur

1. Popov, V. L., & Heß, M. (2015). *Method of dimensionality reduction in contact mechanics and friction*. Berlin: Springer.
2. Popov, V. L., & Heß, M. (2014). Method of dimensionality reduction in contact mechanics and friction: A users handbook. I. Axially symmetric contacts. *Facta Universitatis, Series Mechanical Engineering, 12*(1), 1–14.
3. Heß, M., & Popov, V. L. (2016). Method of dimensionality reduction in contact mechanics and friction: A user's handbook. II. Power-law graded materials. *Facta Universitatis, Series Mechanical Engineering, 14*(3), 251–268.
4. Popov, V. L., Willert, E., & Heß, M. (2018). Method of dimensionality reduction in contact mechanics and friction: A user's handbook. III. Viscoelastic contacts. *Facta Universitatis, Series Mechanical Engineering, 16*(2), 99–113.
5. Bracewell, R. N. (2000). *The Fourier Transform and Its Applications* (3. Aufl.). New York: McGraw-Hill.
6. Heß, M. (2011). *Über die exakte Abbildung ausgewählter dreidimensionaler Kontakte auf Systeme mit niedrigerer räumlicher Dimension*. Göttingen: Cuvillier Verlag.
7. Popov, V. L., & Dimaki, A. V. (2017). Friction in an adhesive tangential contact in the Coulomb-Dugdale approximation. *The Journal of Adhesion, 93*(14), 1131–1145.
8. Popov, V. L., Heß, M., & Willert, E. (2018). *Handbuch der Kontaktmechanik. Exakte Lösungen axialsymmetrischer Kontaktprobleme*. Berlin: Springer Vieweg.
9. Willert, E., Heß, M., & Popov, V. L. (2015). Application of the method of dimensionality reduction to contacts under normal and torsional loading. *Facta Universitatis, Series Mechanical Engineering, 13*(2), 81–90.
10. Willert, E., & Popov, V. L. (2017). Exact one-dimensional mapping of axially symmetric elastic contacts with superimposed normal and torsional loading. *ZAMM Zeitschrift für Angewandte Mathematik und Mechanik, 97*(2), 173–182.

11. Kürschner, S., & Filippov, A. E. (2012). Normal contact between a rigid surface and a viscous body: Verification of the method of reduction of dimensionality for viscous media. *Physical Mesomechanics, 15*(5–6), 270–274.
12. Argatov, I. I., & Popov, V. L. (2016). Rebound indentation problemfor a viscoelastic half-space and axisymmetric indenter – Solution by the method of dimensionality reduction. *ZAMM Zeitschrift für Angewandte Mathematik und Mechanik, 96*(8), 956–967.
13. Ting, T. C. T. (1966). The contact stresses between a rigid indenter and a viscoelastic half-space. *Journal of Applied Mechanics, 33*(4), 845–854.
14. Willert, E., Kusche, S., & Popov, V. L. (2017). The influence if viscoelasticity on velocity-dependent restitutions in the oblique impact of spheres. *Facta Universitatis, Series Mechanical Engineering, 15*(2), 269–284.
15. Argatov, I. I., Heß, M., Pohrt, R., & Popov, V. L. (2016). The extension of the method of dimensionality reduction to non-compact and non-axisymmetric contacts. *ZAMM Zeitschrift für Angewandte Mathematik und Mechanik, 96*(10), 1144–1155.
16. Heß, M. (2016). A simple method for solving adhesive and non-adhesive axisymmetric contact problems of elastically graded materials. *International Journal of Engineering Science, 104*, 20–33.

Basierend auf den geschilderten kontaktmechanischen Grundlagen (teilweise in deren Interpretation durch die MDR) sind in diesem Kapitel die Lösungen des Normalstoßproblems in unterschiedlichen Fällen dargestellt. Betrachtet werden homogene und inhomogene elastische Medien mit und ohne Adhäsion sowie elasto-plastische und viskoelastische Materialien.

Da alle gewonnenen kontaktmechanischen Ergebnisse aus den Gleichgewichtsbedingungen eines elastischen Mediums hergeleitet wurden, ist klar, dass die Verwendung dieser Ergebnisse nur zulässig ist, falls die Kontaktkräfte zu jedem Zeitpunkt denen des statisch deformierten Mediums entsprechen. Diese (zusätzliche) grundlegende Annahme der Quasistatik wird im ersten Teil des Kapitels genauer erläutert.

Im Rahmen der Quasistatik ist die allgemeine Kollision verformbarer Kugeln, wie im zweiten und dritten Kapitel gezeigt, äquivalent zu dem Stoß einer starren Kugel auf einen deformierbaren Halbraum, da sowohl die dynamischen als auch die kontaktmechanischen Eigenschaften konsistent abgebildet werden. Für den zentrischen Normalstoß gilt das auch für beliebige axialsymmetrische Körper, da die Dynamik in diesem Fall elementar ist. Im Folgenden wird daher nur der Stoß eines starren Eindruckkörpers auf einen deformierbaren Halbraum betrachtet.

5.1   Quasistatik

Alle Prozesse während des Stoßes sollen quasistatisch verlaufen. Es ist unmittelbar klar, dass dafür die makroskopischen Geschwindigkeiten der zusammenstoßenden Körper klein gegenüber der charakteristischen Geschwindigkeit der Ausbreitung elastischer Wellen in den Körpern sein müssen. Aber wie klein? Hertz [1] selbst, der auf der Grundlage seiner Lösung des Hertzschen Kontaktproblems auch das entsprechende quasistatische Normalstoßproblem untersuchte, stellte dafür zwei konkretisierende Forderungen auf, eine

© Der/die Autor(en) 2020
E. Willert, *Stoßprobleme in Physik, Technik und Medizin*,
https://doi.org/10.1007/978-3-662-60296-6_5

schwächere und eine stärkere. Die schwächere Variante ist, dass die gesamte Stoßzeit T_S sehr groß gegenüber der Zeit

$$T_{\mathrm{el}} = \frac{2a_{\max}}{v_{\mathrm{el}}}, \quad v_{\mathrm{el}} := \sqrt{\frac{1}{\rho} \frac{2G(1-\nu)}{1-2\nu}}, \tag{5.1}$$

mit der Dichte ρ, ist, die elastische Kompressionswellen brauchen, um das maximale Kontaktgebiet während des Stoßes zu durchlaufen. Nach Eason [2] ist das ebenfalls die Zeit, nach der die normale Verschiebung im Zentrum einer plötzlich aufgebrachten, konstanten oder parabolischen Druckverteilung ihren statischen Wert erreicht. Das Verhältnis der beiden charakteristischen Zeiten ist von der Größenordnung

$$\frac{T_S}{T_{\mathrm{el}}} \approx \frac{d_{\max}}{a_{\max}} \frac{v_{\mathrm{el}}}{v}. \tag{5.2}$$

Das Verhältnis der Stoßgeschwindigkeit zur Ausbreitungsgeschwindigkeit elastischer Wellen muss also deutlich kleiner sein als die Oberflächengradienten im Kontaktgebiet (die nach der Halbraumnäherung selbst bereits klein sind). Eine noch stärkere Forderung ist die Annahme, dass sich im quasistatischen Grenzfall die an den Grenzen der Körper (mehrfach) reflektierten elastischen Wellen während des Stoßes im Kontaktgebiet überlagern, dass also die Stoßzeit sehr groß gegenüber der Zeit ist, die elastische Kompressionswellen brauchen, um die gesamten zusammenstoßenden Körper zu durchlaufen. Love [3, S. 195 ff.] führte aus, dass im Fall elastischer kollidierender Kugeln dafür

$$\left(\frac{v}{v_{\mathrm{el}}}\right)^{1/5} \ll 1 \tag{5.3}$$

sein muss. Für den Stoß einer starren Kugel auf einen elastischen Halbraum (der, wie gezeigt, aus Sicht der makroskopischen Dynamik und der statischen Kontaktmechanik dem Stoß zweier elastischer Kugeln äquivalent ist) ist diese Forderung gar nicht erfüllbar, da es keine Grenze gibt, an der die elastischen Wellen reflektiert werden könnten. Das ist allerdings auch nicht notwendig für die quasistatische Behandlung, da von Hunter [4] gezeigt wurde, dass diese stärkere Forderung unnötig restriktiv ist. Es reicht aus, wenn die in Form elastischer Wellen abgestrahlte Energie (dies ist auch für die Bestimmung der Stoßzahlen die letztlich entscheidende Größe) klein gegenüber der vor dem Stoß in der Bewegung gespeicherten kinetischen Energie ist. Dazu muss laut Hunter lediglich

$$\left(\frac{v}{\tilde{v}_{\mathrm{el}}}\right)^{3/5} \ll 1, \quad \tilde{v}_{\mathrm{el}} := \sqrt{\frac{E}{\rho}}, \tag{5.4}$$

sein, was eine deutlich schwächere Forderung darstellt als Gl. (5.3). Für die Verwendbarkeit der nachfolgenden Ergebnisse soll die makroskopische charakteristische Geschwindigkeit

v vor dem Stoß also etwa drei Größenordnungen kleiner sein als die charakteristische Ausbreitungsgeschwindigkeit elastischer Wellen.

Eine sehr gute Übersicht zu voll-dynamischen Prozessen bei Kollisionen bietet die Monografie von Goldsmith [5].

5.2 Elastischer Normalstoß ohne Adhäsion

5.2.1 Homogene Medien

Im quasistatischen Grenzfall können für die Kontaktkräfte ihre statischen Werte angenommen werden. Mit den Gl. (2.34), (3.35) und (3.36) ist damit die Bewegungsgleichung für den Normalstoß einer starren Kugel mit der Masse $\tilde{m}$ und dem Radius $\tilde{R}$ auf einen homogenen elastischen Halbraum mit dem effektiven Elastizitätsmodul $\tilde{E}$ durch

$$\tilde{m}\ddot{d} = -\frac{4}{3}\tilde{E}\sqrt{\tilde{R}d^3} \tag{5.5}$$

gegeben. Die Lösung dieser Gleichung geht auf Hertz [1], bzw. Deresiewicz [6] zurück. Integration von (5.5) über die Indentierungstiefe unter Verwendung der Anfangsbedingungen

$$d(t=0) = 0, \quad \dot{d}(t=0) = v_0 \tag{5.6}$$

liefert die Gleichung der Erhaltung der mechanischen Gesamtenergie,

$$\frac{\tilde{m}}{2}v_0^2 = \frac{\tilde{m}}{2}\dot{d}^2 + \frac{8}{15}\tilde{E}\sqrt{\tilde{R}d^5}, \tag{5.7}$$

aus der sich ohne größere Schwierigkeiten die maximale Eindrucktiefe,

$$d_{\max} = \left(\frac{15\tilde{m}v_0^2}{16\tilde{E}\sqrt{\tilde{R}}}\right)^{2/5}, \tag{5.8}$$

und die dazugehörige maximale Normaldruckkraft,

$$F_{N,\max} = \frac{4}{3}\tilde{E}\sqrt{\tilde{R}d_{\max}^3} = \left(\frac{125}{36}\tilde{m}^3 v_0^6 \tilde{R}\tilde{E}^2\right)^{1/5}, \tag{5.9}$$

bestimmen lassen. Mithilfe der Trennung der Variablen,

$$dt = \frac{1}{v_0}\frac{dd}{\sqrt{1 - \left(\frac{d}{d_{\max}}\right)^{5/2}}}, \tag{5.10}$$

erhält man außerdem die Inverse der Bahn[1],

$$t(d) = \frac{2d_{\max}}{5v_0} \mathrm{B}\left(\xi; \frac{2}{5}, \frac{1}{2}\right), \quad \xi := \left(\frac{d}{d_{\max}}\right)^{5/2}, \tag{5.11}$$

und damit die gesamte Stoßdauer,

$$T_S = \frac{4d_{\max}}{5v_0} \mathrm{B}\left(1; \frac{2}{5}, \frac{1}{2}\right). \tag{5.12}$$

$\mathrm{B}(\cdot; \cdot, \cdot)$ bezeichnet dabei die in Gl. (9.42) im Anhang definierte unvollständige Beta-Funktion. Mit der maximalen Eindrucktiefe ist nach Gl. (3.37) auch der Maximaldruck im Kontakt während des Stoßes als

$$p_{\max} = \frac{2\tilde{E}}{\pi}\sqrt{\frac{d_{\max}}{\tilde{R}}} = \frac{2}{\pi}\left(\frac{15\tilde{E}^4\tilde{m}v_0^2}{16\tilde{R}^3}\right)^{1/5} \approx \tilde{E}\left(\frac{v_0}{\tilde{v}_{\mathrm{el}}}\right)^{2/5} \tag{5.13}$$

bekannt. Für die meisten metallischen Werkstoffe ist die Fließgrenze zwei bis drei Größenordnungen kleiner als der Elastizitätsmodul, die Stoßgeschwindigkeit muss dann etwa 5 bis 7 Größenordnungen unterhalb der Ausbreitungsgeschwindigkeit elastischer Wellen liegen, damit es zu keiner nennenswerten plastischen Deformation während des Stoßes kommt; die Annahme der Elastizität des Stoßes liefert daher eine stärkere Beschränkung für die makroskopische Geschwindigkeit vor dem Stoß als die Bedingung (5.4) für die Quasistatik, d. h. mögliche Energieverluste während des Stoßes sind eher auf plastische Deformationen zurückzuführen als auf die Energieabstrahlung in Form elastischer Wellen.

Für die Bahnkurve wurde von Hunter [4] die einfache Näherung

$$d(t) \approx d_{\max} \sin\left(\frac{\pi t}{T_S}\right) \tag{5.14}$$

angegeben. Die Stoßzahl für den elastischen Normalstoß ist im quasistatischen Grenzfall trivialerweise Eins.

Völlig analog erhält man für einen Indenter mit einem Profil in der Form eines Potenzgesetzes – siehe Gl. (3.38) – mithilfe der Lösung des Kontaktproblems aus den Gl. (3.39) und (3.40) die Gleichung der Energieerhaltung,

$$\frac{\tilde{m}}{2}v_0^2 = \frac{\tilde{m}}{2}\dot{d}^2 + \frac{2n^2}{(2n+1)(n+1)}\frac{\tilde{E}}{[\beta(n)A]^{1/n}}d^{\frac{2n+1}{n}}, \tag{5.15}$$

und damit die, zuerst von Graham [7] publizierte, Stoßlösung

---

[1] während der Eindringphase; für den Rückprall muss entsprechend gespiegelt werden

$$d_{\max} = \left\{ \frac{[\beta(n)A]^{1/n}\,(2n+1)(n+1)\tilde{m}v_0^2}{4n^2\tilde{E}} \right\}^{\frac{n}{2n+1}}, \tag{5.16}$$

$$t(d) = \frac{n}{2n+1}\frac{d_{\max}}{v_0}\mathrm{B}\left(\xi;\frac{n}{2n+1},\frac{1}{2}\right),\quad \xi := \left(\frac{d}{d_{\max}}\right)^{\frac{2n+1}{n}}, \tag{5.17}$$

$$T_S = \frac{2n}{2n+1}\frac{d_{\max}}{v_0}\mathrm{B}\left(1;\frac{n}{2n+1},\frac{1}{2}\right). \tag{5.18}$$

Die Näherung (5.14) ist die exakte Lösung für $n \to \infty$ (also für einen flachen zylindrischen Stempel), denn[2]

$$\mathrm{B}\left(z^2;\frac{1}{2},\frac{1}{2}\right) \equiv 2\arcsin(z). \tag{5.19}$$

Abb. 5.1 zeigt die normierten Trajektorien für einen konischen ($n = 1$) und parabolischen ($n = 2$) Indenter sowie den Fall $n = 5$. Die Näherung (5.14) ist als dünne Linie ebenfalls hinzugefügt. Wie man sieht, unterscheiden sich die normierten Trajektorien für verschiedene Exponenten n nur geringfügig von dem harmonischen Grenzfall. Das Profil der kollidierenden Körper hat also in der Regel nur einen geringen Einfluss auf das elastische Normalstoßproblem ohne Adhäsion.

Abb. 5.1 Trajektorien während der Kompressionsphase des Stoßes eines starren Indenters mit einem Profil in der Form eines Potenzgesetzes auf einen elastischen Halbraum für verschiedene Exponenten n des Potenzgesetzes. Die dünne durchgezogene Linie beschreibt die Näherung (5.14)

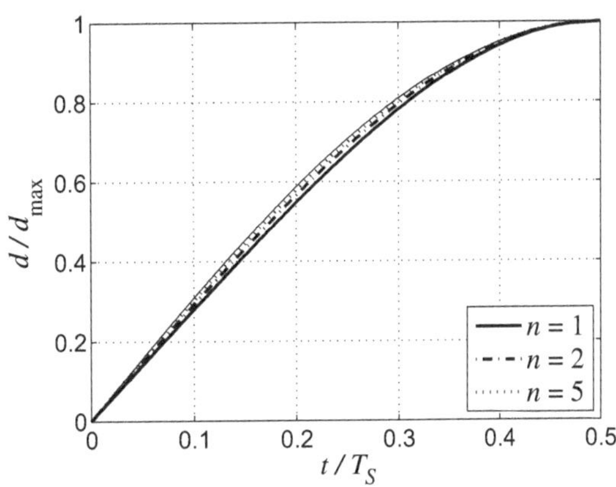

---

[2] Dieser Grenzfall ist sofort klar, da der Normalkontakt mit einem flachen zylindrischen Stempel eine konstante Steifigkeit besitzt, die Stoßlösung also eine harmonische Funktion sein muss.

5.2.2 Funktionale Gradientenmedien

Völlig analog zum homogenen Fall kann auch für Medien mit einer elastischen Gradierung in der Form eines Potenzgesetzes das Normalstoßproblem im quasistatischen Grenzfall analytisch gelöst werden [8]. Für den Stoß von Kugeln nimmt die Energieerhaltung in diesem Fall die Form

$$\frac{\tilde{m}}{2}v_0^2 = \frac{\tilde{m}}{2}\dot{d}^2 + \frac{8c_N}{(3+k)(5+k)}\sqrt{(1+k)^{k-1}\tilde{R}^{1+k}d^{5+k}} \tag{5.20}$$

an, aus der sich wiederum die maximale Eindrucktiefe, die Inverse der Bahn und die gesamte Stoßdauer zu

$$d_{\max} = \left[\frac{(3+k)(5+k)\tilde{m}v_0^2}{16c_N\sqrt{(1+k)^{k-1}\tilde{R}^{1+k}}}\right]^{\frac{2}{5+k}}, \tag{5.21}$$

$$t(d) = \frac{2d_{\max}}{(5+k)v_0}\mathrm{B}\left(\xi; \frac{2}{5+k}, \frac{1}{2}\right), \quad \xi := \left(\frac{d}{d_{\max}}\right)^{\frac{5+k}{2}}, \tag{5.22}$$

$$T_S = \frac{4d_{\max}}{(5+k)v_0}\mathrm{B}\left(1; \frac{2}{5+k}, \frac{1}{2}\right) \tag{5.23}$$

bestimmen lassen. Der maximale Druck im Kontakt,

$$p_{\max} = \frac{2}{\pi}c_N^{\frac{4}{5+k}}\tilde{R}^{\frac{k-3}{5+k}}(1+k)^{\frac{k-7}{5+k}}\left[\frac{\tilde{m}v_0^2(3+k)(5+k)}{16}\right]^{\frac{1+k}{5+k}}, \tag{5.24}$$

kann auf den entsprechenden Wert im homogenen Fall normiert werden. Man erhält:

$$\frac{p_{\max}}{p_{\max}^{k=0}} = \left(\frac{c_N}{\tilde{E}}\right)^{\frac{4}{5+k}}\left(a_{\max}^{k=0}\right)^{\frac{4k}{5+k}}(1+k)^{\frac{k-7}{5+k}}\left[\frac{(3+k)(5+k)}{15}\right]^{\frac{1+k}{5+k}}, \tag{5.25}$$

mit dem maximalen Kontaktradius während des Stoßes im homogenen Fall,

$$a_{\max}^{k=0} = \left(\frac{15\tilde{m}v_0^2\tilde{R}^2}{16\tilde{E}}\right)^{1/5}. \tag{5.26}$$

Gl. (5.25) kann man auch in der logarithmischen Form

$$\log\left(\frac{p_{\max}}{p_{\max}^{k=0}}\right) = \log\left\{(1+k)^{\frac{k-7}{5+k}}\left[\frac{(3+k)(5+k)}{15}\right]^{\frac{1+k}{5+k}}\right\} + \frac{4}{5+k}\log\left[\frac{\left(a_{\max}^{k=0}\right)^k c_N}{\tilde{E}}\right] \tag{5.27}$$

schreiben. Da c_N mit z_0^{-k} skaliert, wobei z_0 die charakteristische Tiefe der Gradierung darstellt, erkennt man, dass für positive Exponenten k, also weiche Oberflächen, die Gradierung tief im Vergleich mit dem charakteristischen Kontaktradius sein muss um kleinere Spannungen zu erreichen; im umgekehrten Fall harter Oberflächen, sprich negativer Exponenten k, muss die Gradierung dagegen möglichst dünn sein, um die Spannungen zu reduzieren. In diesem Fall trägt der weiche Kern des Mediums einen großen Teil der Kontaktlast.

Das Stoßproblem kann auch für einen allgemeinen rotationssymmetrischen Indenter mit einem Profil in der Form eines Potenzgesetzes gelöst werden, da die Lösung des Kontaktproblems bekannt ist. Es ergeben sich die Beziehungen

$$d_{\max} = \left\{ \frac{[\beta(n,k)A]^{\frac{1+k}{n}}(2n+k+1)(n+k+1)(1+k)\tilde{m}v_0^2}{4n^2 c_N} \right\}^{\frac{n}{2n+k+1}}, \tag{5.28}$$

$$t(d) = \frac{n}{2n+k+1}\frac{d_{\max}}{v_0}B\left(\xi; \frac{n}{2n+k+1}, \frac{1}{2}\right), \quad \xi := \left(\frac{d}{d_{\max}}\right)^{\frac{2n+k+1}{n}}, \tag{5.29}$$

$$T_S = \frac{2n}{2n+k+1}\frac{d_{\max}}{v_0}B\left(1; \frac{n}{2n+k+1}, \frac{1}{2}\right). \tag{5.30}$$

Man erkennt, dass die normierte Gleichung der Bahnkurve

$$\hat{t} := \frac{v_0}{d_{\max}}t = \hat{t}(\hat{d}), \quad \hat{d} := \frac{d}{d_{\max}}, \tag{5.31}$$

durch die homogene Lösung (5.17) gegeben ist, wenn in dieser der „korrigierte" Exponent des Potenzprofils – siehe Gl. (3.241) –

$$\tilde{n} = \frac{n}{1+k} \tag{5.32}$$

verwendet wird. Das Normalstoßproblem eines Indenters mit dem Exponent n auf einen elastischen Halbraum mit einer Gradierung in der Form eines Potenzgesetzes mit dem Exponenten k kann also *in entsprechend normierten Größen* auf das jeweilige homogene Problem mit dem in Gl. (5.32) gegebenen angepassten Exponenten $\tilde{n}$ des Indenterprofils zurückgeführt werden. Das liegt daran, dass beide Probleme den gleichen funktionalen Zusammenhang für die Kontaktsteifigkeit in Abhängigkeit der Eindrucktiefe aufweisen.

Es ist klar, dass die Bahnkurve für $k \to -1$ grundsätzlich (also unabhängig von n) gegen die harmonische Lösung (5.14) strebt, da das „äquivalente" homogene Problem durch $\tilde{n} \to \infty$, also den zylindrischen Flachstempel, gegeben ist[3].

---

[3]Dies kann man auch dadurch verstehen, dass die inkrementelle Kontaktsteifigkeit nach Gl. (3.226) für $k \to -1$ nicht von der Kontaktkonfiguration abhängt und sich der Kontakt damit in diesem Grenzfall grundsätzlich wie eine lineare Feder verhält.

5.3   Elastischer Normalstoß mit Adhäsion

Dieses Unterkapitel widmet sich dem elastischen Normalstoß unter Berücksichtigung der Adhäsion. Da diese die zur Erzeugung plastischer Deformationen nötige äußere Last reduziert, spielen plastische Verformungen in adhäsiven Kollisionen eine noch größere Rolle als in nicht-adhäsiven. Dieser Aspekt wird im Unterkapitel 5.6 diskutiert.

5.3.1   Homogene Medien mit JKR-Adhäsion

Die Bewegungsgleichung für den JKR-adhäsiven Normalstoß von elastisch homogenen Kugeln ist im quasistatischen Grenzfall wegen der Gl. (2.34), (3.55) und (3.56) durch das System

$$\tilde{m}\ddot{d} = -\frac{4\tilde{E}a^3}{3\tilde{R}} + \sqrt{8\pi a^3 \tilde{E}\Delta\gamma},\tag{5.33}$$

$$d = \frac{a^2}{\tilde{R}} - \sqrt{\frac{2\pi a \Delta\gamma}{\tilde{E}}}\tag{5.34}$$

gegeben. Dieses ließe sich theoretisch in eine explizite Gleichung für den Kontaktradius a überführen, das wäre aber äußerst unhandlich. Die Bewegungsgleichung lässt sich auch nicht, wie im nicht-adhäsiven Fall, analytisch lösen. Allerdings kann man den maximalen Kontaktradius (und damit die gesamte Kontaktkonfiguration am Umkehrpunkt) und den Energieverlust während des Stoßes analytisch bestimmen, wie von Johnson und Pollock [9] sowie Thornton und Ning [10] demonstriert wurde.

Im Kapitel zu den kontaktmechanischen Grundlagen wurde dargelegt, dass sich im Moment der ersten Berührung durch die Wirkung der ab diesem Moment „spürbaren" Adhäsion spontan ein Kontaktgebiet mit dem Radius a_0 ausbildet, siehe Gl. (3.57). Der maximale Kontaktradius während des Stoßes ergibt sich daher aus der Lösung der Gleichung der einfachen Energiebilanz:

$$\frac{\tilde{m}}{2}v_0^2 = -\int_{a_0}^{a_{\max}} F_z\frac{dd}{da}da = \frac{8\tilde{E}}{15\tilde{R}^2}a_{\max}^5 - \frac{8}{3}\sqrt{\frac{\pi\Delta\gamma\tilde{E}}{2\tilde{R}^2}}a_{\max}^7 + \pi\Delta\gamma a_{\max}^2 + \frac{3}{5}\left[\frac{4(\pi\Delta\gamma)^5\tilde{R}^4}{\tilde{E}^2}\right]^{1/3}.\tag{5.35}$$

Während des Stoßes sind alle Deformationen elastisch, der Zustand $d = 0$ wird also mit der betragsmäßig gleichen Relativgeschwindigkeit erreicht, wie beim Aufprall. Allerdings wird der Kontakt erst aufgelöst, wenn er bei $d_c^{\text{WS}} < 0$ – siehe Gl. (3.60) – seine Stabilität verliert[4], wodurch zusätzliche Arbeit gegen die Wirkung der Adhäsion verrichtet werden muss. Der adhäsive Verlust an kinetischer Energie ist durch

$$\Delta U_{\mathrm{kin}} = \int_{a_0}^{a_c^{\mathrm{WS}}} F_z \frac{\mathrm{d}d}{\mathrm{d}a}\,\mathrm{d}a = -\frac{1}{10}\left(1 + \sqrt[3]{864}\right)\left[\frac{\tilde{R}^4(\pi\,\Delta\gamma)^5}{\tilde{E}^2}\right]^{1/3} \approx -0{,}613\left[\frac{81\,\tilde{R}^4(\pi\,\Delta\gamma)^5}{16\tilde{E}^2}\right]^{1/3}$$

$$(5.36)$$

gegeben, woraus sich wegen

$$\epsilon_z = \sqrt{1 + \frac{2\Delta U_{\mathrm{kin}}}{\tilde{m}v_0^2}}, \quad |\Delta U_{\mathrm{kin}}| \le \frac{mv_0^2}{2},$$

$$(5.37)$$

auch sofort die normale Stoßzahl ergibt. Der adhäsive Normalstoß hat also die interessante Eigenschaft, dass der Energie-Verlust während der Kollision nicht von der Stoßgeschwindigkeit abhängt. Die Stoßzahl wird daher für sinkende Kollisionsgeschwindigkeiten immer kleiner. Ist die Geschwindigkeit v_0 kleiner als die kritische Geschwindigkeit

$$v_c := \sqrt{\frac{2}{\tilde{m}}0{,}613\left[\frac{81\,\tilde{R}^4(\pi\,\Delta\gamma)^5}{16\tilde{E}^2}\right]^{1/3}},$$

$$(5.38)$$

bleiben die Kugeln aneinander kleben und lösen sich nicht wieder voneinander. Die Stoßzahl ist dann gleich Null.

Auf die gleiche Art und Weise erhält man für einen allgemeinen axialsymmetrischen Indenter mit einem Profil in der Form eines Potenzgesetzes mithilfe der Lösung des adhäsiven Normalkontaktproblems aus den Gl. (3.65) und (3.66) den adhäsiven Verlust an kinetischer Energie:

$$\Delta U_{\mathrm{kin}} = \frac{2 - 4n}{2n^2 + 3n + 1}\left[n + (n+1)(2n)^{\frac{4}{2n-1}}\right]\left(\frac{\pi\,\Delta\gamma}{2}\right)^{\frac{2n+1}{2n-1}}\left(\frac{1}{\tilde{E}n^2\beta^2(n)A^2}\right)^{\frac{2}{2n-1}}.$$

$$(5.39)$$

Dabei muss beachtet werden, dass diese Beziehung nur für $n > 1/2$ verwendet werden kann und ΔU_{kin} daher auch immer negativ ist.

---

[4]Für das Stoßproblem ist d der durch die Bewegung der Kugel vorgegebene Kontrollparameter, das Kontaktproblem muss daher unter weggesteuerten Bedingungen gelöst werden.

5.3.2 Homogene Medien mit Adhäsion nach Maugis (parabolischer Kontakt)

Mit der Lösung des Kontaktproblems aus Abschn. 3.3.3 kann man auch das Normalstoß-Problem mit Adhäsion in der Beschreibung von Maugis behandeln [11]. Es wird dabei im vorliegenden Abschnitt von den gleichen normierten Größen Gebrauch gemacht wie bei der Schilderung der Lösung des Kontaktproblems, alle verwendeten Notationen können daher im dritten Kapitel nachgeschlagen werden.

Der Stoß beginnt, wenn der Abstand zwischen dem Halbraum und dem Punkt des ersten Kontaktes auf dem Eindruckkörper kleiner ist als die Reichweite der Adhäsion, und damit bei einer normierten Eindrucktiefe von

$$\hat{d}_0 = -\frac{1}{\Lambda}. \tag{5.40}$$

Wenn der Stoß ohne direkten Kontakt beginnt, bildet sich nach Gl. (3.83) spontan eine adhäsive Zone mit dem Radius

$$\hat{b}_0 = \frac{64}{3\pi^2}\Lambda. \tag{5.41}$$

Nach der Ungleichung (3.81) sind solche Konfigurationen möglich, falls

$$\frac{3\pi^3}{2^9\Lambda^3} \geq 2 \quad \Rightarrow \quad \Lambda \leq 0{,}45. \tag{5.42}$$

Es ergeben sich also drei verschiedene Fälle: Für $\Lambda \leq 0{,}45$ beginnt und endet der Stoß ohne direkten Kontakt. Für $0{,}45 < \Lambda \leq 0{,}64$ – siehe Gl. (3.89) – beginnt der Stoß mit direktem Kontakt und endet ohne ihn. Für $\Lambda > 0{,}64$ beginnt und endet der Stoß mit direktem Kontakt.

Der Verlust an kinetischer Energie während des Stoßes, aus dem man mit Gl. (5.37) auch die Stoßzahl bestimmen kann, ergibt sich zu

$$\Delta U_{\mathrm{kin}} = \int_{-h_1}^{d_c^{\mathrm{WS}}} F_z \mathrm{d}d = \frac{15\sqrt[3]{3}}{4\left(1 + \sqrt[3]{864}\right)} |\Delta U_{\mathrm{kin}}^{\mathrm{JKR}}| \int_{-1/\Lambda}^{\hat{d}_c^{\mathrm{WS}}} \hat{F}_z \mathrm{d}\hat{d}, \tag{5.43}$$

mit dem in Gl. (5.36) angegebenen Verlust im JKR-Grenzfall. Zur Bestimmung des verbleibenden Integrals muss man die beschriebenen drei Fälle unterscheiden.

Fall 1: Stoß beginnt und endet ohne direkten Kontakt

Im Fall sehr kleiner Werte des Tabor-Parameters, für die der Stoß ohne direkten Kontakt beginnt und endet, kann man das Integral ohne Schwierigkeiten analytisch auswerten:

$$\int_{-1/\Lambda}^{\hat{d}_c^{\text{WS}}} \hat{F}_z \mathrm{d}\hat{d} = \int_{2\hat{b}_c^{\text{WS}}}^{\hat{b}_c^{\text{WS}}} 2\Lambda\hat{b}^2 \left(3\hat{b} - 3\hat{b}_c^{\text{WS}}\right) \mathrm{d}\hat{b} = -\frac{17}{2}\Lambda\left(\hat{b}_c^{\text{WS}}\right)^4 = -\frac{17\cdot 2^{19}}{3^4\pi^8}\Lambda^5 \approx -11{,}6\,\Lambda^5. \tag{5.44}$$

Fall 2: Stoß beginnt mit direktem Kontakt, endet ohne ihn

Falls der Stoß mit direktem Kontakt beginnt, aber ohne ihn endet, zerfällt das Integral in zwei Teile,

$$\int_{-1/\Lambda}^{\hat{d}_c^{\text{WS}}} \hat{F}_z \mathrm{d}\hat{d} = \int_{-1/\Lambda}^{\hat{d}_{a0}} \hat{F}_z \mathrm{d}\hat{d} + \int_{\hat{d}_{a0}}^{\hat{d}_c^{\text{WS}}} \hat{F}_z \mathrm{d}\hat{d}, \tag{5.45}$$

mit der Eindrucktiefe $\hat{d}_{a0}$ aus Gl. (3.85), bei der der direkte Kontakt endet. Den Beitrag ohne direkten Kontakt kann man wiederum analytisch bestimmen:

$$\int_{\hat{d}_{a0}}^{\hat{d}_c^{\text{WS}}} \hat{F}_z \mathrm{d}\hat{d} = -\frac{2^{19}\Lambda^5}{3^4\pi^8}\left(3K^4 - 4K^3 + 1\right), \quad K := 1 - \frac{\pi}{2} + \sqrt{\left(1 - \frac{\pi}{2}\right)^2 + \frac{3\pi^4}{2^9\Lambda^3}}. \tag{5.46}$$

Den Beitrag aus der Phase mit direktem Kontakt muss man numerisch ermitteln. Dazu wird mithilfe der Gl. (3.76) bis (3.78) die Normalkraft als Funktion der Eindrucktiefe bestimmt und anschließend numerisch integriert.

Fall 3: Stoß beginnt und endet mit direktem Kontakt

Für den Fall großer Werte des Tabor-Parameters muss man das gesamte Integral auf dem oben beschriebenen Weg numerisch bestimmen.

Überschätzung des Hystere-Verlustes durch die JKR-Theorie

Der so bestimmte adhäsive Energieverlust hängt, normiert auf den Wert im JKR-Grenzfall, nur von dem Tabor-Parameter ab und ist in Abb. 5.2 dargestellt. Offensichtlich ist der Verlust für einen endlichen Wert des Tabor-Parameters immer kleiner als im JKR-Grenzfall. Auch für $\Lambda = 4$, dies entspricht einem „ursprünglichen" Tabor-Parameter von $\lambda_T \approx 5$, was im Allgemeinen bereits als ausreichend gute Näherung des JKR-Falles betrachtet wird, überschätzt das JKR-Ergebnis den Energieverlust um mehr als 10 %. Ciavarella et al. [12] gaben an, dass bei der Verwendung des Lennard-Jones-Potentials und der dazugehörigen adhäsiven Spannung (3.47) der Hysterese-Verlust bei $\lambda_T = 5$ sogar nur knapp 50 % des JKR-Ergebnisses beträgt. Dies liegt daran, dass durch die mit der Entfernung zwar gegen Null konvergierende aber niemals gänzlich verschwindende adhäsive Spannung der instabile Sprung in den Kontakt deutlich früher erfolgt, als durch die JKR- oder auch die Maugis-Theorie vorhergesagt [13].

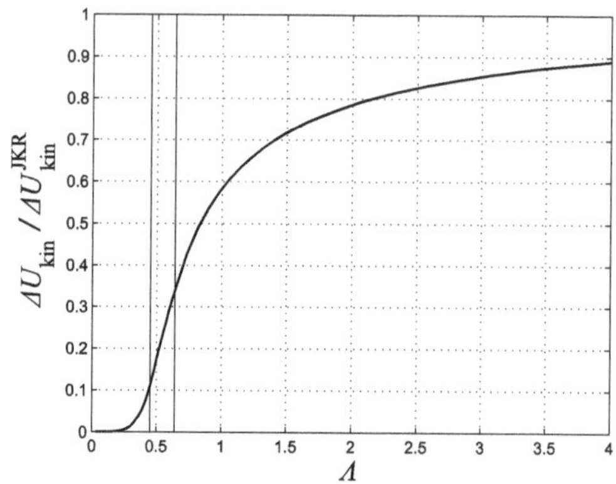

Abb. 5.2 Adhäsiver Verlust an kinetischer Energie für den Normalstoß von Kugeln mit Adhäsion nach Maugis, normiert auf den Wert im JKR-Grenzfall als Funktion des Tabor-Parameters Λ. Die durchgezogenen vertikalen Linien bezeichnen die Bereichsgrenzen der im Text beschriebenen Fälle

5.3.3   Funktionale Gradientenmedien mit JKR-Adhäsion

Völlig analog zum homogenen Fall kann man auch für Gradientenmedien mit einer Gradierung in der Form eines Potenzgesetzes, basierend auf der bekannten Kontaktlösung, den JKR-adhäsiven Normalstoß behandeln [14]. Die Bewegungsgleichung für den parabolischen Fall ist mit der Lösung des entsprechenden Kontaktproblems aus den Gl. (3.245) und (3.246) implizit durch die Zusammenhänge

$$\tilde{m}\ddot{d} = -\frac{4c_N a^{3+k}}{(1+k)^2(3+k)\tilde{R}} + \frac{2}{1+k}\sqrt{2\pi c_N \Delta\gamma a^{3+k}}, \tag{5.47}$$

$$d = \frac{a^2}{(1+k)\tilde{R}} - \sqrt{\frac{2\pi a^{1-k}\Delta\gamma}{c_N}} \tag{5.48}$$

gegeben. Der maximale Kontaktradius während des Stoßes ergibt sich als Lösung der Gleichung

$$\frac{\tilde{m}}{2}v_0^2 = \frac{8c_N a_{\max}^{5+k}}{(1+k)^3(3+k)(5+k)\tilde{R}^2} - \frac{4}{(1+k)^2(3+k)\tilde{R}}\sqrt{2\pi\Delta\gamma c_N a_{\max}^{7+k}} + \frac{1-k}{1+k}\pi\Delta\gamma a_{\max}^2 + \Delta U_0, \tag{5.49}$$

mit

$$\Delta U_0 := \frac{3+k}{5+k}\left[\frac{4(\pi\Delta\gamma)^{5+k}\tilde{R}^4(1+k)^4}{c_N^2}\right]^{\frac{1}{3+k}}. \tag{5.50}$$

Der adhäsive Verlust an kinetischer Energie während des Stoßes beträgt

$$\Delta U_{\mathrm{kin}} = -\Delta U_0\left[1 + 2^{-\frac{8}{3+k}}\frac{2+k}{(1+k)(3+k)}(1-k)^{\frac{7+k}{3+k}}\right]. \tag{5.51}$$

Normiert man das auf das Ergebnis im homogenen Fall ergibt sich

$$\frac{\Delta U_{\text{kin}}}{\Delta U_{\text{kin}}^{k=0}} = \frac{10 \cdot 2^{2/3}(3+k)(1+k)^{\frac{4}{3+k}}}{(5+k)\left(1+\sqrt[3]{864}\right)} \left[\frac{\tilde{E}_0}{c_N \left(a_0^{k=0}\right)^k}\right]^{\frac{2}{3+k}} \left[1 + 2^{-\frac{8}{3+k}} \frac{2+k}{(1+k)(3+k)}(1-k)^{\frac{7+k}{3+k}}\right],$$

$$(5.52)$$

was in logarithmischen Ausdrücken als

$$\log\left(\frac{\Delta U_{\text{kin}}}{\Delta U_{\text{kin}}^{k=0}}\right) = C_1(k) + \frac{2}{3+k}\log\left[\frac{\tilde{E}_0}{c_N \left(a_0^{k=0}\right)^k}\right] \qquad (5.53)$$

geschrieben werden kann. Man erkennt, dass der Verlust jeweils für weiche Oberflächen ($k > 0$) mit flacherer Gradierung und für harte Oberflächen ($k < 0$) mit tieferer Gradierung kleiner wird. Ein kleinerer adhäsiver Energieverlust geht dabei wegen Gl. (5.27) allerdings mit höheren maximalen Kontaktspannungen einher.

5.4 Viskoelastischer Normalstoß ohne Adhäsion

In diesem Unterkapitel wird der viskoelastische Normalstoß für unterschiedliche linear-viskoelastische Medien untersucht. Dabei finden die im dritten Kapitel eingeführten klassischen viskoelastischen Materialmodelle Anwendung. An gegebener Stelle werden die theoretischen Vorhersagen mit experimentellen Ergebnissen verglichen.

Da viskoelastische Medien häufig weich aber fest sind, gewinnt bei stoßartigen Belastungen dieser Materialien die Wellenausbreitung an Bedeutung. Diese wird trotzdem weiterhin vernachlässigt, d. h. es werden auch im Folgenden nur quasistatische Prozesse untersucht.

5.4.1 Inkompressibles Kelvin-Voigt-Medium

Man betrachte zunächst das Kelvin-Voigt-Medium. Dies stellt den einfachsten und, wie sich später ergibt, wichtigsten Fall dar. Im Folgenden werden der Flachstempelkontakt und der parabolische Kontakt genauer untersucht, die gezeigten Methoden kann man aber für beliebige konvexe, axialsymmetrische Eindruckkörper verwenden.

Flachstempel-Kontakt
Der gerade Normalstoß eines starren flachen zylindrischen Stempels mit dem Radius a und der Masse $\tilde{m}$ auf einen inkompressiblen viskoelastischen Halbraum, der sich als linearer

Kelvin-Voigt-Körper mit dem Schubmodul G und der Scherviskosität η modellieren lässt, wurde von Butcher und Segalman [15], Schwager und Pöschel [16] und Argatov [17] gelöst[5].

Die Bewegungsgleichung für die Eindrucktiefe d durch den Stempel ist unter quasistatischen Bedingungen und mithilfe der in früheren Kapiteln hergeleiteten kontaktmechanischen Ergebnisse durch

$$\tilde{m}\ddot{d} + 8\eta a \dot{d} + 8Gad = 0 \tag{5.54}$$

gegeben. Es ist nützlich, die Kürzel

$$D\omega_0 := \frac{4\eta a}{\tilde{m}}, \quad \omega_d := \omega_0\sqrt{1 - D^2}, \quad \omega_0^2 := \frac{8Ga}{\tilde{m}} \tag{5.55}$$

einzuführen. Vergleicht man dabei mit dem komplexen Modul des Kelvin-Voigt-Mediums aus Gl. (3.187) wird deutlich, dass das Dämpfungsmaß D als

$$2D = \frac{\eta\omega_0}{G} = \frac{\mathrm{Im}\left[\hat{G}(\omega_0)\right]}{\mathrm{Re}\left[\hat{G}(\omega_0)\right]}, \tag{5.56}$$

d. h. als Verhältnis des Verlust- und Speichermoduls bei $\omega = \omega_0$, gedeutet werden kann. Diese Deutung ist, wie im weiteren Verlauf gezeigt werden wird, in dieser allgemeinen Form auch für andere viskoelastische Materialmodelle zumindest eine gute Näherung.

Die Lösung der Bewegungsgleichung (5.54) mit den Anfangsbedingungen (5.6) ist elementar. Man erhält im Fall schwacher Dämpfung (also für $D < 1$)

$$d(t) = \frac{v_0}{\omega_d} \exp\left(-D\omega_0 t\right) \sin\left(\omega_d t\right). \tag{5.57}$$

Der Stoß endet, falls die Normalkraft verschwindet[6]. Dies resultiert in der Forderung

$$\tan\left(\omega_d T_S\right) = \frac{2D\sqrt{1 - D^2}}{D^2 - \left(1 - D^2\right)} \tag{5.58}$$

für die Stoßdauer T_S. Mithilfe des Additionstheorems

$$\tan(2x) = \frac{2\tan x}{1 - \tan^2 x} \tag{5.59}$$

---

[5]In den genannten Publikationen wurden dabei teilweise etwas andere, aber kontaktmechanisch äquivalente Problemstellungen bearbeitet; da der Flachstempel-Kontakt linear ist, entspricht das Problem einfach einer Punktmasse, die mit einem linearen Kelvin-Voigt-Element gegen eine starre Wand stößt.

[6]Man beachte, dass in manchen Publikationen die elastische Bedingung $d = 0$ verwendet wird, die allerdings zu unphysikalischen Zugkräften im Kontakt und damit zu deutlich kleineren Stoßzahlen führt.

Abb. 5.3 Stoßzahl als
Funktion des Dämpfungsmaßes
D für den Normalstoß eines
starren Flachstempels auf ein
Kelvin-Voigt-Medium

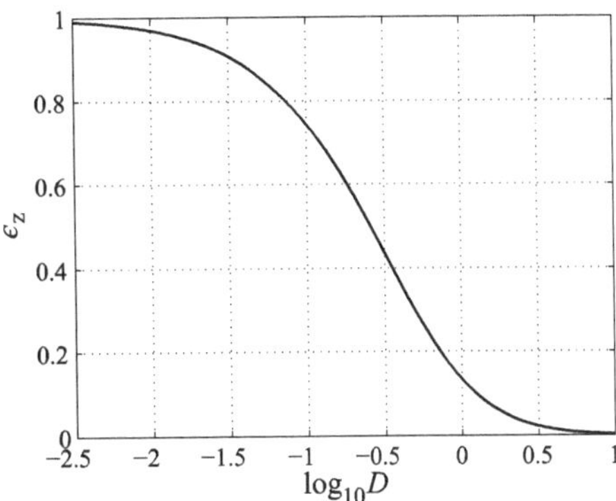

erhält man damit die Stoßdauer

$$T_S = \frac{2}{\omega_d} \arctan\left(\frac{\sqrt{1-D^2}}{D}\right) \tag{5.60}$$

und die Stoßzahl

$$\epsilon_z = \exp\left(-D\omega_0 T_S\right) = \exp\left[-\frac{2D}{\sqrt{1-D^2}} \arctan\left(\frac{\sqrt{1-D^2}}{D}\right)\right], \quad D < 1. \tag{5.61}$$

Der stark gedämpfte Fall $D > 1$ wurde in den genannten Publikationen nicht untersucht.
Man erhält aber völlig analog[7]

$$\epsilon_z = \exp\left[-\frac{2D}{\sqrt{D^2-1}} \operatorname{artanh}\left(\frac{\sqrt{D^2-1}}{D}\right)\right], \quad D > 1, \tag{5.62}$$

und im aperiodischen Grenzfall ganz einfach

$$\epsilon_z = \exp(-2), \quad D = 1. \tag{5.63}$$

Abb. 5.11 zeigt die Stoßzahl als Funktion des Dämpfungsmaßes D in logarithmischer Skalierung.

Parabolischer Kontakt

Für den Normalstoß eines parabolischen Körpers mit dem Krümmungsradius $\tilde{R}$ ist die
Lösung komplizierter, da sich der Kontaktradius a während des Stoßes ändert. Er hat am
Ende der Kompressionsphase ein einzelnes Maximum, daher müssen die Kompressions-
und die Restitutionsphase getrennt voneinander betrachtet werden.

---

[7]Tatsächlich ist die ganze Herleitung für schwache Dämpfung auch für imaginäre Werte von ω_d
korrekt.

Während der Kompressionsphase ist die Lösung des Kontaktproblems, wegen der Gl. (3.202) und (3.203) sowie der Materialfunktion (3.186) des Kelvin-Voigt-Mediums, durch

$$F_z(t) = -\frac{16G}{3}\frac{a^3(t)}{\tilde{R}} - 16\eta\frac{a^2(t)}{\tilde{R}}\dot{a}, \tag{5.64}$$

$$\tilde{R}d(t) = a^2(t) \tag{5.65}$$

gegeben. Damit erhält man die Bewegungsgleichung

$$\tilde{m}\ddot{d} + 8\eta\sqrt{\tilde{R}d}\,\dot{d} + \frac{16G}{3}\sqrt{\tilde{R}d^3} = 0. \tag{5.66}$$

Während der Restitutionsphase behält Gl. (5.64) zwar ihre Gültigkeit, doch Gl. (5.65) muss man wegen Gl. (3.206) durch

$$\tilde{R}d(t) = a^2(t) - \tau\int_{t_m}^{t}\left[1 - \exp\left(\frac{t'-t}{\tau}\right)\right]\frac{\mathrm{d}^2}{\mathrm{d}t'^2}a^2(t')\mathrm{d}t', \tag{5.67}$$

mit der charakteristischen Kriechzeit $\tau := \eta/G$, ersetzen.

Kuwabara und Kono [18] schlugen ein Modell für den Stoß vor, das später von einer Gruppe um Brilliantov und Pöschel in einer Serie von Publikationen [19–22] analysiert wurde, und bei dem die einfache Form der Bewegungsgleichung in der Kompressionsphase auch für die Restitutionsphase verwendet wird. Dies ist aus kontaktmechanischer Sicht leicht fehlerhaft[8] – die Normalkraft in der Restitutionsphase und damit die Stoßzahl werden systematisch unterschätzt – hat dafür aber den Vorteil, dass die Bewegungsgleichung während des gesamten Stoßes in expliziter Form bekannt und das entstehende Modell daher mathematisch sehr leicht lösbar ist. Es lässt sich deswegen einfach z. B. in molekulardynamische Simulationen granularer Medien integrieren.

Durch eine dimensionsfreie Formulierung des Bewegungsgleichungssystems kann man leicht zeigen, dass die Stoßzahl ausschließlich von dem Parameter

$$\delta := \eta\left(\frac{\tilde{R}v_0}{\tilde{m}^2G^3}\right)^{1/5} \tag{5.68}$$

abhängt. Dieser gibt, bis auf einen konstanten Faktor der Größenordnung Eins, das Verhältnis zwischen den beiden inhärenten Zeitskalen des Problems wieder, der Kriechzeit τ des Kelvin-Voigt-Mediums und der elastischen Stoßdauer nach Gl. (5.12).

---

[8]Einen ähnlichen Fehler bei der Behandlung des viskoelastischen Problems – die Vernachlässigung der Tatsache, dass die Kompressions- und Restitutionsphase getrennt voneinander betrachtet werden müssen – begeht in seiner Arbeit auch Pao [23].

In Abb. 5.4 ist die Stoßzahl als Funktion des einzigen Parameters δ gezeigt, einmal nach der kontaktmechanisch rigorosen Beschreibung (gelöst durch die MDR, siehe [24]) und einmal nach dem Modell von Kuwabara & Kono. Man erkennt die systematische Unterschätzung der Stoßzahl durch das zweite Modell, der Unterschied ist allerdings sehr gering. Man muss dabei in Betracht ziehen, dass die Untersuchung des Stoßproblems mit dem Kuwabara-Kono-Modell einfacher und weniger rechenintensiv ist als die Lösung der aus kontaktmechanischer Sicht exakteren Gleichungen. Außerdem unterscheiden sich beide Verläufe nur sehr schwach von der in Abb. 5.3 gezeigten analytischen Lösung für den Flachstempel.

Der Energieverlust während des Stoßes ist durch

$$\Delta U_{\mathrm{kin}} = -8\eta \int\limits_{0}^{T_S} a \dot{d}^2 \mathrm{d}t \tag{5.69}$$

bestimmt. Für sehr kleine Verluste kann man in erster Näherung annehmen, dass der Kontaktradius und die Eindrucktiefe als Funktionen der Zeit durch die jeweilige elastische Lösung – siehe Gl. (5.11) – gegeben sind. Man erhält dann in erster Näherung für den Energieverlust

$$\Delta U_{\mathrm{kin}} \approx -\frac{32}{5} \mathrm{B}\left(\frac{3}{5}, \frac{3}{2}\right) \eta v_0 \sqrt{\tilde{R}} \left(\frac{15 \tilde{m} v_0^2}{64 G \sqrt{\tilde{R}}}\right)^{3/5}, \tag{5.70}$$

mit der im Anhang erläuterten Beta-Funktion B, und für die Stoßzahl

$$\epsilon_z \approx 1 + \frac{\Delta U_{\mathrm{kin}}}{\tilde{m} v_0^2} \approx 1 - \frac{32}{5} \mathrm{B}\left(\frac{3}{5}, \frac{3}{2}\right) \left(\frac{15}{64}\right)^{3/5} \delta. \tag{5.71}$$

Diese Näherungslösung wurde bereits von Kuwabara und Kono [18] angegeben – in der Näherung ist ihr Modell natürlich äquivalent zu der kontaktmechanisch rigorosen Beschreibung. Die weiteren Glieder der Reihenentwicklung von ϵ_z in Potenzen von δ wurden für das Kuwabara-Kono-Modell von Ramírez et al. [20] und Schwager und Pöschel [21] bestimmt.

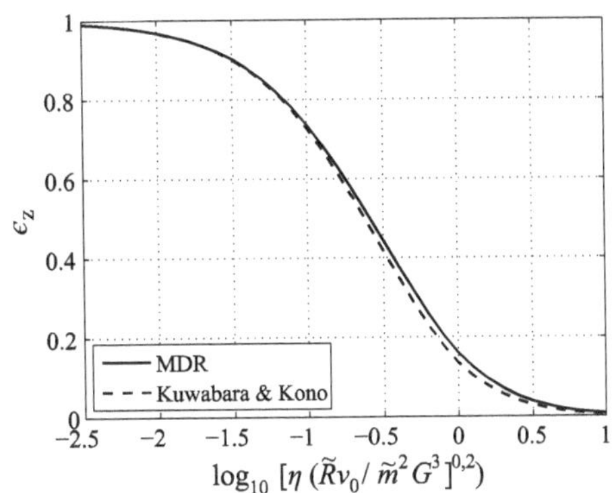

Abb. 5.4 Stoßzahl als Funktion des bestimmenden Parameters für den Normalstoß einer starren Kugel auf ein Kelvin-Voigt-Medium. MDR-Lösung des rigorosen Modells [24] und Lösung für das Modell von Kuwabara & Kono

Abb. 5.5 Die Größen des in Abb. 5.4 gezeigten Diagramms für sehr kleine Dämpfungsverluste. Die durchgezogene Linie beschreibt die analytische Näherung (5.71)

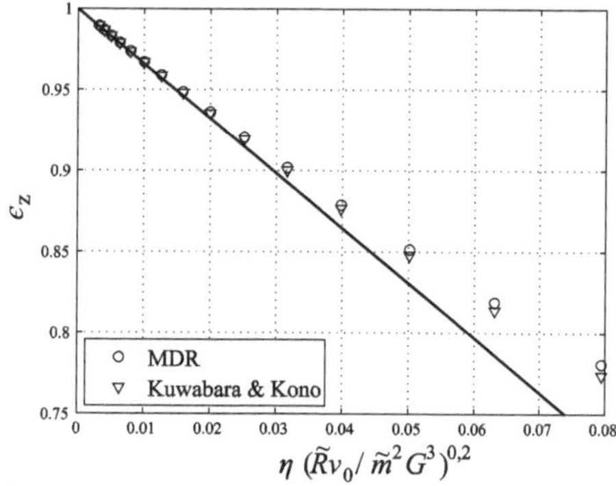

In Abb. 5.5 ist die Stoßzahl nach beiden Modellen für den Bereich sehr kleiner Verluste, gemeinsam mit der Näherung (5.71), gezeigt. Man erkennt, dass die lineare Näherung für $\delta < 0{,}01$ sehr gut mit der vollständigen Lösung übereinstimmt.

Weitere Modelle für den parabolischen Kontakt

Für den Normalstoß zwischen viskoelastischen Kugeln wurden in der Literatur außerdem mehrere weitere Modelle vorgeschlagen, die zwar aus kontaktmechanischer Sicht zumindest fragwürdig sind, aber durch das Anpassen der freien Parameter auch gut mit experimentellen Ergebnissen in Einklang gebracht werden können und teilweise eigene Vorteile besitzen. Für diese Modelle, die meist aus dem Kontext der Simulation granularer Medien stammen, lässt sich das Kraftgesetz in der Regel verallgemeinert als

$$F_z = -\frac{16G}{3}\sqrt{\tilde{R}d^3} - \lambda d^\beta \dot{d}, \tag{5.72}$$

schreiben. Abgesehen davon, dass bereits der elastische Anteil dieser Kraft während der Restitutionsphase, wie oben beschrieben, nicht ganz korrekt ist, unterscheiden sich die Modelle vor allem in der Wahl des Exponenten β des Dämpfungsterms.

Der Fall $\beta = 0$ entspricht linearer Dämpfung – der einfachsten Variante, um dem System durch Viskosität Energie zu entziehen – und wurde deswegen von Lee und Herrmann [25] vorgeschlagen, um ein einfaches Stoßmodell für die Integration in molekulardynamische Simulationen granularer Medien zu erhalten. Ray et al. [26] gaben eine analytische Näherungslösung der entstehenden Bewegungsgleichung in Form einer Reihenentwicklung an.

Von Hunt und Crossley [27] stammt der Vorschlag $\beta = 3/2$, in Korrespondenz zu dem Exponenten in dem Kraftgesetz des elastischen Anteils.

Tsuji et al. [28] untersuchten die Wahl $\beta = 1/4$. Das hat den Hintergrund, dass der dominierende Parameter für den Stoß eines Flachstempels (siehe oben) durch $\eta/\sqrt{\tilde{m}Ga}$ gegeben ist. Wählt man daher

$$\lambda d^{\beta} = \alpha \left(\tilde{m} G \sqrt{\tilde{R} d} \right)^{1/2}, \tag{5.73}$$

wird die sich ergebende Stoßzahl nur von der Wahl des dimensionsfreien Parameters α abhängen und nicht von den Eigenschaften des Systems oder der Stoßgeschwindigkeit.

5.4.2 Vergleich mit experimentellen Ergebnissen

Van Zeebroeck et al. [29] untersuchten das Stoßverhalten von Gummi und verschiedenen Biomaterialien in Rückprallversuchen mit einem Pendel. Sie bestimmten dabei die Eindrucktiefe, Geschwindigkeit und Normalkraft als Funktionen der Zeit während der Kollisionen und verglichen ihre experimentellen Ergebnisse mit den Vorhersagen des Modells von Kuwabara und Kono, dessen Parameter die Autor*innen allerdings durch Optimierungsverfahren ermittelten, um eine möglichst gute Übereinstimmung mit den Experimenten zu erzielen. An dieser Stelle sollen die experimentellen Ergebnisse von Van Zeebroeck et al. mit den Vorhersagen des Kuwabara-Kono-Modells und der aus kontaktmechanischer Sicht „korrekteren" Beschreibung des viskoelastischen Stoßproblems (gelöst durch die MDR) verglichen werden, ohne Gebrauch von optimierten Modellparametern zu machen. Zu diesem Zweck kann man zunächst bemerken, dass die Zeitverläufe der gesuchten Größen unter Verwendung der Skalierung

$$\hat{d} := \frac{d}{d_0}, \quad d_0 := \left(\frac{15 \tilde{m} v_0^2}{64 G \sqrt{\tilde{R}}} \right)^{2/5}, \quad \hat{t} := \frac{v_0 t}{d_0}, \quad \hat{F}_z := \frac{F_z d_0}{\tilde{m} v_0^2} \tag{5.74}$$

für beide Modelle nur von dem in Gl. (5.68) definierten Parameter δ, beziehungsweise von der Stoßzahl ϵ_z, abhängen. Gibt man daher die Stoßzahl für die Modelle vor, sind die skalierten Verläufe der gesuchten Größen vollständig festgelegt. Zur Reskalierung auf die experimentellen Ergebnisse wurde außerdem angenommen, dass die Anfangsgeschwindigkeit, die maximale Eindrucktiefe und die maximale Normalkraft im Modell mit den experimentell ermittelten Werten übereinstimmen sollen. Ansonsten wurde keine weitere Parameteranpassung vorgenommen.

Van Zeebroeck et al. gaben die Zeitverläufe für die Versuche mit Gummihalbkugeln und (ungeschälten) halbierten Kartoffeln an. Die jeweiligen zur Skalierung der Modelle verwendeten Parameter sind in Tab. 5.1 gegeben.

Tab. 5.1 Die zur Skalierung der theoretischen Modelle verwendeten Größen für den Vergleich mit den experimentellen Ergebnissen von Van Zeebroeck et al.

Material	ϵ_z	v_0 [m/s]	d_0 [mm]	$\tilde{m}$ [g]
Gummi	0,71	0,2	1,06	279
Kartoffel	0,56	0,4	1,51	320

Die Abb. 5.6 und 5.7 zeigen die Verläufe der Eindrucktiefe als Funktion der Zeit für die beiden theoretischen Modelle im Vergleich mit den experimentellen Ergebnissen. Die Übereinstimmung zwischen der theoretischen Vorhersage und dem Experiment ist sehr gut, dabei unterscheiden sich die beiden untersuchten Modelle nur sehr geringfügig voneinander. Diese überschätzen die Stoßdauer, außerdem ist die Übereinstimmung bei den Versuchen mit Gummi besser als bei denen mit den halbierten Kartoffeln. Dies ist vermutlich auf deren unregelmäßigere Form und den Einfluss der Schale zurückzuführen.

Die Übereinstimmung zwischen Theorie und Experiment für die Verläufe der Eindruckgeschwindigkeit ist ebenso gut wie im Fall der Eindrucktiefe, da in den Experimenten die Geschwindigkeit nicht separat gemessen, sondern durch diskrete Differenzierung aus den Verschiebungsdaten bestimmt wurde. Die entsprechenden Diagramme sind deswegen an dieser Stelle aus Platzgründen ausgespart.

In den Abb. 5.8 und 5.9 sind die Verläufe der im Experiment gesondert gemessenen Normalkräfte und die entsprechenden theoretischen Vorhersagen gezeigt. Die Übereinstimmung ist zwar schlechter als bei den Verschiebungen und Geschwindigkeiten (besonders im Fall der Experimente mit Kartoffelhälften), aber trotzdem noch zufriedenstellend. Insbesondere muss man kritisch anmerken, dass im Experiment der Zeitpunkt der Bewegungsumkehr am

Abb. 5.6 Verlauf der Eindrucktiefe als Funktion der Zeit für den Stoß einer Gummihalbkugel auf eine starre Platte. Theoretische Vorhersage und experimentelle Ergebnisse

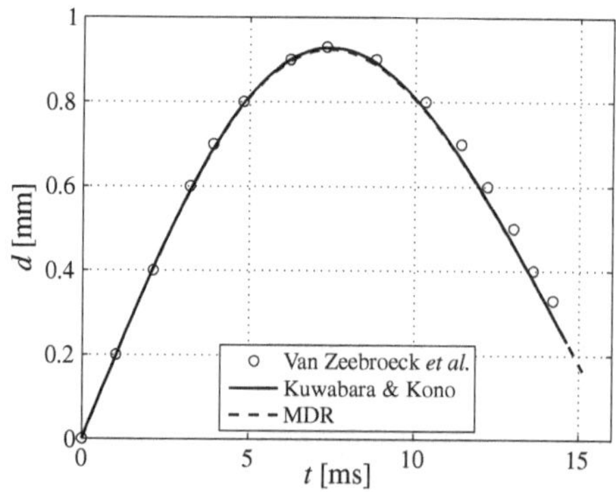

Abb. 5.7 Verlauf der Eindrucktiefe als Funktion der Zeit für den Stoß einer Kartoffelhälfte auf eine starre Platte. Theoretische Vorhersage und experimentelle Ergebnisse

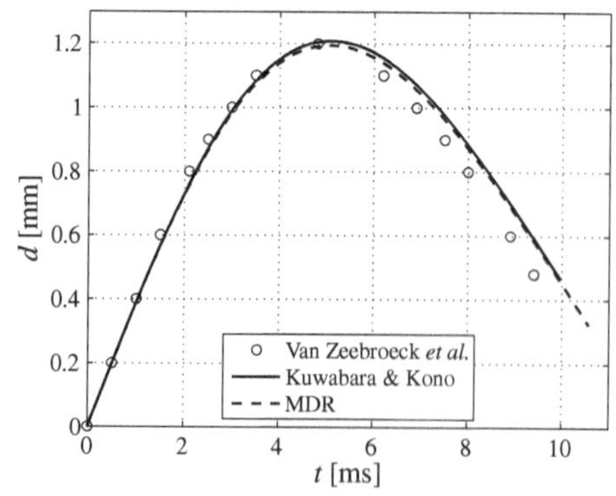

Abb. 5.8 Verlauf der
Normalkraft als Funktion der
Zeit für den Stoß einer
Gummihalbkugel auf eine
starre Platte. Theoretische
Vorhersage und experimentelle
Ergebnisse

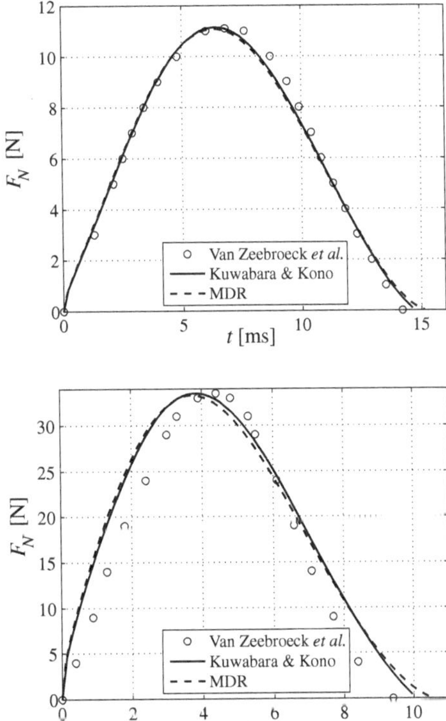

Abb. 5.9 Verlauf der
Normalkraft als Funktion der
Zeit für den Stoß einer
Kartoffelhälfte auf eine starre
Platte. Theoretische Vorhersage
und experimentelle Ergebnisse

Ende der Kompressionsphase nicht mit dem Zeitpunkt der maximalen Normalkraft übereinstimmt; dadurch fällt die Normalkraft zu Beginn der Restitutionsphase in den Modellen
systematisch kleiner aus als im Experiment gemessen.

5.4.3 Inkompressibles Standardmedium

Das Kelvin-Voigt-Medium mit seiner unendlich schnellen Spannungsrelaxation und der
damit einhergehenden Separierung von elastischen und viskosen Eigenschaften ist nur eine
sehr grobe Näherung tatsächlichen viskoelastischen Materialverhaltens. Die nächstbessere
Näherung besteht in der Berücksichtigung der finiten Zeitskala der Spannungsrelaxation;
es ergibt sich dann das sogenannte Standardmedium mit dem in Gl. (3.191) gegebenen
zeitabhängigen Schubmodul

$$G(t) = G_\infty + G_1 \exp\left(-\frac{t}{\tau}\right), \quad \tau := \frac{\eta}{G_1}. \tag{5.75}$$

Im Folgenden wird für dieses Materialmodell wiederum das Normalstoßproblem mit einem starren Rückprallkörper der Masse $\tilde{m}$ und der Anfangsgeschwindigkeit v_0 betrachtet, wobei als Rückprallkörper ein zylindrischer Flachstempel und eine Kugel in der parabolischen Profilnäherung Verwendung finden.

Flachstempel-Kontakt

Da der Kontakt mit einem starren zylindrischen Stempel mit dem Radius a vollständig linear ist, kann er durch ein einzelnes lineares rheologisches Element abgebildet werden. Das in Abb. 5.10 gezeigte Modell ist daher ein exaktes Abbild des zu untersuchenden Stoßproblems.

Die Bewegungsgleichungen für die beiden Freiheitsgrade d und $\tilde{d}$ sind

$$0 = \tilde{m}\ddot{d} + 8G_\infty a d + 8G_1 a d, \tag{5.76}$$

$$0 = G_1\tilde{d} + \eta\left(\dot{\tilde{d}} - \dot{d}\right). \tag{5.77}$$

Mit den dimensionslosen Größen

$$\hat{t} := \sqrt{\frac{8aG_\infty}{\tilde{m}}}\,t, \quad \hat{d} := \frac{1}{v_0}\sqrt{\frac{8aG_\infty}{\tilde{m}}}\,d \tag{5.78}$$

kann dies in die Gleichung dritter Ordnung

$$0 = \frac{\mathrm{d}^3\hat{d}}{\mathrm{d}\hat{t}^3} + \frac{1}{\beta\delta}\frac{\mathrm{d}^2\hat{d}}{\mathrm{d}\hat{t}^2} + \left(1 + \frac{1}{\beta}\right)\frac{\mathrm{d}\hat{d}}{\mathrm{d}\hat{t}} + \frac{1}{\beta\delta}\hat{d}, \quad \beta := \frac{G_\infty}{G_1}, \quad \delta := \eta\sqrt{\frac{8a}{\tilde{m}G_\infty}}, \tag{5.79}$$

mit den Anfangsbedingungen

$$\hat{d}(0) = 0, \quad \frac{\mathrm{d}\hat{d}}{\mathrm{d}\hat{t}}(0) = 1, \quad \frac{\mathrm{d}^2\hat{d}}{\mathrm{d}\hat{t}^2}(0) = 0, \tag{5.80}$$

umgeformt werden. Der Stoß endet, falls die Normalkraft verschwindet, das heißt, wenn

$$\frac{\mathrm{d}^2\hat{d}}{\mathrm{d}\hat{t}^2}(\hat{T}_S) = 0, \quad T_S > 0. \tag{5.81}$$

Die zu Gl. (5.79) gehörige voll-kubische Eigenwertgleichung kann man theoretisch geschlossen analytisch lösen, wie Argatov [17] demonstrierte, allerdings ist das Ergebnis und die

Abb. 5.10 Rheologisches Modell des Normalstoßes eines starren zylindrischen Stempels auf ein Standardmedium

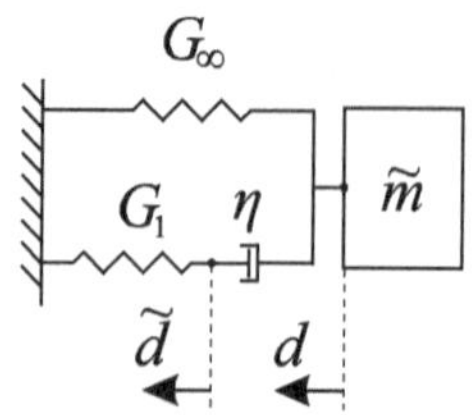

Abb. 5.11 Konturlinien-Diagramm der Stoßzahl eines starren zylindrischen Stempels auf ein Standardmedium in Abhängigkeit der beiden definierenden dimensionslosen Parameter in logarithmischer Skalierung

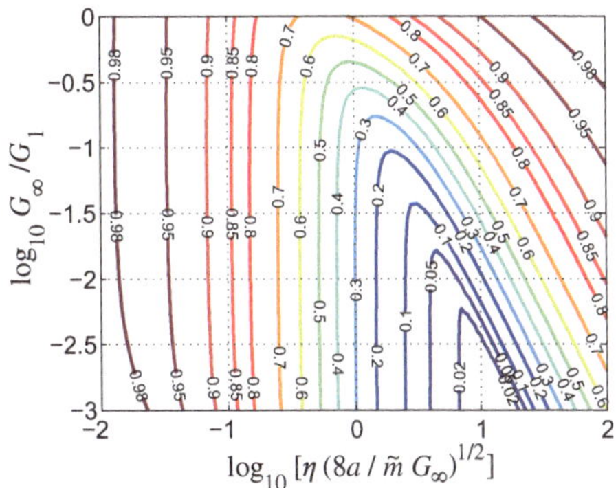

Bestimmung der sich ergebenden Stoßzahl so umständlich, dass eine numerische Lösung einfacher erscheint. Die Stoßzahl als Funktion der beiden einzigen dimensionslosen Parameter β und δ ist als doppel-logarithmisches Konturlinien-Diagramm in Abb. 5.11 gezeigt. Für $\beta = 0$ ergibt sich das oben bereits untersuchte Kelvin-Voigt-Medium. Da der statische Modul von Elastomeren in der Regel mehrere Größenordnungen kleiner ist als der Glasmodul, wurden nur Werte von β zwischen 10^{-3} und Eins berücksichtigt. Man erkennt, dass für Werte $\delta < 1$ die Stoßzahl fast nicht von β abhängt, das Verhalten also mit dem des Kelvin-Voigt-Mediums zusammenfällt. Für sehr große Werte von δ nimmt die Stoßzahl wieder zu. Dies liegt daran, dass sich das Standardmedium auf sehr kurzen Zeitskalen wie ein elastischer Körper verhält. Warum man dies in Experimenten nicht beobachtet, wird bei der Betrachtung des Kelvin-Maxwell-Mediums im nächsten Abschnitt deutlich.

Von Butcher und Segalman [15] und Argatov [17] stammen asymptotische Störungsrechnungen erster Ordnung für das Stoßproblem in der Nähe des Kelvin-Voigt-Mediums ($G_1 \to \infty$) und von Argatov [17] in der Nähe des Maxwell-Mediums ($G_\infty \to 0$).

Lösung durch Rückführung auf das Kelvin-Voigt-Medium

Da der komplexe Modul eines viskoelastischen Mediums, abgesehen von Materialparametern, nur von der Frequenz abhängt, kann jedes viskoelastische Medium bei einer harmonischen Anregung mit konstanter Kreisfrequenz ω_0 als Kelvin-Voigt-Medium betrachtet werden, indem der Realteil des komplexen Moduls bei der gegebenen Frequenz (der Speichermodul) als G_∞ und der Imaginärteil (der Verlustmodul) als $\eta\omega_0$ eines Kelvin-Voigt-Mediums gedeutet werden.

Die Indentierungstiefe in viskoelastischen Stößen folgt im Allgemeinen keinem exakt harmonischen Zeitverlauf; allerdings haben Stoßprobleme eine charakteristische Zeitskala, daher liegt es nahe, das allgemeine viskoelastische Stoßproblem durch die Rückführung auf ein Problem mit einem geeigneten Kelvin-Voigt-Medium zu lösen. Dies soll hier als Beispiel anhand des Stoßes eines Flachstempels auf ein Standard-Medium demonstriert werden, für den man oben die exakte Lösung nachschlagen kann.

Wählt man als charakteristische Zeitskala die Dauer des elastischen Stoßes mit $G = G_\infty$ ist die charakteristische Kreisfrequenz der Bewegung durch

$$\omega_0 = \sqrt{\frac{8 G_\infty a}{\tilde{m}}} \tag{5.82}$$

bestimmt. Mit dem in Gl. (3.193) gegebenen komplexen Modul des Standardmediums und den in Gl. (5.79) eingeführten dimensionslosen Parametern β und δ ist das in Gl. (5.56) eingeführte Dämpfungsmaß

$$D = \frac{\delta}{2} \frac{1}{1 + \delta^2 \beta^2 + \delta^2 \beta}, \tag{5.83}$$

welches dann in die in den Gl. (5.61) und (5.62) gegebene Lösung für das Kelvin-Voigt-Medium eingesetzt werden kann. Für die Stoßzahl als Funktion von β und δ erhält man beispielsweise die in Abb. 5.12 dargestellte Lösung.

Man erkennt, dass die Lösung in sehr großen Parameterbereichen sehr gut mit der exakten Lösung übereinstimmt. Nur für sehr große Werte von δ und gleichzeitig kleine Werte von β gibt es stärkere Abweichungen. Das liegt daran, dass bei diesen Parameterkombinationen die tatsächliche Stoßdauer zu stark von dem elastischen Fall mit $G = G_\infty$ abweicht.

Die geschilderte Methode hat den großen Vorteil, vollständig analytisch und dabei sehr leicht handhabbar zu sein und wegen der sehr allgemeinen Form von Gl. (5.56) leicht für beliebige viskoelastische Rheologien verallgemeinert werden zu können.

Parabolischer Kontakt

Das Gleichungssystem, um den Stoß eines parabolischen Rückprallkörpers mit dem Radius $\tilde{R}$ auf ein Standardmedium kontaktmechanisch rigoros zu untersuchen, wird gebildet durch die allgemeine Bewegungsgleichung (2.34), die elastische Kontaktlösung aus den Gl. (3.35) und (3.36), die Materialfunktion (3.191) und die allgemeinen viskoelastischen Beziehungen (3.202) und (3.203) für die Kompressionsphase sowie (3.206) und (3.208) für die

Abb. 5.12 Konturlinien-Diagramm der Stoßzahl eines starren zylindrischen Stempels auf ein Standardmedium in Abhängigkeit der beiden definierenden dimensionslosen Parameter in logarithmischer Skalierung. Näherungslösung mithilfe der Rückführung auf ein Kelvin-Voigt-Medium

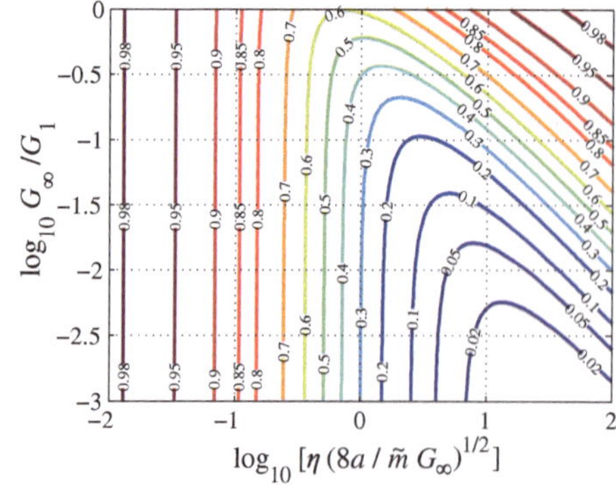

Restitutionsphase. Zur Lösung dieses gewöhnlichen aber komplizierten Integro-Differential-Gleichungssystems bietet sich ein MDR-Modell an, das von Willert et al. [24] und Kusche [30] beschrieben wurde, und das diese Gleichungen exakt reproduziert.

Es wird der ebene Körper mit dem Profil $g(x) = x^2/\tilde{R}$ in die Bettung aus unabhängigen, linearen rheologischen Elementen, die das Relaxationsverhalten des Standardmediums reproduzieren, eingedrückt. Die vertikalen Verschiebungen der Elemente im Kontakt sind durch

$$u_z(x,t) = -d(t) + g(x), \quad |x| \leq a(t) \tag{5.84}$$

gegeben. Während der Kompressionsphase kommt ein Element dabei geometrisch in Kontakt, d. h. wenn es durch den Eindruckkörper ausgelenkt wird. Zur Bestimmung der Streckenlast q_z aus den Verschiebungen sind zwei Wege möglich. Einerseits ist

$$q_z(x,t) = 4G_\infty u_z(x,t) + 4G_1 \int\limits_0^t \exp\left(\frac{t'-t}{\tau}\right) \dot{u}_z(x,t')\mathrm{d}t', \quad \tau := \frac{\eta}{G_1}. \tag{5.85}$$

Wird der Integral-Anteil aus der Relaxation in äquidistanten diskreten Zeitschritten $t_j = j\Delta t$ ausgewertet, ergibt sich die Summe

$$q_{z,j}^{\mathrm{relax}}(x) = 4G_1 \Delta t \sum_{i=0}^{j} \exp\left(\frac{t_i - t_j}{\tau}\right) \dot{u}_{z,i}(x) + \mathcal{O}\left(\Delta t^2\right). \tag{5.86}$$

Durch eine einfache Indexverschiebung erhält man dann die Rekursionsbeziehung

$$q_{z,j+1}^{\mathrm{relax}}(x) = \exp\left(-\frac{\Delta t}{\tau}\right) q_{z,j}^{\mathrm{relax}}(x) + 4G_1 \dot{u}_{z,j+1}(x)\Delta t + \mathcal{O}\left(\Delta t^2\right). \tag{5.87}$$

Eine zweite Variante zur Bestimmung der Streckenlast besteht in der Auswertung der Gleichgewichtsbeziehungen der äußeren und inneren Freiheitsgrade jedes Elements der Bettung[9],

$$0 = \tilde{u}_z + \tau\left(\dot{\tilde{u}}_z - \dot{u}_z\right) \tag{5.88}$$

$$q_z = 4G_\infty u_z + 4G_1 \tilde{u}_z. \tag{5.89}$$

Während der Restitutionsphase verlässt ein Element den Kontakt, wenn $q_z > 0$. Die gesamte Normalkraft ergibt sich, wie immer in der MDR, als Integral der Streckenlast.

Durch Dimensionsanalysen und numerische Experimente kann man zeigen, dass die Stoßzahl nur von den beiden Parametern

---

[9]Zur Erläuterung kann wiederum Abb. 5.10 herangezogen werden, wobei auf das rheologische Element nicht die ganze Normalkraft wirkt, sondern nur der infinitesimale Anteil $q_z\mathrm{d}x$.

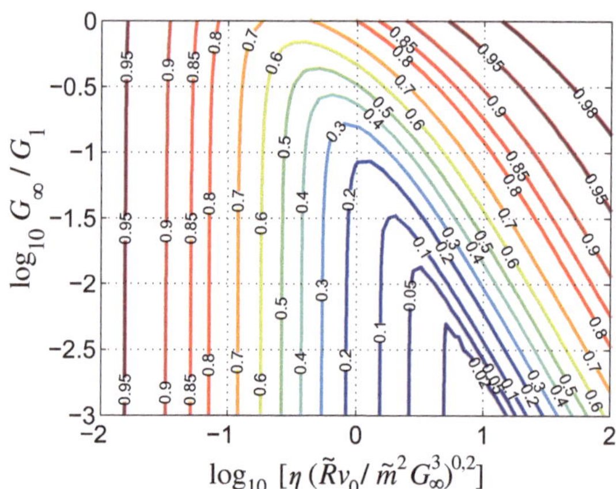

Abb. 5.13 Konturlinien-Diagramm der Stoßzahl eines starren Paraboloids auf ein Standardmedium in Abhängigkeit der beiden definierenden dimensionslosen Parameter in logarithmischer Skalierung. Alle freien Input-Größen wurden zufällig generiert

$$\beta := \frac{G_\infty}{G_1}, \quad \delta := \eta \left(\frac{\tilde{R} v_0}{\tilde{m}^2 G_\infty^3} \right)^{1/5} \tag{5.90}$$

abhängt. Diese haben die gleiche Bedeutung, wie die beiden Parameter, die oben für den Stoß eines Flachstempels verwendet wurden. Die Lösung für die Stoßzahl als Funktion der bestimmenden Größen ist in Abb. 5.13 gezeigt. Interessanterweise unterscheidet sich die Lösung wiederum nur sehr geringfügig von dem in Abb. 5.11 gezeigten Fall des Flachstempels. Wie für den elastischen Normalstoß hat also auch für das viskoelastische Stoßproblem die konkrete Form des Rückprallkörpers nur eine untergeordnete Bedeutung, die Stoßzahl wird hauptsächlich durch die Materialeigenschaften des viskoelastischen Mediums bestimmt. In den folgenden Abschnitten kommt daher nur noch der parabolische Fall zur Anwendung.

5.4.4 Inkompressibles Kelvin-Maxwell-Medium

Das Kelvin-Maxwell-Medium kann man als (mehr oder weniger gleichwertigen) Ersatz einer vollständigen Prony-Reihe verwenden, wenn das viskoelastische Kontaktproblem selbst eine feste inhärente Zeitskala hat (für Stoßprozesse ist das natürlich die Stoßdauer T_S). Die Berücksichtigung der Relaxation in ihrem tatsächlichen Zeitverlauf ist dann nur für die Relaxationsprozesse nötig, deren charakteristische Dauer mit der Zeitskala des Kontaktproblems zusammenfällt. Deutlich schnellere Relaxationen können in guter Näherung als unendlich schnell, deutlich langsamere entsprechend als unendlich langsam angenommen werden. Von der gesamten Prony-Reihe (in Form eines generalisierten Maxwell-Mediums) bleibt dann nur ein einziges Maxwell-Element mit dem Modul G_1 übrig, dessen Relaxationszeit durch die Zeitskala des Kontaktproblems gegeben ist. Die Maxwell-Elemente mit schnellerer Relaxation fast man zu einem einzelnen Dämpfer mit der Viskosität η_0 zusammen, die Moduln G_i der langsamen Relaxationsprozesse schlägt man dem statischen Modul G_∞ zu –

Abb. 5.14 Konturlinien-Diagramm der Stoßzahl eines starren Paraboloids auf ein Kelvin-Maxwell-Medium in Abhängigkeit der beiden definierenden dimensionslosen Parameter in logarithmischer Skalierung. Alle freien Input-Größen wurden zufällig generiert

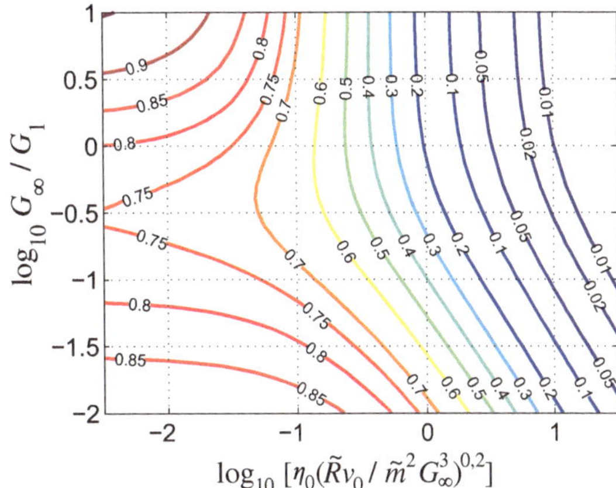

siehe die Gl. (3.196) und (3.197). Der zeitabhängige Modul des so definierten rheologischen Modells ist durch Gl. (3.198) gegeben. Für die Relaxationszeit τ des Maxwell-Elements wird die elastische Stoßdauer nach Gl. (5.12) mit $G = G_\infty$ vorgegeben[10].

An der numerischen Lösung des Problems im Rahmen der MDR ändert sich gegenüber dem im vorhergehenden Abschnitt, zur Behandlung des Standardmediums, beschriebenen Algorithmus nicht viel; man muss nur die Gleichgewichtsbeziehung (5.89) durch den Zusammenhang

$$q_z = 4G_\infty u_z + 4G_1 \tilde{u}_z + 4\eta_0 \dot{u}_z \tag{5.91}$$

ersetzen. Durch numerische Studien kann man leicht beweisen, dass die Stoßzahl nur von den beiden dimensionslosen Parametern

$$\beta := \frac{G_\infty}{G_1}, \quad \delta := \eta_0 \left(\frac{\tilde{R} v_0}{\tilde{m}^2 G_\infty^3} \right)^{1/5} \tag{5.92}$$

abhängt. Diese Abhängigkeit ist in Abb. 5.14 in logarithmischer Darstellung gezeigt.

Da die Moduln mehrerer Relaxationszeiten zu G_∞ zusammengefasst werden und G_1 nur dem Modul einer einzelnen Relaxationszeit (der elastischen Stoßdauer) entspricht, wurde ein etwas anderer Parameterbereich für β gewählt als in Abb. 5.13 für das Standardmedium. Man erkennt, dass die Stoßzahl im Bereich sehr großer Werte von δ (also beispielsweise für sehr große Geschwindigkeiten) nicht, wie im Fall des Standardmediums, zur elastischen

---

[10]Bei der Verwendung der tatsächlichen viskoelastischen Stoßdauer würde sich die Problemstellung transzendieren; die Lösung des sich ergebenden Fixpunkt-Problems wäre nicht sonderlich hilfreich, besonders da in technischen Prony-Reihen die Relaxationszeiten kein kontinuierliches Spektrum bilden, sondern nach Größenordnungen sortiert sind.

Lösung zurückkehrt, sondern, durch die Wirkung des einzelnen Dämpfers, d. h. der Wirkung der schnelleren Relaxationsprozesse, gegen Null konvergiert, wie im Fall des Kelvin-Voigt-Mediums.

5.4.5 Kompressibles Kelvin-Voigt-Medium

Die Berücksichtigung der Kompressibilität in viskoelastischen Kontaktproblemen ist in der Regel kompliziert. Mithilfe der im dritten Kapitel gezeigten exakten Rückführung reibungsfreier Normalkontakte kompressibler viskoelastischer Medien auf ein äquivalentes inkompressibles Problem ist allerdings die Untersuchung des reinen Normalstoßproblems grundsätzlich ohne größere Schwierigkeiten möglich.

Brilliantov et al. [31] führten physikalisch rigorose, störungstheoretische Rechnungen bis zur ersten Ordnung durch, um den dissipativen Anteil der Normalkraft während des Normalstoßes einer starren Kugel auf ein allgemeines (kompressibles) Kelvin-Voigt-Medium zu untersuchen, ohne allerdings das Stoßproblem selbst genauer zu betrachten. Willert et al. [32] untersuchten den Normalstoß einer starren Kugel auf ein kompressibles Standardmedium bei rein elastischer Reaktion gegen hydrostatischen Druck. Da die konkrete Rheologie und das Profil des Eindruckkörpers für das quasistatische, viskoelastische Normalstoßproblem, wie oben beschrieben, nur eine untergeordnete Rolle spielen, soll an dieser Stelle der einfachste allgemeine Fall einer Kollision zwischen einem starren zylindrischen Flachstempel mit einem allgemeinen Kelvin-Voigt-Körper, der durch die zeitabhängigen Schub- und Kompressionsmoduln,

$$G(t) = G_\infty + \eta\delta(t), \tag{5.93}$$

$$K(t) = K_\infty + \xi\delta(t), \tag{5.94}$$

charakterisiert ist, beschrieben werden. In diesen Gleichungen bezeichnen G_∞ und K_∞ die jeweiligen statischen Moduln, η und ξ die Scher-, beziehungsweise Volumenviskosität und $\delta(t)$ die Dirac-Distribution. Der Flachstempel habe den Radius a, die Masse $\tilde{m}$ und die Anfangsgeschwindigkeit v_0.

Als Maß der Kompressibilität diene die statische Poissonzahl[11]

$$\nu := \frac{3K_\infty - 2G_\infty}{6K_\infty + 2G_\infty}. \tag{5.95}$$

Mithilfe des in Abb. 3.11 gezeigten rheologischen Modells eines allgemeinen kompressiblen viskoelastischen Mediums erhält man sofort das in Abb. 5.15 dargestellte rheologische Modell des Stoßproblems.

---

[11]Es sei in diesem Zusammenhang darauf hingewiesen, dass die Angabe einer dynamischen (zeitabhängigen) Poissonzahl für ein viskoelastisches Material im Allgemeinen nicht ganz elementar ist [33].

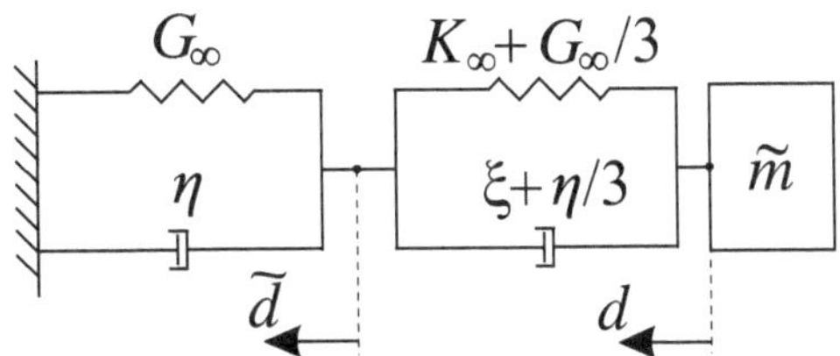

Abb. 5.15 Rheologisches Modell des Normalstoßes eines starren zylindrischen Stempels auf ein allgemeines kompressibles Kelvin-Voigt-Medium

Die Bewegungsgleichungen für die beiden Freiheitsgrade d und $\tilde{d}$ sind durch

$$0 = \tilde{m}\ddot{\tilde{d}} + 8\eta a\dot{\tilde{d}} + 8G_\infty a\tilde{u}, \tag{5.96}$$

$$0 = (3\xi + 4\eta)\dot{\tilde{d}} + (3K + 4G)\tilde{d} - (3\xi + \eta)\dot{d} - (3K + G)d \tag{5.97}$$

gegeben. Durch Einführung der dimensionsfreien Größen

$$x := \frac{d\omega_0}{v_0}, \quad \tilde{x} := \frac{\tilde{d}\omega_0}{v_0}, \quad \tilde{t} := \omega_0 t, \quad \omega_0 := \sqrt{\frac{8G_\infty a}{\tilde{m}}} \tag{5.98}$$

kann man leicht zeigen, dass das Verhalten des Systems in skalierten Größen nur von den drei dimensionsfreien Parametern

$$v, \quad 2D_1 := \frac{\eta}{G_\infty}\omega_0, \quad 2D_2 := \frac{3\xi + \eta}{3K_\infty + G_\infty}\omega_0 \tag{5.99}$$

abhängt. Die Lösung des Bewegungsgleichungssystems bereitet dabei keine Probleme. Um die Anzahl an freien Parametern für die Darstellung der Lösung möglichst gering zu halten, sei angenommen, dass die Scher- und Volumenviskosität des viskoelastischen Materials gleich sind[12]. In diesem Fall ist

$$D_2 = \frac{4}{3}(1 - 2v)D_1. \tag{5.100}$$

Die Stoßzahl als Funktion der beiden verbleibenden Parameter ist als Kurvenschar in Abb. 5.16 dargestellt. Offenbar hat auch die Kompressibilität nur einen vergleichsweise geringen Einfluss auf das Dissipationsverhalten während der Kollision. Am stärksten ist der Einfluss im Bereich mittlerer Dämpfungen, wo die relative Differenz zwischen der Lösung für $v = 0{,}3$ und dem inkompressiblen Grenzfall etwa 10 % beträgt. Dabei ist die Stoßzahl im inkompressiblen Grenzfall grundsätzlich am kleinsten.

---

[12]Diese Annahme ist durchaus gerechtfertigt, da sich in vielen Polymeren Scher- und Volumenviskosität deutlich weniger voneinander unterscheiden als der Schub- und Kompressionsmodul [34]

Abb. 5.16 Stoßzahl für den Normalstoß eines zylindrischen Flachstempels auf ein kompressibles Kelvin-Voigt-Medium als Funktion der dimensionsfreien Dämpfung D_1 für verschiedene statische Poissonzahlen bei gleicher Volumen- und Scherviskosität. Die dünne durchgezogene Linie bezeichnet den inkompressiblen Grenzfall (siehe auch Abb. 5.3)

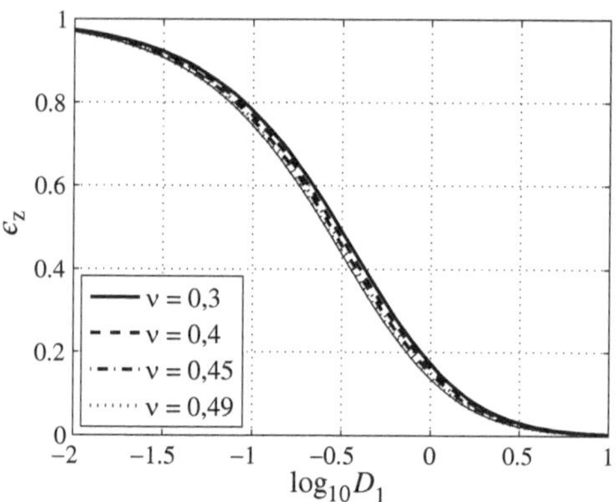

5.5 Elasto-Plastischer Normalstoß ohne Adhäsion

Da für viele metallische Werkstoffe schon Stoßgeschwindigkeiten der Größenordnung $0{,}01\,\mathrm{m/s}$ ausreichen, um plastische Deformationen zu initiieren [35, S. 130], laufen die Kollisionen in den allermeisten Fällen nicht ideal-elastisch ab, sondern snd mit einem gewissen plastischen Energieverlust verbunden. Zum (elasto-)plastischen Normalstoß zwischen Kugeln oder zwischen einer Kugel mit einem Halbraum gibt es dabei inzwischen eine recht umfangreiche Literatur.

Weir und Tallon [36] untersuchten den elastisch-ideal-plastischen Zusammenstoß von Kugeln und stellten unter anderem theoretisch und experimentell fest, dass bei wiederholten Kollisionen die Stoßzahl wegen der permanenten Deformation aus den vorherigen Zusammenstößen steigt. In einer Serie von Publikationen [37–39] studierten Wu et al. das Problem mithilfe der Finite-Elemente-Methode (FEM) und bestimmten unter anderem die Stoßgeschwindigkeit, die nötig ist, um den Bereich unbeschränkten plastischen Fließens zu erreichen. Da bei solch hohen Geschwindigkeiten dynamische Effekte relevant werden, zogen sie auch die Dissipation durch die Abstrahlung elastischer Wellen in Betracht und kamen dabei zu vergleichbaren Ergebnissen wie Hunter [4]. Thornton et al. [40] verglichen das Modell von Thornton für den elasto-plastischen Stoß mit mehreren kontaktmechanisch nicht rigorosen Feder- und Feder-Dämpfer-Modellen.

Wenn die kollidierenden Teilchen sehr klein sind, muss man bei der Untersuchung des Stoßproblems die Skaleneffekte der Kristallplastizität berücksichtigen, das Fließkriterium ist dann nicht-lokal. Für den Fall, dass die gemessene Härte umgekehrt proportional zum Kontaktradius ist[13], lösten Lyashenko und Popov [42] das entsprechende elasto-plastische Normalstoßproblem.

---

[13] Bei einem parabolischen Indenter bedeutet dies, dass das Quadrat der Härte umgekehrt proportional zur Eindrucktiefe ist; diese Abhängigkeit ist für die Mikroindentierung charakteristisch [41, S. 44]).

5.5.1 Theoretische Modellierung

Mithilfe der drei im Abschn. 3.8.2 geschilderten theoretischen Modelle für den elasto-plastischen Normalkontakt von Kugeln soll im vorliegenden Abschnitt das entsprechende quasistatische Stoßproblem gelöst werden. Die theoretischen Vorhersagen werden anschließend mit experimentellen Ergebnissen verglichen.

Modell von Thornton

Durch Gl. (3.278) ist der hysteretische Energieverlust für einen vollständigen Belastungszyklus des Normalkontaktes elasto-plastischer Kugeln nach dem Modell von Thornton gegeben. Damit kann auch das entsprechende Stoßproblem ohne Schwierigkeiten gelöst werden [43]. Ohne Beschränkung der Allgemeinheit[14] betrachte man eine starre Kugel der Masse $\tilde{m}$, die mit der Geschwindigkeit v_0 auf einen elasto-plastischen Halbraum trifft.

Der erste Term in Gl. (3.278) beschreibt die Arbeit, die während der Kompressionsphase verrichtet wird. Daraus folgt die bestimmende Gleichung zur Ermittlung der maximalen Eindrucktiefe:

$$\frac{\tilde{m}v_0^2}{2F_Y d_Y} = \frac{2}{5} + \frac{1}{4}\left(\frac{3d_{\max}^2}{d_Y^2} - 2\frac{d_{\max}}{d_Y} - 1\right).$$

(5.101)

Dabei ist wegen Gl. (3.266)

$$F_Y d_Y = \frac{4}{3}\left(\frac{4\pi}{5}\right)^5 \left(\frac{\sigma_f}{\tilde{E}}\right)^5 \tilde{E}\tilde{R}^3.$$

(5.102)

Die kritische Geschwindigkeit v_Y, die nötig ist, um plastische Deformationen zu initiieren, ergibt sich aus der Bedingung $d_{\max} = d_Y$, also

$$v_Y^2 = \frac{16}{15}\left(\frac{4\pi}{5}\right)^5 \left(\frac{\sigma_f}{\tilde{E}}\right)^5 \frac{\tilde{E}\tilde{R}^3}{\tilde{m}}.$$

(5.103)

Alle Ergebnisse in diesem Unterkapitel beziehen sich natürlich auf den Fall $v_0 \geq v_Y$. Aus den obigen Gleichungen kann man die explizite Beziehung

$$\frac{d_{\max}}{d_Y} = \frac{1}{3} + \frac{2}{15}\sqrt{\frac{30v_0^2}{v_Y^2} - 5}$$

(5.104)

für die maximale Eindrucktiefe während der Kollision herleiten, aus der sich mithilfe der Kontaktlösung die gesamte Kontaktkonfiguration am Ende der Kompressionsphase ergibt.

Für die Stoßzahl erhält man wegen Gl. (3.278)

---

[14]Im Thorntonschen Modell gibt es keinen Unterschied zwischen dem Kontakt eines starren Eindruckkörpers mit einem elasto-plastischen Halbraum und dem elasto-plastischer Körper.

$$\epsilon_z = \frac{v_Y}{v_0} \left[\frac{R_p}{\tilde{R}} \left(\frac{d_{\max} - d_{\mathrm{res}}}{d_Y} \right)^5 \right]^{1/4}. \tag{5.105}$$

Dabei sind der Krümmungsradius R_p während der Restitution und die Resteindrucktiefe d_{res} durch die Gl. (3.273) und (3.274) gegeben. Für sehr große Geschwindigkeiten v_0 erhält man die asymptotische Näherung

$$\epsilon_z \approx 1,185 \left(\frac{v_0}{v_Y} \right)^{-1/4}. \tag{5.106}$$

Interpolation im elasto-plastischen Bereich
Da auch im Interpolationsmodell die Entlastung als ein elastischer Prozess mit einem durch die vorangegangene plastische Deformation veränderten Krümmungsradius betrachtet wird, behält Gl. (5.105) für die Stoßzahl ihre Gültigkeit. Allerdings muss die maximale Eindrucktiefe wegen Gl. (3.288) als Lösung der Gleichung

$$\frac{v_0^2}{v_Y^2} = 1 + \frac{5}{2} \left(\frac{d_{\max}}{d_Y} - 1 \right) + \frac{15}{8} \left(\frac{d_{\max}}{d_Y} - 1 \right)^2 + \frac{5C_2}{6} \left(\frac{d_{\max}}{d_Y} - 1 \right)^3 + \frac{5C_3}{8} \left(\frac{d_{\max}}{d_Y} - 1 \right)^4 \tag{5.107}$$

bestimmt werden, wobei die Konstanten C_2 und C_3 in Gl. (3.285) gegeben sind. Es sei außerdem angemerkt, dass die obige Gl. (5.107) nur gültig ist, falls nicht in den voll-plastischen Bereich hinein belastet wird. Die Änderungen, die sich bei der Belastung in den voll-plastischen Bereich ergeben, bereiten allerdings keine Schwierigkeiten und wurden nur aus Platzgründen ausgespart. Die Werte von R_p und d_{res} ergeben sich unter Zuhilfenahme der Zusammenhänge (3.284) und (3.287) aus den Gl. (3.273) und (3.274).

Analytische Approximation von FEM-Lösungen
Die in Abschn. 3.8.2 dargestellte, durch die analytische Approximation von rigorosen FEM-Lösungen gewonnene Lösung von Jackson et al. [44] für den Normalkontakt einer elasto-plastischen Kugel mit einem elasto-plastischen Halbraum kann man ohne Schwierigkeiten in die Bewegungsgleichung der Kugel einsetzen. Durch numerische Integration des entstehenden Gleichungssystems löst man das entsprechende Stoßproblem. Da, wie im dritten Kapitel beschrieben, für den elasto-plastischen Kontakt die makroskopische Form der kontaktierenden Körper bei großen Eindrucktiefen eine, wenn auch geringe, Rolle spielt, kann dabei die gezeigte Kontaktlösung und die damit erhaltene Lösung des Stoßproblems im Allgemeinen (besonders für große Geschwindigkeiten) nicht ohne Weiteres für die Kollision elasto-plastischer Kugeln herangezogen werden.

Durch numerische Experimente lässt sich leicht zeigen, dass die Stoßzahl in diesem Modell fast ausschließlich von dem Verhältnis $v_0/v_Y^*(v)$ abhängt, wobei v_Y^* die kritische Geschwindigkeit bezeichnet, die nötig ist, um in dem Modell plastische Deformationen zu erzeugen, und die durch die Beziehung

Abb. 5.17 Stoßzahl als Funktion der normierten Stoßgeschwindigkeit für den elasto-plastischen Normalstoß von Kugeln nach den unterschiedlichen Modellen. Die dünne Linie bezeichnet die asymptotische Näherung (5.106)

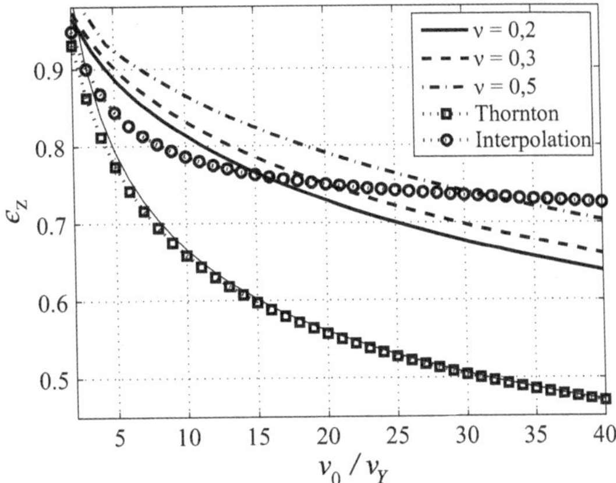

$$\frac{v_Y^*(v)}{v_Y} = \left(\frac{5C(v)}{8}\right)^{5/2}, \quad C(v) := 1{,}295\,\exp(0{,}736v) \tag{5.108}$$

aus der in Gl. (5.103) gegebenen Geschwindigkeit v_Y bestimmt werden kann. Die explizite Abhängigkeit der Stoßzahl von den Parametern $\sigma_Y/\tilde{E}$ und v ist sehr schwach. Von dem Radius oder der Masse der Kugel hängt die Stoßzahl überhaupt nicht ab.

Abb. 5.17 zeigt die unterschiedlichen Lösungen für die Stoßzahl als Funktion der auf v_Y normierten Stoßgeschwindigkeit nach dem Modell von Thornton, dem Interpolationsmodell – mit $Q = 5$ und $D = 80$, siehe Gl. (3.282) – und dem Modell auf der Grundlage der analytischen Approximation von rigorosen FEM-Rechnungen (für $\sigma_Y/\tilde{E} = 1/500$ sowie drei verschiedene Werte von v[15]). Man erkennt, dass das Modell von Thornton eine deutlich kleinere Stoßzahl vorhersagt als die anderen Modelle. Dies wurde bereits im dritten Kapitel begründet. Die Kurve des Interpolationsmodells fällt auch zunächst steil ab, wird dann aber sogar flacher als die Vorhersage der FEM-basierten Rechnungen.

5.5.2 Vergleich mit experimentellen Ergebnissen

Es gibt in der Literatur mehrere experimentelle Studien zu der elasto-plastischen Kollision einer Stahlkugel auf eine massive Stahlplatte, z. B. von Lifshitz und Kolsky [45] oder Wong et al. [46]. Da in diesen Arbeiten allerdings beide Kontaktpartner die gleichen mechanischen Eigenschaften aufweisen – während das oben verwendete FEM-basierte Modell ausdrücklich für Indentierungsprobleme gedacht ist, bei denen die Platte eine deutlich geringere Festigkeit hat als die eindringende Kugel – soll an dieser Stelle für den Vergleich der theoretischen Vorhersagen mit experimentellen Ergebnissen die Arbeit von Kharaz und Gorham

---

[15]Dies beeinflusst hauptsächlich die Geschwindigkeit v_Y^*; die explizite Abhängigkeit der Stoßzahl von v für ein konstantes v_Y^* ist, wie gesagt, sehr schwach.

Tab. 5.2 Die für die theoretischen Vorhersagen verwendeten Materialkennwerte

Material	E-Modul [GPa]	Poissonzahl	Vickers-Härte [GPa]	Streckgrenze [MPa]
Aluminiumoxid	360	0,23	–	–
Stahl	206	0,29	3,09 (nach [47])	1030
Aluminium	70	0,345	1,14 (nach [47])	380

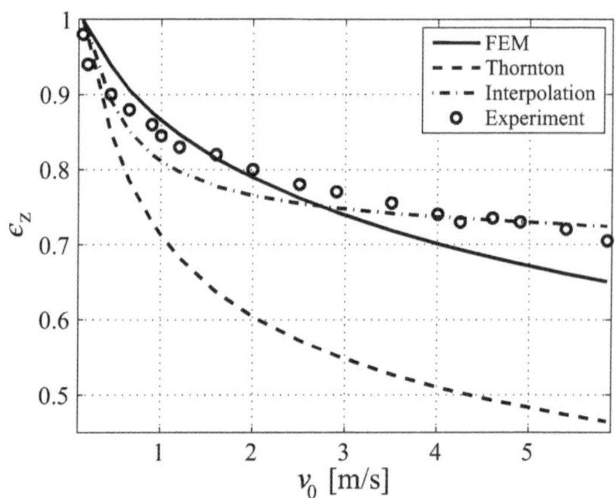

Abb. 5.18 Stoßzahl als Funktion der Stoßgeschwindigkeit für den elasto-plastischen Normalstoß einer Aluminiumoxid-Kugel auf eine dicke Stahlplatte. Vergleich der verschiedenen theoretischen Vorhersagen mit experimentellen Ergebnissen von Kharaz und Gorham [47]

[47] herangezogen werden, in der Stöße von harten[16] Aluminiumoxid-Kugeln auf eine massive Stahl-, bzw. Aluminiumplatte untersucht wurden. Die Kugeln hatten einen Radius von 2,5 mm und eine Masse von 0,25 g. Die relevanten Materialkennwerte sind in Tab. 5.2 zusammengefasst; für keines der verwendeten theoretischen Modelle wurden die Parameter an die experimentellen Daten angepasst, um eine bessere Übereinstimmung zu erzielen.

Abb. 5.18 zeigt die experimentellen Resultate gemeinsam mit den Ergebnissen der vorgestellten Modelle für die Abhängigkeit der Stoßzahl als Funktion der Kollisionsgeschwindigkeit in dem elasto-plastischen Normalstoß einer Aluminiumoxid-Kugel auf eine Stahlplatte. Für eine Stoßgeschwindigkeit von $v_0 = 0,12$ m/s ist die Kollision praktisch ideal-elastisch. Bei etwa dem Fünfzigfachen dieser kritischen Geschwindigkeit fällt die Stoßzahl auf den Wert 0,7. Die Übereinstimmung mit den theoretischen Vorhersagen ist für das Interpolationsmodell und das FEM-basierte Modell gut; das Thorntonsche Modell sagt, bis auf einen kleinen Bereich in der Nähe des elastischen Grenzfalls, eine durchgängig deutlich zu kleine Stoßzahl voraus.

---

[16]Man muss eigentlich zwischen Härte, Festigkeit und Steifigkeit unterscheiden; in diesem Fall sind aber alle drei Varianten zutreffend.

Abb. 5.19 Stoßzahl als
Funktion der
Stoßgeschwindigkeit für den
elasto-plastischen Normalstoß
einer Aluminiumoxid-Kugel
auf eine dicke
Aluminiumplatte. Vergleich der
verschiedenen theoretischen
Vorhersagen mit
experimentellen Ergebnissen
von Kharaz und Gorham [47]

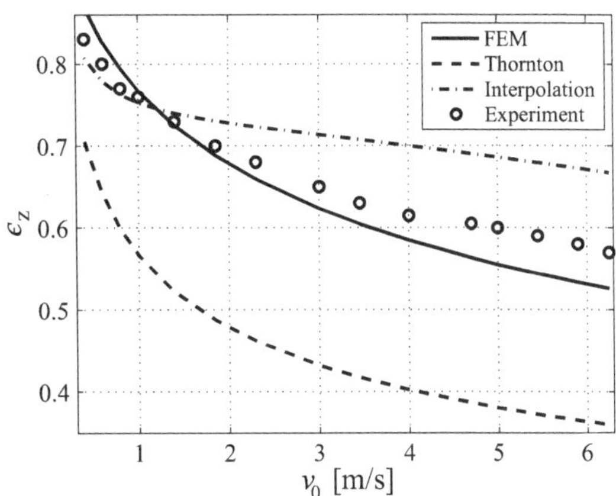

In Abb. 5.19 sind die entsprechenden Kurven für eine Aluminiumplatte gezeigt. In der Theorie ergibt sich eine kritische Geschwindigkeit von ungefähr 0,05 m/s zur Initiierung plastischer Verformungen. In diesem Geschwindigkeitsbereich wurden aber von den Autor*innen der experimentellen Studie leider keine Messungen durchgeführt. Die Übereinstimmung mit den Prognosen des FEM-basierten Modells ist wiederum gut; das Interpolationsmodell weicht für größere Geschwindigkeiten zunehmend nach oben von den Versuchsergebnissen ab, die Vorhersagefähigkeit des Thorntonschen Modells ist erneut unbefriedigend.

Zusammenfassend kann man bilanzieren, dass das Modell von Thornton nur für einen kleinen Bereich in der Nähe des elastischen Grenzfalls korrekte Ergebnisse liefert, für größere Geschwindigkeiten wird die Energiedissipation von dem Modell deutlich überschätzt. Das Interpolationsmodell liefert für kleine und mittlere Geschwindigkeiten gute Vorhersagen, für große Geschwindigkeiten (in der Größenordnung des Hundertfachen der kritischen Geschwindigkeit) wird die plastische Dissipation von dem Modell zunehmend deutlich unterschätzt. Auch das FEM-basierte Modell kann keine sehr gute Übereinstimmung mit den Versuchsergebnissen erreichen, was vermutlich darauf zurückzuführen ist, dass die Verfestigung des plastisch deformierten Mediums nicht ausreichend in dem zugrundeliegenden FEM-Modell berücksichtigt wurde [44].

5.6   Elasto-Plastischer Normalstoß mit Adhäsion

Wegen der Spannungskonzentration am Rand des adhäsiven Kontaktes spielt Plastizität in adhäsiven Stößen eine noch größere Rolle, als das schon bei nicht-adhäsiven Kollisionen der Fall ist. Nichtsdestotrotz ist das adhäsive Stoßproblem von elasto-plastischen Körpern weit entfernt von einer umfassenden, rigorosen Beschreibung, da bereits die zugrundeliegende

Kontaktmechanik noch in großen Teilen unverstanden ist. Allerdings gibt es einige theoretische Ansätze, wie man die Aufgabe zumindest qualitativ behandeln kann.

Die erste Arbeit zu dem Thema stammt von Johnson und Pollock [9]. Diese nahmen an, dass die makroskopischen Kontaktgrößen während der Kollision immer noch den Relationen der JKR-Theorie genügen, wobei die Oberflächenenergie durch die plastische Deformation mit einem Faktor k skaliert wird, der während der Kompressionsphase kleiner als Eins und während der Restitutionsphase größer als Eins ist. Die während des Stoßes dissipierte kinetische Energie und damit die Stoßzahl kann dann als Funktion der beiden Werte von k bestimmt werden. Leider gaben Johnson & Pollock keine Möglichkeit an, wie diese Werte aus den Parametern der Kollision ermittelbar sind; da sie den Einfluss der plastischen Deformation charakterisieren sollen, sind sie sicherlich selbst beispielsweise von der Stoßgeschwindigkeit stark abhängig.

Thornton und Ning [10] verwendeten ebenfalls die Kontaktlösung der JKR-Theorie und die Idee von Thornton, die Druckverteilung im Kontakt durch die Fließgrenze des Materials zu beschränken. Das entstehende Bewegungsgleichungssystem lösten sie numerisch und gaben außerdem eine analytische Lösung mithilfe eines einfachen Superpositionsmodells an, das auch von Kim und Dunn [48] verwendet wurde und das weiter unten kurz beschrieben ist. Allerdings wurde schon bei der Betrachtung des Problems ohne Adhäsion gezeigt, dass das Modell von Thornton den Kontakt nur in der Nähe des elastischen Grenzfalls zufriedenstellend beschreibt, da der Kontaktdruck im elasto-plastischen Bereich weiter wächst.

In einer vor Kurzem erschienenen Arbeit untersuchten Ghanbarzadeh et al. [49] das Problem mithilfe der Randelemente-Methode (*boundary element method*, BEM) für den elastischen Halbraum. Die Adhäsion berücksichtigten sie auf rigorose Weise durch ein mesh-abhängiges Spannungskriterium, das auf Pohrt und Popov [50] zurückgeht. Plastische Deformationen führten die Autor*innen dagegen nicht-rigoros ein, indem sie den Druck in einer BEM-Zelle, in Analogie zu dem Thorntonschen Modell, durch die Fließgrenze beschränkten. Die genannte Publikation war auch die erste, in der der Effekt der Rauigkeit der beteiligten Oberflächen auf das Stoßproblem systematisch untersucht wurde. Die Autor*innen stellten dabei fest, dass die Rauigkeit erst relevant wird, wenn sie von der gleichen Größenordnung wie die maximale Eindrucktiefe während der Kollision ist. Ansonsten kann man ohne Schwierigkeiten von makroskopisch glatten Oberflächen ausgehen.

Einfache Superposition der Dissipationsmechanismen

Ein einfacher qualitativer Ansatz zur Lösung des Problems besteht darin, die dissipierten Energien des elastischen adhäsiven und des elasto-plastischen nicht-adhäsiven Problems einfach zu addieren. Für die Stoßzahl im Fall mit Plastizität und Adhäsion erhält man dann

$$\left(1 - \epsilon_z^2\right) = \left(1 - \epsilon_{\text{adh}}^2\right) + \left(1 - \epsilon_{\text{pl}}^2\right). \tag{5.109}$$

Da die Stoßzahl des elastischen adhäsiven Problems in geschlossen analytischer Form durch
Gl. (5.37) bestimmt ist, erhält man mit der Anfangsgeschwindigkeit v_0 und der in Gl. (5.38)
gegebenen kritischen Geschwindigkeit v_c des elastischen Problems den Ausdruck

$$\epsilon_z = \sqrt{\epsilon_{\text{pl}}^2 - \frac{v_c^2}{v_0^2}}. \tag{5.110}$$

Zur Bestimmung von ϵ_{pl} kann man dabei die im vorherigen Unterkapitel vorgestellten
Modelle heranziehen.

Interpolation im elasto-plastischen Bereich

Adhäsion und Plastizität sind natürlich keine unabhängigen Phänomene, wie das die obige
Superposition impliziert. Beispielsweise sind im adhäsiven Kontakt geringere Lasten zur
Generierung von plastischer Deformation nötig; die Dissipation durch inelastische Verformungen wird also durch die Adhäsion verstärkt. Andererseits verändert sich durch die plastische Deformation das Profil der kontaktierenden Körper in der Umgebung des Kontaktes,
was wiederum die adhäsive Wechselwirkung beeinflusst. Um diese gegenseitigen Einflüsse
zumindest qualitativ zu erfassen, soll im Folgenden ein grobes analytisches Modell für den
adhäsiven Kontakt elasto-plastischer Körper vorgestellt werden, das auf unterschiedliche,
bisher in dem vorliegenden Buch geschilderte Konzepte zurückgreift, und das man auch zur
Lösung des entsprechenden Stoßproblems heranziehen kann.

Das Modell beruht auf der Interpolation im elasto-plastischen Bereich zwischen der
elastischen und der voll-plastischen Lösung, die sich schon im nicht-adhäsiven Fall als
einfaches aber vergleichsweise robustes analytisches Verfahren bewährt hat.

Für die Kollision von Kugeln ist die elastische Lösung durch die JKR-Theorie gegeben. Normiert man alle Größen auf ihre Werte in der kritischen Konfiguration, bei der der
Kontakt unter kraftgesteuerten Bedingungen seine Stabilität verliert[17], sind die Zusammenhänge zwischen Eindrucktiefe, Kontaktradius und Normalkraft durch die Gl. (3.63) und
(3.64) gegeben. Für die Poissonzahl $\nu = 0{,}3$ behält die elastische Lösung in der Kompressionsphase ihre Gültigkeit, solange die Bedingung [51]

$$-\frac{2F_z}{3\pi\,\Delta\gamma\,\tilde{R}} < \hat{F}_Y(\Phi) = 2\left(0{,}111\Phi - 0{,}8236 - \frac{0{,}0636}{\Phi} + \frac{0{,}0087}{\Phi^2} + \frac{1{,}2429}{\Phi^3}\right),$$

$$\tag{5.111}$$

mit dem in Gl. (3.293) eingeführten Adhäsionsparameter, erfüllt ist[18]. Die zugehörigen
Werte des normierten Kontaktradius und der normierten Eindrucktiefe sind

---

[17] Alle so normierten Größen sind im Folgenden durch einen „Hut" auf der entsprechenden Größe
gekennzeichnet.

[18] Die plastische Deformation am Rand des Kontaktes wird an dieser Stelle vernachlässigt, da sie auf
einen sehr kleinen Bereich beschränkt ist [51].

$$\hat{a}_Y = \left(1 + \sqrt{1 + \hat{F}_Y}\right)^{2/3}, \tag{5.112}$$

$$\hat{d}_Y = 3\hat{a}_Y^2 - 4\sqrt{\hat{a}_Y}. \tag{5.113}$$

In Ermangelung entsprechender Untersuchungen sei angenommen, dass die voll-plastische Lösung – zumindest was die Zusammenhänge zwischen den makroskopischen Kontaktgrößen angeht – von der Adhäsion unbeeinflusst bleibt[19]. In normierten Größen ergibt sich dann

$$-\hat{F}_z^{\mathrm{pl}} = \frac{\tilde{Q}}{\Phi}\hat{a}_{\mathrm{pl}}^2 = \frac{2\tilde{Q}}{3\Phi}\hat{d}, \quad \hat{d} > \hat{d}_0 := \frac{\tilde{D}}{\Phi^2}, \tag{5.114}$$

mit $\tilde{Q} \approx 3{,}5$ und $\tilde{D} \approx 400$. Interpoliert man nun im elasto-plastischen Bereich mithilfe von Polynomen dritten Grades so, dass die Zusammenhänge zwischen den makroskopischen Größen an den Übergangsstellen stetig und stetig differenzierbar sind, erhält man für die normierte Normalkraft im elasto-plastischen Bereich

$$-\hat{F}_z^{\mathrm{ep}} = \hat{F}_Y + C_1\left(\hat{d} - \hat{d}_Y\right) + C_2\left(\hat{d} - \hat{d}_Y\right)^2 + C_3\left(\hat{d} - \hat{d}_Y\right)^3, \tag{5.115}$$

mit

$$C_1 = \frac{3\hat{a}_Y^2 - 3\hat{a}_Y^{1/2}}{6\hat{a}_Y - 2\hat{a}_Y^{-1/2}}, \quad C_3 = \frac{2\left(\hat{F}_Y - \hat{F}_0\right) + \hat{F}_0'\left(\hat{d}_0 - \hat{d}_Y\right) + C_1\left(\hat{d}_0 - \hat{d}_Y\right)}{\left(\hat{d}_0 - \hat{d}_Y\right)^3}, \tag{5.116}$$

$$C_2 = \frac{3\left(\hat{F}_0 - \hat{F}_Y\right) - \hat{F}_0'\left(\hat{d}_0 - \hat{d}_Y\right) - 2C_1\left(\hat{d}_0 - \hat{d}_Y\right)}{\left(\hat{d}_0 - \hat{d}_Y\right)^2}, \quad \hat{F}_0 = \frac{2\tilde{Q}\tilde{D}}{3\Phi^3}, \quad \hat{F}_0' = \frac{2\tilde{Q}}{3\Phi},$$

$$\tag{5.117}$$

und für den normierten Kontaktradius

$$\hat{a}_{\mathrm{ep}} = \hat{a}_Y + C_4\left(\hat{d} - \hat{d}_Y\right) + C_5\left(\hat{d} - \hat{d}_Y\right)^2 + C_6\left(\hat{d} - \hat{d}_Y\right)^3, \tag{5.118}$$

mit

---

[19]Dies kann man so interpretieren, dass die effektive Oberflächenenergie bei voll-plastischer Kompression verschwindet, siehe das Modell von Johnson und Pollock [9].

$$C_4 = \frac{1}{6\hat{a}_Y - 2\hat{a}_Y^{-1/2}}, \quad C_6 = \frac{2\left(\hat{a}_Y - \hat{a}_0\right) + \hat{a}_0'\left(\hat{d}_0 - \hat{d}_Y\right) + C_4\left(\hat{d}_0 - \hat{d}_Y\right)}{\left(\hat{d}_0 - \hat{d}_Y\right)^3}, \qquad (5.119)$$

$$C_5 = \frac{3\left(\hat{a}_0 - \hat{a}_Y\right) - \hat{a}_0'\left(\hat{d}_0 - \hat{d}_Y\right) - 2C_4\left(\hat{d}_0 - \hat{d}_Y\right)}{\left(\hat{d}_0 - \hat{d}_Y\right)^2}, \quad \hat{a}_0 = \sqrt{\frac{2\tilde{D}}{3\Phi^2}}, \quad \hat{a}_0' = \sqrt{\frac{\Phi^2}{6\tilde{D}}}. \qquad (5.120)$$

Die Restitution wird wie im nicht-adhäsiven Fall als elastischer Prozess mit einem durch die vorhergehende plastische Deformation veränderten Krümmungsradius aufgefasst. Die Kontaktlösung ergibt sich dann wiederum aus der JKR-Theorie zu

$$d - d_{\text{res}} = \frac{a^2}{R_p} - \sqrt{\frac{2\pi a \Delta\gamma}{\tilde{E}}}, \qquad (5.121)$$

$$F_z = -\frac{4}{3}\tilde{E}\frac{a^3}{\tilde{R}_p} + \sqrt{8\pi a^3 \Delta\gamma \tilde{E}}, \qquad (5.122)$$

wobei wegen der Stetigkeit aller Größen am Umkehrpunkt der neue Krümmungsradius R_p und die Resteindrucktiefe d_{res} durch

$$R_p = \frac{4\tilde{E}a_{\text{max}}^3}{3|F_{z,\text{max}}| + \sqrt{8\pi a_{\text{max}}^3 \Delta\gamma \tilde{E}}}, \qquad (5.123)$$

$$d_{\text{res}} = d_{\text{max}} - \frac{a_{\text{max}}^2}{R_p} + \sqrt{\frac{2\pi a_{\text{max}}\Delta\gamma}{\tilde{E}}}. \qquad (5.124)$$

gegeben sind. Der Stoß ist beendet, wenn der Kontakt seine Stabilität verliert, d. h. wenn

$$d - d_{\text{res}} = d_c^{\text{WS}} = -\frac{3}{4}\left(\frac{\pi^2 \Delta\gamma^2 \tilde{R}_p}{\tilde{E}^2}\right)^{1/3}. \qquad (5.125)$$

Die Stoßzahl in diesem Modell hängt nur von dem Verhältnis v_0/v_c sowie dem Parameter Φ ab. Abb. 5.20 zeigt die Stoßzahl als Funktion der normierten Stoßgeschwindigkeit für verschiedene Werte von Φ gemeinsam mit der entsprechenden Lösung durch die einfache Superposition der Dissipationsmechanismen. Die nicht-adhäsive elasto-plastische Stoßzahl wurde dabei für letztere ebenfalls mithilfe des Interpolationsmodells gewonnen, um einfacher vergleichen zu können. Das dafür notwendige Verhältnis v_c/v_Y kann man dabei durch die Beziehung

$$\frac{v_c^2}{v_Y^2} \approx 0{,}37\,\Phi^5 \qquad (5.126)$$

aus dem Adhäsionsparameter Φ bestimmen.

Abb. 5.20 Stoßzahl als
Funktion der normierten
Stoßgeschwindigkeit für den
elasto-plastischen Normalstoß
von Kugeln mit Adhäsion nach
den beiden Modellen. Die
Kreise bezeichnen die Lösung
nach dem Interpolationsmodell.
Die Kreuze bezeichnen das
Ergebnis durch einfache
Superposition der
Dissipationsmechanismen. Die
dünne Linie beschreibt die
elastische Lösung

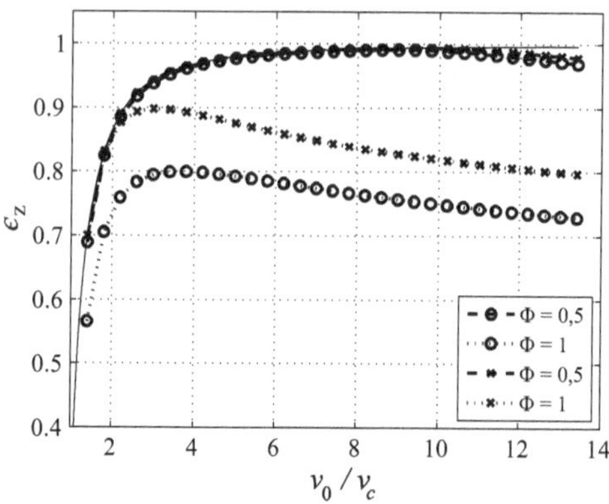

Man erkennt, dass die Energiedissipation von der einfachen Superposition für den Fall
$\Phi = 1$ geringer geschätzt wird als von dem adhäsiven Interpolationsmodell. Dies liegt
daran, dass durch die einfache Superposition nicht berücksichtigt wird, dass das lokale
Fließen wegen der Adhäsion früher beginnt. Für $\Phi = 0{,}5$ gibt es dagegen bereits kaum
einen Unterschied zwischen den beiden Modellen. Das ist nicht überraschend, da für diesen
Wert des Adhäsionsparameters die kritische Kraft, um Fließen zu initiieren, nur geringfügig
kleiner ist als im nicht-adhäsiven Fall (siehe Abb. 3.19).

5.7   Zusammenfassung

Dieses Kapitel widmete sich langsamen (d. h. quasistatischen) zentrischen Normalstößen
axialsymmetrischer Körper. Zur Lösung des Stoßproblems wurde mithilfe der im dritten
Kapitel dargelegten Grundlagen des Normalkontaktproblems die Bewegungsgleichung für
die Indentierungstiefe bestimmt und analytisch oder numerisch integriert.

Im Fall der elastischen Kollision ohne Adhäsion kann man die Bewegungsgleichung
vollständig analytisch lösen. Die Eindrucktiefe als Funktion der Zeit hängt in normierten
Größen dabei nur sehr schwach von der Form der zusammenstoßenden Körper ab und kann
daher gut durch den sinus-förmigen Verlauf des vollständig linearen Kontaktes angenähert
werden. Für Funktionale Gradientenmedien ist die normierte Bahnkurve bestimmbar, indem
ein äquivalentes homogenes Problem mit einer entsprechend angepassten Profilform gelöst
wird. Der Maximaldruck während des Stoßes ist für den parabolischen Kontakt durch eine
passend gewählte elastische Gradierung deutlich reduzierbar.

Bei der elastischen Kollision mit Adhäsion wird gegen die Wirkung der Adhäsion eine
Energiemenge dissipiert, die von den elastischen, geometrischen und adhäsiven Eigenschaften des Systems abhängt, aber nicht von der Stoßgeschwindigkeit. Bei ausreichend kleinen
Geschwindigkeiten kann es daher dazu kommen, dass sich die zusammenstoßenden Körper nicht wieder voneinander lösen. Eine Untersuchung des Einflusses der Reichweite der

Adhäsion (im Rahmen der Maugis-Theorie) zeigte dabei, dass der Energie-Verlust durch die JKR-Theorie auch für große Werte des Tabor-Parameters deutlich überschätzt wird.

In der Kollision viskoelastischer Körper hängt die Stoßzahl nur schwach von der Profilform und der konkreten viskoelastischen Rheologie ab. Die dominierende Größe ist das Verhältnis des Verlust- und Speichermoduls bei der charakteristischen Zeitskala des Stoßes, d. h. der Stoßdauer. Als gute Näherungslösung des Stoßproblems kann daher die analytische Lösung für den Stoß eines zylindrischen Flachstempels auf ein Kelvin-Voigt-Medium dienen. Das Modell von Kuwabara & Kono für die Kollision viskoelastischer Kugeln ist zwar aus kontaktmechanischer Sicht leicht inkorrekt, liefert aber praktisch die gleichen Ergebnisse wie ein kontaktmechanisch rigoroses Modell und ist dabei einfacher zu implementieren und handzuhaben. Die Kompressibilität des viskoelastischen Materials ist von geringer Bedeutung für das Kollisionsverhalten; dabei führt die Annahme der Inkompressibilität in der Regel zu einer Überschätzung der Dissipation und damit zu einer Unterschätzung der Stoßzahl.

Für den elasto-plastischen Normalstoß ohne Adhäsion hängt die Stoßzahl praktisch nur von dem Verhältnis der Stoßgeschwindigkeit zur kritischen Geschwindigkeit ab, die nötig ist, um bei der Kollision relevante plastische Deformationen zu erzeugen. Bei der theoretischen Modellierung des Stoßproblems bestehen dabei immer noch Defizite, beispielsweise in der Berücksichtigung der Verfestigung.

Der elasto-plastische Stoß mit Adhäsion ist noch in großen Teilen unverstanden. Es wurde aber gezeigt, dass eine einfache Superposition der beiden Dissipationsmechanismen (Adhäsion und plastische Deformation) die Gesamtdissipation unterschätzt, da die einfache Superposition die relevanten Wechselwirkungen von Adhäsion und Plastizität ignoriert.

Literatur

1. Hertz, H. (1882). Über die Berührung fester elastischer Körper. *Journal für die reine und angewandte Mathematik, 92*(1882), 156–171.
2. Eason, G. (1996). The displacements produced in an elastic half-space by a suddenly applied surface force. *IMA Journal of Applied Mathematics, 2*(4), 299–326.
3. Love, A. E. H. (1944). *A treatise on the mathematical theory of elasticity* (4. Aufl.). New York: Dover Publications.
4. Hunter, S. C. (1957). Energy absorbed by elastic waves during impact. *Journal of the Mechanics and Physics of Solids, 5*(3), 162–171.
5. Goldsmith, W. (1960). *Impact: The theory and physical behaviour of colliding solids.* London: Edward Arnold Publishers Ltd.
6. Deresiewicz, H. (1968). A note on Hertz's theory of impact. *Acta Mechanica, 6,* 110–112.
7. Graham, G. A. C. (1973). A contribution to Hertz's theory of elastic impact. *International Journal of Engineering Science, 11*(4), 409–413.
8. Willert, E., & Popov, V. L. The oblique impact of a rigid sphere on a power-law graded elastic halfspace. *Mechanics of Materials, 109,* 82–89.
9. Johnson, K. L., & Pollock, H. M. (1994) The role of adhesion in the impact of elastic spheres. *Journal of Adhesion Science and Technology, 8*(11), 1323–1332.

10. Thornton, C., & Ning, Z. (1998). A theoretical model for the stick/bounce behaviour of adhesive elasticplastic spheres. *Powder Technology, 99*(2), 154–162.

11. Willert, E., Lyashenko, I. A., & Popov, V. L. (2013). Influence of the Tabor parameter on the adhesive normal impact of spheres in Maugis-Dugdale approximation. *Computational Particle Mechanics, 5*(3), 313–318.

12. Ciavarella, M., Greenwood, J. A., & Barber, J. R. (2017). Effect of Tabor parameter on hysteresis losses during adhesive contact. *Journal of the Mechanics and Physics of Solids, 98*, 236–244.

13. Wu, J. J. (2010). The jump-to-contact distance in atomic force microscopy measurement. *The Journal of Adhesion, 86*(11), 1071–1085.

14. Willert, E., & Popov, V. L. (2017). Adhesive tangential impact without slip of a rigid sphere and a powerlaw graded elastic half-space. *ZAMM Zeitschrift für Angewandte Mathematik und Mechanik, 97*(7), 872–878.

15. Butcher, E. A., & Segalman, D. J. (2000). Characterizing Damping and Restitution in Compliant Impacts via Modified K-V and Higher-Order Linear Viscoelastic Models. *Journal of Applied Mechanics, 67*(4), 831–834.

16. Schwager, T., & Pöschel, T. (2007). Coefficient of restitution and linear-dashpot model revisited. *Granular Matter, 9*, 465–469.

17. Argatov, I. I. (2013). Mathematical modeling of linear viscoelastic impact: Application to drop impact testing of articular cartilage. *Tribology International, 63*, 213–225.

18. Kuwabara, G., & Kono, K. (1987). Restitution coefficient in a collision between two spheres. *Japanese Journal of Applied Physics, 26*(8), 1230–1233.

19. Brilliantov, N. V., Spahn, F., Hertzsch, J. M., & Pöschel, T. (1996). Model for collisions in granular gases. *Physical Review, E 53*(5), 5382–5392.

20. Ramírez, R., Pöschel, T., Brilliantov, N. V., & Schwager, T. (1999). Coefficient of restitution of colliding viscoelastic spheres. *Physical Review, E 60*(4), 4465–4472.

21. Schwager, T., & Pöschel, T. (2008). Coefficient of restitution for viscoelastic spheres: The effect of delayed recovery. *Physical Review, E 78*(8), 051304. https://doi.org/10.1103/PhysRevE.78.051304.

22. Müller, P., & Pöschel, T. (2011). Collision of viscoelastic spheres: Compact expressions for the coefficient of normal restitution. *Physical Review, E 84*(2), 021302. https://doi.org/10.1103/PhysRevE.84.021302.

23. Pao, Y. H. (1955). Extension of the Hertz theory of impact to the viscoelastic case. *Journal of Applied Physics, 26*(9), 1083–1088.

24. Willert, E., Kusche, S., & Popov, V. L. (2017). The influence if viscoelasticity on velocity-dependent restitutions in the oblique impact of spheres. *Facta Universitatis, Series Mechanical Engineering, 15*(2), 269–284.

25. Lee, J., & Herrmann, H. J. (1993). Angle of repose and angle of marginal stability: Molecular dynamics of granular particles. *Journal of Physics A: General Physics, 26*(2), 373–383.

26. Ray, S., Kempe, T., & Fröhlich, J. (2015). Efficient modelling of particle collisions using a non-linear viscoelastic contact force. *International Journal of Multiphase Flow, 76*, 101–110.

27. Hunt, K. H., & Crossley, F. R. E. (1975). Coefficient of restitution interpreted as damping in vibroimpact. *Journal of Applied Mechanics, 42*(2), 440–445.

28. Tsuji, Y., Tanaka, T., & Ishida, T. (1992). Lagrangian numerical simulation of plug flow of cohesionless particles in a horizontal pipe. *Powder Technology, 71*(3), 239–250.

29. Van Zeebroeck, M. et al. (2003). Determination of the dynamical behaviour of biological materials during impact using a pendulum device. *Journal of Sound and Vibration, 266*(3), 465–480.

30. Kusche, S. (2016). Simulation von Kontaktproblemen bei linearem viskoelastischem Materialverhalten. Diss. Technische Universität Berlin, 2016.

31. Brilliantov, N. V., Pimenova, A. V., & Goldobin, D. S. (2015). A dissipative force between colliding viscoelastic bodies: Rigorous approach. *EPL Europhysics Letters, 109*(1), 14005. https://doi.org/10.1209/0295-5075/109/14005.

32. Willert, E., Leroy, J.-E., Satora, M., & Scholtyssek, Y. (2018). *The influence of compressibility on the restitution coefficient for viscoelastic spheres in low-velocity normal impacts.* https://arxiv.org/abs/1806.06540.

33. Tschoegl, N. W., Knauss, W. G., & Emri, I. (2002). Poisson's ratio in linear viscoelasticity – A critical review. *Mechanics of Time-Dependent Materials, 6*(1), 3–51.

34. Yee, A. F., & Takemori, M. T. (1982). Dynamic bulk and shear relaxation in glassy polymers. I. experimental techniques and results on PMMA. *Journal of Polymer Science, Part B: Polymer Physics, 20*(2), 205–224.

35. Stronge, W. J. (2000). *Impact Mechanics*. Cambridge: Cambridge University Press.

36. Weir, G., & Tallon, S. (2005). The coefficient of restitution for normal incident, low velocity particle impacts. *Chemical Engineering Science, 60*(13), 3637–3647.

37. Li, L. Y., Thornton, C., & Wu, C. Y. (2000). Impact behaviour of elastoplastic spheres with a rigid wall. *Proceedings of the Institution of Mechanical Engineers, Part C: Journal of Mechanical Engineering Science, 214*(8), 1107–114.

38. Wu, C. Y., Li, L. Y., & Thornton, C. (2003). Rebound behaviour of spheres for plastic impacts. *International Journal of Impact Engineering, 28*(9), 929–946.

39. Wu, C. Y., & Li, L. Y., Thornton, C. (2005). Energy dissipation during normal impact of elastic and elasticplastic spheres. *International Journal of Impact Engineering, 32*(1–4), 593–604.

40. Thornton, C., Cummins, S. J., & Cleary, P. W. (2013). An investigation of the comparative behaviour of alternative contact force models during inelastic collisions. *Powder Technology, 233*, 30-46.

41. Popov, V. L., Starčević, J., & Willert, E. (2019). *Materialtheorie: Vorlesungsskript Sommersemester 2019.* Berlin: Technische Universität Berlin.

42. Lyashenko, I. A., & Popov, V. L. (2018). Dynamic model of elastoplastic normal collision of spherical particles under nonlocal plasticity. *Physics of the Solid State, 60*(3), 566–570.

43. Thornton, C. (1997). Coefficient of restitution for collinear collisions of elastic-perfectly plastic spheres. *Journal of Applied Mechanics, 64*(2), 383–386.

44. Jackson, R. L., Green, I., & Marghitu, D. B. (2010). Predicting the coefficient of restitution of impacting elastic-perfectly plastic spheres. *Nonlinear Dynamics, 60*(3), 217–229.

45. Lifshitz, J. M., & Kolsky, H. (1964). Some experiments on anelastic rebound. *Journal of the Mechanics and Physics of Solids, 12*(1), 35–43.

46. Wong, C. X., Daniel, M. C., & Rongong, J. A. (2009). Energy dissipation prediction of particle dampers. *Journal of Sound and Vibration, 319*(1–2), 91–118.

47. Kharaz, A. H., & Gorham, D. A. (2000). A study of the restitution coefficient in elastic-plastic impact. *Philosophical Magazine Letters, 80*(8), 549–559.

48. Kim, O. V., & Dunn, P. F. (2007). A microsphere-surface impact model for implementation in computational fluid dynamics. *Aerosol Science, 38*(5), 532–549.

49. Ghanbarzadeh, A., Hassanpour, A., & Neville, A. (2019). A numerical model for calculation of the restitution coefficient of elastic-perfectly plastic and adhesive bodies with rough surfaces. *Powder Technology, 345*, 203–212.

50. Pohrt, R., & Popov, V. L. (2015). Adhesive contact simulation of elastic solids using local mesh-dependent detachment criterion in boundary elements method. *Facta niversitatis, Series Mechanical Engineering, 13*(1), 3–10.

51. Wu, Y. C., & Adams, G. G. (2008). Plastic yield conditions for adhesive contacts between a rigid sphere and an elastic half-space. *Journal of Tribology, 131*(1), 011403. https://doi.org/10.1115/1.3002329.

Nach der Behandlung des reinen Normalstoßproblems ist das folgende Kapitel dem allgemeinen Stoßproblem von Kugeln gewidmet. Im Rahmen der im zweiten und dritten Kapitel beschriebenen Annahmen ist diese Aufgabe äquivalent zu dem ebenen Stoß einer starren Kugel auf einen deformierbaren Halbraum (siehe Abb. 2.2). Unabhängig von der konkreten kontaktmechanischen Wechselwirkung ist die tangentiale Bewegungsgleichung wegen Gl. (2.27), unter Verwendung von Gl. (2.42), durch

$$F_x = -\tilde{m}\kappa\ddot{u}_{x,K} \tag{6.1}$$

gegeben. Hier bezeichnet $u_{x,K}$ die (makroskopische) tangentiale Verschiebung des Kontaktpunktes. Die Aufgabe besteht nun in der Formulierung eines exakten Kraftgesetzes für die Reibkraft F_x und der mathematischen Lösung der sich ergebenden Differenzialgleichung. Das Stoßproblem wird durch die Angabe der tangentialen Stoßzahl (für die tangentiale Bewegung des Kontaktpunktes), ϵ_x, gelöst.

6.1 Elastischer schiefer Stoß ohne Gleiten

Für den Grenzfall eines unendlich großen Reibbeiwertes (also der Abwesenheit lokalen Gleitens) gibt es in Lehrbüchern zu den Grundlagen der Technischen Mechanik eine scheinbar triviale Lösung des Stoßproblems [1, S. 171 f.]: Wegen der Haftbedingung verschwindet die tangentiale Geschwindigkeit des Kontaktpunktes, die Stoßzahl ist dann ganz einfach $\epsilon_x = 0$. So simpel ist das Problem allerdings nicht. Aufgrund der Elastizität der Körper kann es auch ohne Gleiten eine tangentiale Bewegung im Kontakt geben; die Lösung mithilfe der globalen Haftbedingung für starre Körper ist daher in sich widersprüchlich. Eine widerspruchsfreie analytische Lösung für den Grenzfall ohne Gleiten wurde für elastisch homogene Medien von Barber [2] und Jäger [3] präsentiert. Diese Lösung kann man ohne Schwierigkeiten für Medien mit einer elastischen Gradierung in der Form eines Potenzgesetzes verallgemeinern.

© Der/die Autor(en) 2020   157
F. Willert, *Stoßprobleme in Physik, Technik und Medizin*,
https://doi.org/10.1007/978-3-662-60296-6_6

6.1.1 Homogene Medien

Wegen des wachsenden, bzw. schrumpfenden Kontaktradius ist das kontaktmechanische Verhalten während der Kompressions- und der Restitutionsphase qualitativ unterschiedlich. Beide Teile des Stoßes müssen daher getrennt voneinander behandelt werden.

Kompressionsphase
Während der Kompressionsphase kann man das Kraftgesetz inkrementell formulieren. Da zu keinem Zeitpunkt lokales Gleiten zugelassen ist, wird zu einem Zeitpunkt t das Kontaktgebiet mit dem Radius $a(t)$ als Ganzes um $du_{x,K}(t)$ verschoben. Der entsprechende Beitrag zu der tangentialen Kraft ist wegen Gl. (3.92)

$$dF_x = 2\tilde{G}a\,du_{x,K}. \tag{6.2}$$

Division durch dt und Einsetzen der Gl. (6.1) sowie der Relation (3.35) für den Kontaktradius ergibt

$$\frac{d^3 u_{x,K}}{dt^3} + \frac{2\tilde{G}}{\kappa\tilde{m}}\sqrt{\tilde{R}d}\,\frac{du_{x,K}}{dt} = 0. \tag{6.3}$$

Führt man die dimensionsfreien Größen

$$\hat{t} := \frac{|v_{z,K,0}|}{d_{\max}}t, \qquad \hat{u}_{x,K} := \frac{u_{x,K}}{d_{\max}}, \qquad \hat{v}_{x,K} := \frac{d\hat{u}_{x,K}}{d\hat{t}}, \tag{6.4}$$

mit der maximalen Eindrucktiefe $d_{\max}$ aus Gl. (5.8), ein, erhält man

$$\frac{d^2\hat{v}_{x,K}}{d\hat{t}^2} + \frac{15}{4}\chi\sqrt{\frac{d}{d_{\max}}}\,\hat{v}_{x,K} = 0, \qquad \chi := \frac{l}{2\kappa}, \qquad l := \frac{\tilde{G}}{\tilde{E}} = \frac{2-2\nu}{2-\nu}, \tag{6.5}$$

was mithilfe der sich aus Gl. (5.10) ergebenden Beziehung

$$\frac{d\xi}{d\hat{t}} = \frac{5}{2}\xi^{3/5}\left(1-\xi\right)^{1/2}, \qquad \xi := \left(\frac{d}{d_{\max}}\right)^{5/2}, \tag{6.6}$$

und der Kettenregel in die Hypergeometrische Gleichung

$$\frac{d^2\hat{v}_{x,K}}{d\xi^2}\xi(1-\xi) + \frac{1}{10}(6-11\xi)\frac{d\hat{v}_{x,K}}{d\xi} + \frac{3\chi}{5}\hat{v}_{x,K} = 0 \tag{6.7}$$

überführt werden kann. Den Parameter χ führten Maw et al. [4] zur Beschreibung schiefer elastischer Stöße von Kugeln ein. Der darin enthaltene Parameter l gibt das Verhältnis der tangentialen zur normalen Steifigkeit des Flachstempel-Kontaktes an und wird häufig nach Mindlin benannt. In der Umgebung von $\xi = 0$ hat Gl. (6.7) die allgemeine Lösung (siehe Gl. (9.37) im Anhang)

$$\hat{v}_{x,K}(\xi) = C_1\,{}_2F_1\left(\frac{1+\phi}{20}, \frac{1-\phi}{20}; \frac{3}{5}; \xi\right) \tag{6.8}$$

$$+ C_2\xi^{2/5}\,{}_2F_1\left(\frac{9+\phi}{20}, \frac{9-\phi}{20}; \frac{7}{5}; \xi\right), \quad \phi := \sqrt{1+240\chi},$$

mit der ebenfalls im Anhang gegebenen Hypergeometrischen Funktion ${}_2F_1$. Die Integrationskonstanten C_1 und C_2 ergeben sich aus den Anfangs-, bzw. Randbedingungen:

$$\hat{v}_{x,K}(\xi = 0) = C_1 = \tan\alpha, \qquad \frac{\mathrm{d}\hat{v}_{x,K}}{\mathrm{d}\hat{t}}(\xi = 0) = \frac{5}{2}C_2 = 0, \tag{6.9}$$

wobei der Einfallswinkel α der Bewegung des Kontaktpunktes in Gl. (2.58) definiert wurde. Am Umkehrpunkt ergibt sich damit die Geschwindigkeit

$$\hat{v}_{x,K}(\xi = 1) = \tan\alpha\,{}_2F_1\left(\frac{1+\phi}{20}, \frac{1-\phi}{20}; \frac{3}{5}; 1\right) = \tan\alpha\,\frac{\sqrt{\pi}\,\Gamma(3/5)}{\Gamma\left(\frac{11+\phi}{20}\right)\Gamma\left(\frac{11-\phi}{20}\right)}. \tag{6.10}$$

Die Tangentialkraft ergibt sich aus Gl. (6.1) mithilfe von Gl. (6.6) und der im Anhang gegebenen Beziehung (9.40) zu

$$F_x(\xi) = l\tan\alpha\,F_{N,\max}\,\xi^{3/5}\,{}_2F_1\left(\frac{11+\phi}{20}, \frac{11-\phi}{20}; \frac{8}{5}; \xi\right), \tag{6.11}$$

mit der maximalen Normaldruckkraft $F_{N,\max}$ aus Gl. (5.9).

Restitutionsphase
Während der Restitutionsphase kehrt sich das Vorzeichen der Normalgeschwindigkeit um, sodass Gl. (6.6) durch

$$\frac{\mathrm{d}\xi}{\mathrm{d}\hat{t}} = -\frac{5}{2}\xi^{3/5}\,(1-\xi)^{1/2} \tag{6.12}$$

ersetzt werden muss. Außerdem gibt es für jeden Zeitpunkt[1] $t > T_S/2$ einen Zeitpunkt $t_c(t) = T_S - t$ während der Kompressionsphase, sodass $a(t) = a(t_c)$. Da zu keinem Zeitpunkt lokales Gleiten zugelassen wird, ist die Differenz der Tangentialkräfte zwischen diesen beiden Zeitpunkten durch die erfolgte tangentiale Verschiebung des Kontaktgebiets mit dem Radius $a(t)$ als Ganzes vorgegeben:

$$F_x(t) - F_x(t_c) = 2\tilde{G}a(t)\left[u_{K,x}(t) - u_{K,x}(t_c)\right]. \tag{6.13}$$

Da weiterhin die Bewegungsgleichung (6.1) sowohl für die Kompressions- als auch für die Restitutionsphase gültig ist, ist die Bewegungsgleichung für die Differenz der Verschiebung,

$$u_{x,K}^*(t) := u_{x,K}(t) - u_{x,K}(t_c), \tag{6.14}$$

---

[1] T_S ist die in Gl. (5.12) gegebene Stoßdauer.

durch

$$\frac{\mathrm{d}^2 u_{x,K}^*}{\mathrm{d}t^2} + \frac{2\tilde{G}}{\kappa\tilde{m}}\sqrt{\tilde{R}d}\, u_{x,K}^* = 0. \tag{6.15}$$

gegeben. Die Größe $u_{x,K}^*$ muss also der gleichen Hypergeometrischen Differenzialgleichung (6.7) genügen wie $\dot{u}_{x,K}$ während der Kompressionsphase. Die allgemeine Lösung dieser Gleichung in der Umgebung von $\xi = 1$ (d. h. dem Umkehrpunkt der Normalbewegung) ist (siehe Gl. (9.38) im Anhang)

$$\frac{u_{x,K}^*(\xi)}{d_{\max}} = C_3 \,_2\mathrm{F}_1\left(\frac{1+\phi}{20}, \frac{1-\phi}{20}; \frac{1}{2}; 1-\xi\right) \tag{6.16}$$
$$+ C_4\sqrt{1-\xi}\,_2\mathrm{F}_1\left(\frac{11+\phi}{20}, \frac{11-\phi}{20}; \frac{3}{2}; 1-\xi\right).$$

Dabei ist offenbar

$$\frac{u_{x,K}^*(\xi = 1)}{d_{\max}} = C_3 = 0. \tag{6.17}$$

Mit den in den Gl. (9.40) und (9.41) gegebenen Beziehungen und der Relation (6.12) erhält man für die Geschwindigkeit

$$\hat{v}_{x,K}(\xi) = -\tan\alpha \,_2\mathrm{F}_1\left(\frac{1+\phi}{20}, \frac{1-\phi}{20}; \frac{3}{5}; \xi\right) \tag{6.18}$$
$$+ \frac{5}{4}C_4 \,_2\mathrm{F}_1\left(\frac{-1+\phi}{20}, \frac{-1-\phi}{20}; \frac{1}{2}; 1-\xi\right).$$

Die Integrationskonstante C_4 ergibt sich wegen der Stetigkeit der Geschwindigkeit aus Gl. (6.10) zu

$$\frac{5}{4}C_4 = 2\tan\alpha \,_2\mathrm{F}_1\left(\frac{1+\phi}{20}, \frac{1-\phi}{20}; \frac{3}{5}; 1\right). \tag{6.19}$$

Die tangentiale Stoßzahl beträgt dann unter Berücksichtigung der Gl. (9.39) im Anhang

$$\epsilon_x = 1 - 2\pi\left[\frac{\Gamma(3/5)}{\Gamma\left(\frac{11+\phi}{20}\right)\Gamma\left(\frac{11-\phi}{20}\right)}\right]^2. \tag{6.20}$$

Die Gamma-Funktion ist für alle negativen ganzen Zahlen (einschließlich Null) singulär. Die Stoßzahl ist an den singulären Punkten, die entsprechend durch die Bedingung

$$\chi_c = \frac{1+2i}{2}\left(1 + \frac{5i}{3}\right), \quad i \in \mathbb{N}, \tag{6.21}$$

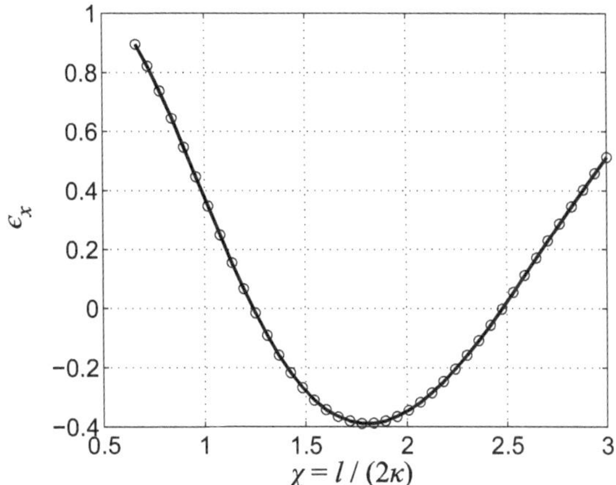

Abb. 6.1 Tangentiale Stoßzahl für den elastischen Stoß ohne Gleiten als Funktion des Parameters χ. Die durchgezogene Kurve bezeichnet die analytische Lösung 6.20 von Jäger [3], die Kreise markieren die Ergebnisse einer numerischen Lösung des Problems mithilfe der MDR

gegeben sind, gleich Eins, während des Stoßes wird dann keine Energie dissipiert[2]. Das analytische Ergebnis (6.20) ist in Abb. 6.1 gemeinsam mit einer auf der MDR beruhenden numerischen Lösung gezeigt, die von Lyashenko und Popov [5] publiziert wurde.

Für die Tangentialkraft während der Restitutionsphase ergibt sich wegen Gl. (6.13) und mit den im Anhang gegebenen Vereinfachungen der Hypergeometrischen Funktion

$$F_x(\xi) = F_x^{\mathrm{k}} + \frac{12}{5}\, F_{N,\max}\, \frac{\sqrt{\pi}\,\Gamma(3/5)l\tan\alpha}{\Gamma\left(\frac{11+\phi}{20}\right)\Gamma\left(\frac{11-\phi}{20}\right)} \xi^{1/5}\sqrt{1-\xi}\ {}_2\mathrm{F}_1\left(\frac{11+\phi}{20},\frac{11-\phi}{20};\frac{3}{2},1-\xi\right).$$

$$(6.22)$$

Dabei muss für F_x^{k} der Ausdruck (6.11) aus der Kompressionsphase eingesetzt werden. Die Tangentialkraft, normiert auf $l\tan\alpha\,F_{N,\max}$, als Funktion der Zeit, normiert auf T_S, hängt damit nur von dem Parameter χ ab. Der Zeitverlauf der normierten Tangentialkraft während des ganzen Stoßvorgangs ist in Abb. 6.2 für verschiedene Werte von χ gezeigt. Für den singulären Fall $\chi = 4$ ist der Verlauf symmetrisch, die Kraftstöße während der Kompressions- und der Restitutionsphase sind daher gleich. Dies trifft für alle in Gl. (6.21) definierten singulären Fälle zu, nur steigt mit i die Anzahl der Minima und Maxima des Kraftverlaufes [3].

Nicht-parabolische Indenterformen

Die oben gezeigte Lösung für parabolische Kontakte kann für Indenterprofile in der Form des Potenzgesetzes (3.38) verallgemeinert werden, wenn man annimmt, dass die Bewegungsgleichung (6.1) – die aus der makroskopischen Dynamik zusammenstoßender Kugeln

---

[2]Dabei muss man bedenken, dass die physikalische Untergrenze für χ bei elastisch homogenen Kugeln durch den Wert 2/3 gegeben ist, der erste singuläre Fall entspricht dann $\chi = 4$.

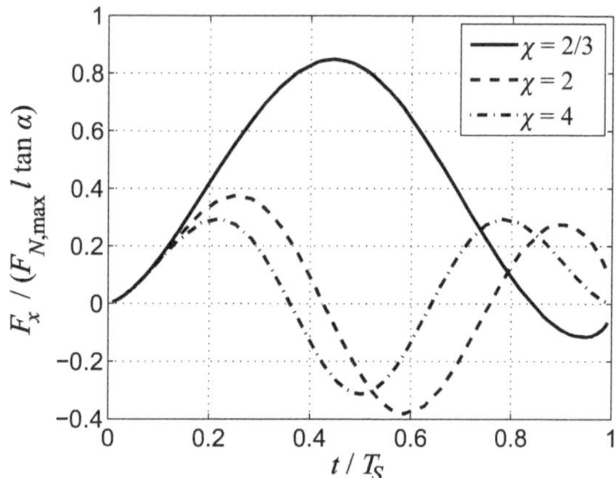

Abb. 6.2 Normierte Tangentialkraft als Funktion der normierten Zeit für den elastischen Stoß ohne Gleiten bei verschiedenen Werten des Parameter χ

hergeleitet wurde – trotzdem ihre Gültigkeit behält[3]. Aus der Lösung des Normalstoßproblems erhält man, dass der Zusammenhang (6.6) während der Kompressionsphase durch

$$\frac{\mathrm{d}\xi}{\mathrm{d}\hat{t}} = \frac{2n+1}{n}\xi^{\frac{n+1}{2n+1}}(1-\xi)^{1/2}, \qquad \xi := \left(\frac{d}{d_{\max}}\right)^{\frac{2n+1}{n}}, \tag{6.23}$$

ersetzt werden muss. Mit dem aus der Lösung des Kontaktproblems bekannten Zusammenhang zwischen Kontaktradius und Eindrucktiefe, siehe Gl. (3.39), erhält man während der Kompressionsphase die Gleichung

$$\frac{\mathrm{d}^2\hat{v}_{x,K}}{\mathrm{d}\xi^2}\xi(1-\xi) + \frac{2n+2-(4n+3)\xi}{2(2n+1)}\frac{\mathrm{d}\hat{v}_{x,K}}{\mathrm{d}\xi} + \frac{n+1}{2n+1}\chi\hat{v}_{x,K} = 0 \tag{6.24}$$

mit der Lösung

$$\hat{v}_{x,K}(\xi) = \tan\alpha \;_2F_1\left(\frac{1+\phi}{8n+4}, \frac{1-\phi}{8n+4}; \frac{n+1}{2n+1}; \xi\right), \qquad \phi := \sqrt{1+16(2n^2+3n+1)\chi}, \tag{6.25}$$

für die normierte tangentiale Geschwindigkeit. Der Parameter χ ist dabei unverändert durch die in Gl. (6.5) gegebene Definition bestimmt. Die Tangentialkraft während der Kompressionsphase ergibt sich zu

$$F_x(\xi) = l\tan\alpha\, F_{N,\max}\,\xi^{\frac{n+1}{2n+1}}\,_2F_1\left(\frac{4n+3+\phi}{8n+4}, \frac{4n+3-\phi}{8n+4}; \frac{3n+2}{2n+1}; \xi\right). \tag{6.26}$$

---

[3]Dies kann beispielsweise der Fall sein, wenn die makroskopische Form der zusammenstoßenden Körper in guter Näherung Kugeln entspricht, aber die Profilform in der Nähe des Kontaktpunktes von der parabolischen stark abweicht.

Die normierte Geschwindigkeit während der Restitutionsphase beträgt

$$\hat{v}_{x,K}(\xi) = -\tan\alpha \; {}_2F_1\left(\frac{1+\phi}{8n+4}, \frac{1-\phi}{8n+4}; \frac{n+1}{2n+1}; \xi\right) \tag{6.27}$$

$$+ \frac{2n+1}{2n}C_4 \; {}_2F_1\left(\frac{-1+\phi}{8n+4}, \frac{-1-\phi}{8n+4}; \frac{1}{2}; 1-\xi\right),$$

mit

$$\frac{2n+1}{2n}C_4 = 2\tan\alpha \; {}_2F_1\left(\frac{1+\phi}{8n+4}, \frac{1-\phi}{8n+4}; \frac{n+1}{2n+1}; 1\right), \tag{6.28}$$

und für die Tangentialkraft während der Restitutionsphase erhält man

$$F_x(\xi) = F_x^{\mathrm{k}} + \frac{4(n+1)}{2n+1} \; F_{N,\max} \frac{\sqrt{\pi}\,\Gamma(\frac{n+1}{2n+1})l\tan\alpha}{\Gamma\left(\frac{4n+3+\phi}{8n+4}\right)\Gamma\left(\frac{4n+3-\phi}{8n+4}\right)} \xi^{\frac{1}{2n+1}}\sqrt{1-\xi}$$

$$\times {}_2F_1\left(\frac{4n+3+\phi}{n+4}, \frac{4n+3-\phi}{8n+4}; \frac{3}{2}; 1-\xi\right). \tag{6.29}$$

Die Stoßzahl

$$\epsilon_x = 1 - 2\pi\left[\frac{\Gamma(\frac{n+1}{2n+1})}{\Gamma\left(\frac{4n+3+\phi}{8n+4}\right)\Gamma\left(\frac{4n+3-\phi}{8n+4}\right)}\right]^2 \tag{6.30}$$

mit den singulären Punkten der Gamma-Funktion,

$$\chi_c = \frac{1+2i}{2(n+1)}(1+i+n+2in), \qquad i \in \mathbb{N}, \tag{6.31}$$

ist in Abb. 6.3 als Konturlinien-Diagramm dargestellt. Für $n \to \infty$ ergibt sich der Flachstempelkontakt und daher das Ergebnis, wenn der Kontakt durch eine einzelne lineare Feder approximiert wird [5],

$$\lim_{n\to\infty}\epsilon_x = -\cos\left(\pi\sqrt{2\chi}\right). \tag{6.32}$$

6.1.2 Funktionale Gradientenmedien

Analog zur Herleitung aus dem vorherigen Abschnitt kann man auch den ebenen Stoß ohne Gleiten für Medien mit einer elastischen Gradierung in der Form eines Potenzgesetzes, siehe Gl. (3.209), vollständig analytisch lösen. Es werden zunächst kollidierende Kugeln betrachtet. Dabei muss man wiederum die Kompressions- und Restitutionsphase getrennt voneinander behandeln.

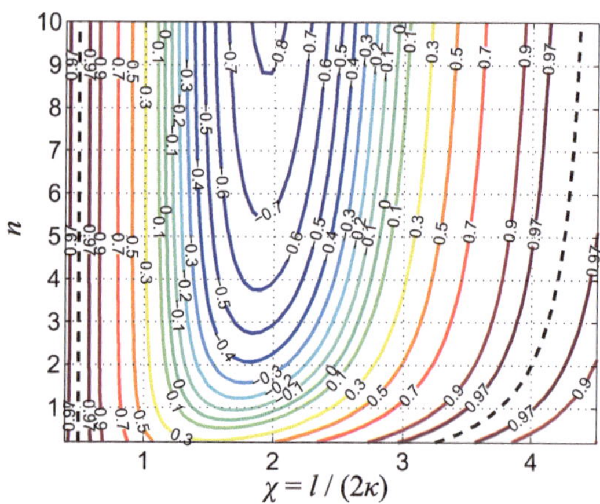

Abb. 6.3 Konturlinien-Diagramm der tangentialen Stoßzahl (6.30) für den elastischen Stoß ohne Gleiten mit einem Potenzprofil als Funktion der Parameter χ und n. Die gestrichelten Linien bezeichnen die singulären Punkte nach Gl. (6.31), für die während des Stoßes keine Energie dissipiert wird

Kompressionsphase

Der inkrementelle Beitrag zur Tangentialkraft ist wegen Gl. (3.254) nun durch

$$dF_x = \frac{2}{1+k} c_T a^{1+k} du_{x,K}.$$

(6.33)

gegeben. Mit der Lösung des Normalproblems und den gleichen Normierungen wie in Gl. (6.4), wobei für die maximale Eindrucktiefe der Wert aus Gl. (5.21) verwendet werden muss, erhält man die dimensionsfreie Bewegungsgleichung in tangentialer Richtung,

$$\frac{d^2 \hat{v}_{x,K}}{d\hat{t}^2} + \frac{(3+k)(5+k)}{4} \chi \left(\frac{d}{d_{\max}} \right)^{\frac{1+k}{2}} \hat{v}_{x,K} = 0, \qquad \chi := \frac{l}{2\kappa}, \qquad l := \frac{c_T}{c_N}.$$

(6.34)

Die Größe χ ist hier die Generalisierung des von Maw et al. [4] vorgeschlagenen Parameters für Gradientenmedien mit einer Gradierung in der Form eines Potenzgesetzes. Die Moduln c_N und c_T sind in den Gl. (3.223) und (3.224) gegeben. Mit der Substitution

$$\xi := \left(\frac{d}{d_{\max}} \right)^{\frac{5+k}{2}}$$

(6.35)

und der sich aus der Energieerhaltung (5.20) ergebenden Beziehung

$$\frac{d\xi}{d\hat{t}} = \frac{5+k}{2} \xi^{\frac{3+k}{5+k}} (1-\xi)^{1/2}$$

(6.36)

kann man die Bewegungsgleichung, analog zum homogenen Fall, in die Hypergeometrische Differenzialgleichung

$$\frac{d^2 \hat{v}_{x,K}}{d\xi^2} \xi(1-\xi) + \frac{6+2k - (11+3k)\xi}{10+2k} \frac{d\hat{v}_{x,K}}{d\xi} + \frac{3+k}{5+k} \chi \, \hat{v}_{x,K} = 0$$

(6.37)

überführen. Diese hat unter Berücksichtigung der Anfangsbedingungen in der Umgebung von $\xi = 0$ die Lösung

$$\hat{v}_{x,K}(\xi) = \tan\alpha \; {}_2\mathrm{F}_1\left(\frac{1+k+\phi}{20+4k}, \frac{1+k-\phi}{20+4k}; \frac{3+k}{5+k}; \xi\right), \quad \phi := \sqrt{(1+k)^2 + 16(3+k)(5+k)\chi}.$$

$$(6.38)$$

Die Tangentialkraft ergibt sich zu

$$F_x(\xi) = l \tan\alpha \; F_{N,\max} \; \xi^{\frac{3+k}{5+k}} {}_2\mathrm{F}_1\left(\frac{11+3k+\phi}{20+4k}, \frac{11+3k-\phi}{20+4k}; \frac{8+2k}{5+k}; \xi\right), \qquad (6.39)$$

mit der aus der Lösung des Normalproblems bekannten maximalen Normalkraft und dem in Gl. (2.58) definierten Stoßwinkel.

Restitutionsphase

Die Behandlung der Restitutionsphase ist ebenfalls völlig analog zum speziellen homogenen Fall. Aus Platzgründen soll daher an dieser Stelle auf die Darstellung der Herleitung verzichtet werden. Man erhält für die Differenz der tangentialen Verschiebung

$$\frac{u^*_{x,K}(\xi)}{d_{\max}} = C_4\sqrt{1-\xi} \; {}_2\mathrm{F}_1\left(\frac{11+3k+\phi}{20+4k}, \frac{11+3k-\phi}{20+4k}; \frac{3}{2}; 1-\xi\right), \qquad (6.40)$$

mit

$$C_4 = \frac{8}{5+k} \tan\alpha \; {}_2\mathrm{F}_1\left(\frac{1+k+\phi}{20+4k}, \frac{1+k-\phi}{20+4k}; \frac{3+k}{5+k}; 1\right), \qquad (6.41)$$

für die normierte tangentiale Geschwindigkeit

$$\hat{v}_{x,K}(\xi) = -\tan\alpha \; {}_2\mathrm{F}_1\left(\frac{1+k+\phi}{20+4k}, \frac{1+k-\phi}{20+4k}; \frac{3+k}{5+k}; \xi\right)$$
$$+ \frac{5+k}{4} C_4 \; {}_2\mathrm{F}_1\left(\frac{-1-k+\phi}{20+4k}, \frac{-1-k-\phi}{20+4k}; \frac{1}{2}; 1-\xi\right), \qquad (6.42)$$

die Tangentialkraft

$$F_x(\xi) = F_x^{\mathrm{k}} + \frac{3+k}{2} l \, F_{N,\max} \, C_4 \, \xi^{\frac{1+k}{5+k}} \sqrt{1-\xi} \; {}_2\mathrm{F}_1\left(\frac{11+3k+\phi}{20+4k}, \frac{11+3k-\phi}{20+4k}; \frac{3}{2}; 1-\xi\right)$$
$$(6.43)$$

und die tangentiale Stoßzahl

$$\epsilon_x = 1 - 2\pi \left[\frac{\Gamma\left(\frac{3+k}{5+k}\right)}{\Gamma\left(\frac{11+3k+\phi}{20+4k}\right)\Gamma\left(\frac{11+3k-\phi}{20+4k}\right)}\right]^2. \qquad (6.44)$$

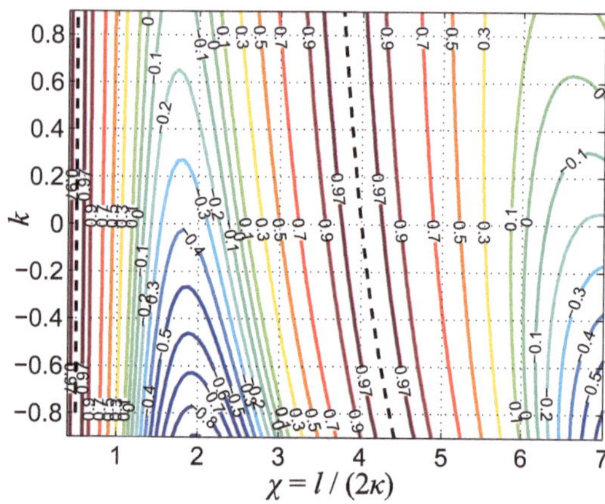

Abb. 6.4 Konturlinien-Diagramm der tangentialen Stoßzahl (6.44) für den elastischen Stoß auf ein Gradientenmedium ohne Gleiten als Funktion der Parameter χ und k. Die gestrichelten Linien bezeichnen die singulären Punkte nach Gl. (6.45)

Die singulären Punkte der Gamma-Funktion, für die die Stoßzahl Eins ist, liegen bei

$$\chi_c = \frac{1 + 2i}{2} \left(1 + i\, \frac{5 + k}{3 + k} \right), \qquad i \in \mathbb{N}. \tag{6.45}$$

Die tangentiale Stoßzahl als Funktion der beiden definierenden Parameter χ und k ist als Konturlinien-Diagramm in Abb. 6.4 gezeigt. Da das Mindlin-Verhältnis l für Gradientenmedien Werte aus einem deutlich breiteren Bereich annehmen kann als im homogenen Fall (siehe Abb. 3.13), wurde für die Darstellung ein größerer Definitionsbereich für χ gewählt als in Abb. 6.1.

Nicht-parabolische Indenterformen

Wenn man wiederum das tangentiale Stoßproblem ohne Gleiten für einen Indenter mit einem Profil in der Nähe des Kontaktes in der Form eines Potenzgesetzes mit dem Exponenten n untersucht (unter den gleichen Annahmen wie weiter oben für homogene Medien), stellt man wie im Fall des reinen Normalstoßes fest, dass das inhomogene Problem in normierten Größen auf das homogene Problem mit dem in Gl. (3.241) eingeführten „korrigierten" Exponenten des Profils zurückgeführt werden kann. Insbesondere kann man die in den Abb. 6.3 und 6.4 gezeigten Verläufe für die tangentiale Stoßzahl durch die Koordinatentransformation $n = 2/(1 + k)$ ineinander überführen.

6.2   Viskoelastischer schiefer Stoß ohne Gleiten

Wenn das Stoß-Kontakt-Problem für den Normalstoß einer starren Kugel auf ein viskoelastisches Medium numerisch mithilfe der MDR gelöst wurde (siehe das Unterkapitel 5.4), stellt die Behandlung der ebenen Kollision ohne Gleiten keine Schwierigkeiten dar: Das Kontaktgebiet mit dem Radius a – der Verlauf von $a(t)$ ist dabei aus der Lösung des

Normalproblems bekannt – wird zu jedem Zeitpunkt durch die tangentiale Bewegung $u_{x,K}$ des „Kontaktpunktes" auf der starren Kugel tangential verschoben. Daraus ergibt sich im MDR-Modell in jedem Zeitschritt die Streckenlast q_x der viskoelastischen Bettung und damit die gesamte Tangentialkraft F_x, mit der man die Bewegungsgleichung (6.1) in diskreten Zeitschritten lösen kann. Im Folgenden werden als rheologische Modelle der Kelvin-Voigt-Körper und der Kelvin-Maxwell-Körper berücksichtigt. Willert et al. [6] berücksichtigten außerdem das Standard-Medium für das ebene viskoelastische Stoßproblem.

6.2.1 Inkompressibles Kelvin-Voigt-Medium

Im Fall des Kelvin-Voigt-Mediums entkoppeln die elastischen und viskosen Eigenschaften (charakterisiert durch den Schubmodul G sowie die Scherviskosität η) und man kann daher die Streckenlast in einen elastischen und viskosen Anteil aufteilen:

$$q_x(x, t) = q_x^{\mathrm{el}}(x, t) + q_x^{\mathrm{vis}}(x, t). \tag{6.46}$$

Der viskose Anteil ist einfach

$$q_x^{\mathrm{vis}}(x, t) = \frac{8}{3}\eta \dot{u}_{x,K}, \qquad |x| \le a(t), \tag{6.47}$$

und der elastische Anteil wird inkrementell in der Form

$$\mathrm{d}q_x^{\mathrm{el}}(x, t) = \frac{8}{3}G\mathrm{d}u_{x,K}, \qquad |x| \le a(t), \tag{6.48}$$

ausgewertet. Integration der Streckenlast über das Kontaktgebiet und Auswertung der Bewegungsgleichung (6.1) liefern die tangentiale Bewegung des Kontaktpunktes und damit die tangentiale Stoßzahl ϵ_x. Durch Dimensionsanalyse und numerische Studien kann man leicht feststellen, dass diese nur von den beiden dimensionslosen Parametern

$$\delta := \eta \left(\frac{\tilde{R} v_{z,K,0}}{\tilde{m}^2 G^3} \right)^{1/5}, \qquad \chi := \frac{l}{2\kappa} = \frac{1}{3\kappa} \tag{6.49}$$

abhängt. Dabei wurde berücksichtigt, dass das Mindlin-Verhältnis l wegen der Inkompressibilität durch den Wert $l = 2/3$ gegeben ist. Bei der Behandlung des Normalstoßproblems wurde außerdem gezeigt, dass die normale Stoßzahl ϵ_z für den Kelvin-Voigt-Körper eine streng monoton fallende Funktion von δ ist, man kann daher die tangentiale Stoßzahl auch als Funktion von ϵ_z und χ darstellen. Diese Lösung des tangentialen Stoßproblems ist in Abb. 6.5 gezeigt. Für $\epsilon_z = 1$ ergibt sich natürlich die elastische Lösung nach Gl. (6.20), für $\epsilon_z \to 0$ wird auch die tangentiale Bewegung vollständig gedämpft.

Abb. 6.5 Konturlinien-
Diagramm der tangentialen
Stoßzahl für den ebenen Stoß
ohne Gleiten einer Kugel auf
ein inkompressibles
Kelvin-Voigt-Medium als
Funktion des Parameters χ und
der normalen Stoßzahl

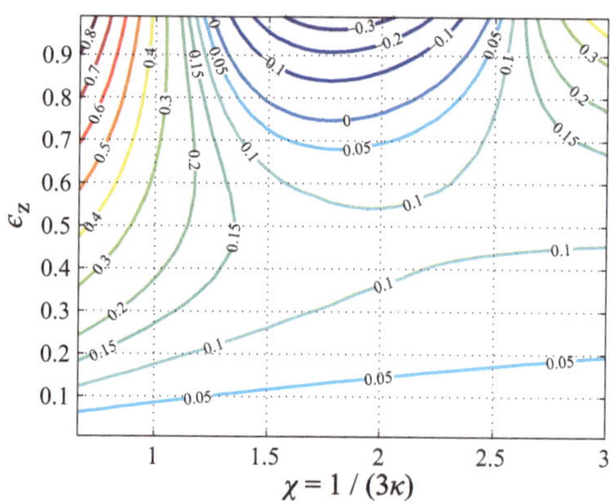

6.2.2 Inkompressibles Kelvin-Maxwell-Medium

Die Behandlung des Kelvin-Maxwell-Mediums bereitet ebenfalls keine Schwierigkeiten,
wenn das dazugehörige Normalstoßproblem bereits gelöst wurde. Es sei angemerkt, dass
im Folgenden alle Notationen aus dem Abschn. 5.4.4 übernommen werden.

In Analogie zur Bestimmung der normalen Streckenlast mittels Gl. (5.92) ist die tangentiale Streckenlast durch die Beziehung

$$q_x(x, t) = \frac{8}{3} \left(G_\infty u_x(x, t) + G_1 \tilde{u}_x(x, t) + \eta_0 \dot{u}_x(x, t) \right) \tag{6.50}$$

bestimmt. Hier bezeichnen u_x und $\tilde{u}_x$ die tangentialen Verschiebungen des äußeren und
inneren Knotens des Kelvin-Maxwell-Elements an der Stelle x. Wegen der Abwesenheit
lokalen Gleitens ist $\dot{u}_x$ wiederum durch die Bewegung der Kugel vorgegeben und u_x kann
daher, wie im vorherigen Abschnitt, inkrementell bestimmt werden. Die Bewegung des
inneren Freiheitsgrads $\tilde{u}_x$ ist durch das Gleichgewicht des inneren Knotens in tangentialer
Richtung,

$$0 = \tilde{u}_x + \tau \left(\dot{\tilde{u}}_x - \dot{u}_x \right), \tag{6.51}$$

festgelegt. Die tangentiale Bewegung des Kontaktpunktes auf der starren Kugel kann man
wie bisher durch Integration von q_x über das Kontaktgebiet und Lösung der Gl. (6.1) bestimmen.

Durch Dimensionsanalyse und numerische Studien lässt sich zeigen, dass die tangentiale
Stoßzahl ϵ_x nur von den dimensionsfreien Parametern

$$\beta := \frac{G_\infty}{G_1}, \qquad \delta := \eta_0 \left(\frac{\tilde{R} v_{z,K,0}}{\tilde{m}^2 G_\infty^3} \right)^{1/5}, \quad \chi := \frac{1}{3\kappa} \tag{6.52}$$

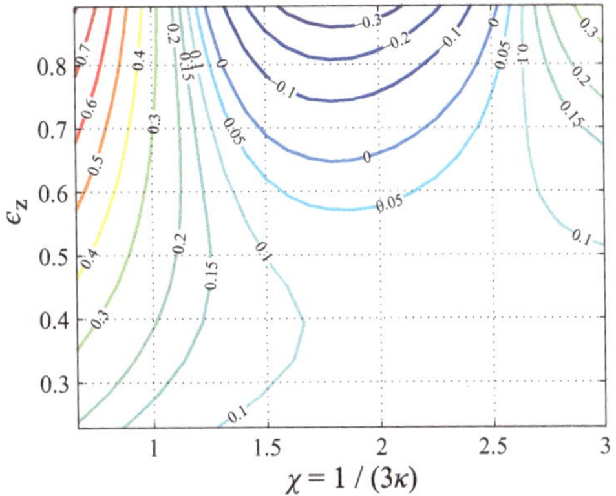

Abb. 6.6 Konturlinien-Diagramm der tangentialen Stoßzahl für den ebenen Stoß ohne Gleiten einer Kugel auf ein inkompressibles Kelvin-Maxwell-Medium als Funktion des Parameters χ und der normalen Stoßzahl für $G_\infty/G_1 = 1/100$

abhängt. Für jedes feste β ist dabei die normale Stoßzahl eine streng monoton fallende Funktion von δ (siehe Abb. 5.14), eine alternative Parametrisierung besteht also in der Verwendung von ϵ_z, β und χ.

Die Abb. 6.6 zeigt ein Konturlinien-Diagramm der tangentialen Stoßzahl als Funktion von ϵ_z und χ für $\beta = 1/100$. Für diesen Wert von β unterscheidet sich das Materialverhalten wesentlich von dem des Kelvin-Voigt-Mediums und trotzdem sind bei der Lösung des tangentialen Stoßproblems nur geringe Abweichungen von dem in Abb. 6.5 gezeigten Ergebnis für das Kelvin-Voigt-Material erkennbar. Das legt nahe, dass auch für den schiefen viskoelastischen Stoß die konkrete viskoelastische Rheologie nur eine untergeordnete Rolle spielt und daher zur Beschreibung die einfachste Rheologie, das Kelvin-Voigt-Medium, ausreicht, wenn zur Charakterisierung des Materialverhaltens die normale Stoßzahl – die, wie im letzten Kapitel gezeigt, wiederum hauptsächlich durch das Verhältnis des Verlust- und Speichermoduls auf der Zeitskala der Stoßdauer bestimmt ist – herangezogen wird.

6.3 Elastischer schiefer Stoß mit Gleiten

Die Annahme eines unendlich großen Reibungskoeffizienten ist natürlich eine grobe Vereinfachung der Wechselwirkung im Kontakt während der ebenen Kollision. Tatsächlich zerfällt das Kontaktgebiet bei der tangentialen Belastung im Allgemeinen in ein inneres Haft- und ein äußeres Gleitgebiet. Das folgende Unterkapitel widmet sich daher elastischen ebenen Stößen unter der Berücksichtigung des lokalen Gleitens im Kontakt. Es werden elastisch homogene und inhomogene Medien behandelt. Da das geschilderte kontaktmechanische Modell des Stoßproblems mit Reibung den Anspruch hat, prädiktive Kraft zu besitzen, werden die theoretischen Vorhersagen außerdem mit experimentellen Ergebnissen verglichen.

6.3.1 Homogene Medien

Das schiefe Stoßproblem von Kugeln mit einem endlichen Reibkoeffizienten μ, d. h. unter Berücksichtigung von lokalem Gleiten im Kontakt, kann man selbst für elastische, homogene Medien nicht mehr analytisch lösen. Das Problem besteht dabei in der kontaktmechanisch korrekten Bestimmung der Tangentialkraft, wofür allerdings unterschiedliche numerische Methoden zur Verfügung stehen. Maw et al. [4] beschrieben und implementierten ein numerisches Verfahren, um den Regelsatz von Mindlin und Deresiewicz [7] für elastische Tangentialkontakte mit beliebigen Belastungsgeschichten auf das schiefe Stoßproblem anzuwenden. Sie stellten fest, dass das Stoßproblem, geschrieben in geeigneten dimensionslosen Größen, nur von den beiden Parametern

$$\chi := \frac{l}{2\kappa}, \qquad \psi := \frac{l \tan \alpha}{\mu} \tag{6.53}$$

abhängt. Dabei ist χ bereits aus der Beschreibung des analogen Problems ohne Gleiten bekannt; ψ charakterisiert die Reibeigenschaften des Systems, der (generalisierte) Stoßwinkel α ist in Gl. (2.58) definiert. Maw et al. bestimmten numerisch unter anderem verschiedene Zeitverläufe der Tangentialkraft in Abhängigkeit der beiden obigen Parameter. In Nachfolge-Publikationen [8, 9] verglichen sie außerdem sehr erfolgreich die Vorhersagen ihres Modells mit eigenen Experimenten für den verallgemeinerten Rückprallwinkel als Funktion von ψ. Jäger [10] implementierte seine allgemeine Lösung des Tangentialkontaktproblems mithilfe der Superposition von Cattaneo-Mindlin-Lösungen, um das Stoßproblem zu lösen. Von Willert und Popov [11] stammt eine äquivalente aber einfachere Implementierung im Rahmen der MDR.

Aus der im dritten Kapitel gezeigten Lösung des Tangentialkontaktproblems von Kugeln folgt, dass der Stoß für

$$l v_{x,K,0} > \mu |v_{z,K,0}| \quad \Leftrightarrow \quad \psi > 1 \tag{6.54}$$

im Regime vollständigen Gleitens beginnt. Während des vollständigen Gleitens ist

$$|F_x| = \mu |F_z| \tag{6.55}$$

und damit wegen der Bewegungsgleichung (6.1)

$$v_{x,K} = v_{x,K,0} + \frac{\mu}{\kappa} \left(v_{z,K} - v_{z,K,0} \right). \tag{6.56}$$

Daraus folgt, dass der gesamte Stoß im Regime vollständigen Gleitens verläuft, falls

$$v_{x,K,e} = v_{x,K,0} + \frac{\mu}{\kappa} \left(v_{z,K,e} - v_{z,K,0} \right) > \frac{\mu v_{z,K,e}}{l} \quad \Leftrightarrow \quad \psi > \psi_c := 2\chi \left(1 + \epsilon_z \right) - \epsilon_z. \tag{6.57}$$

Für elastische Stöße ist natürlich $\epsilon_z = 1$, die Beziehung ist aber auch für inelastische Stöße mit $\epsilon_z < 1$ korrekt [6], daher wurde die etwas allgemeinere Formulierung gewählt. Im

Fall vollständigen Gleitens während des ganzen Stoßvorgangs ist die tangentiale Stoßzahl elementarerweise durch

$$\epsilon_x^{\mathrm{fs}} = \frac{2\chi}{\psi}\,(1 + \epsilon_z) - 1 \tag{6.58}$$

gegeben. Die Ergebnisse (6.56) und (6.58) ergeben sich allein aus der makroskopischen Dynamik und dem Reibgesetz in globaler Form, von der konkreten kontaktmechanischen Wechselwirkung hängen sie ansonsten nicht ab.

Die allgemeine Lösung (mit partiellem Gleiten und Haften) für ϵ_x als Funktion von χ und ψ ist als Konturlinien-Diagramm in Abb. 6.7 gezeigt. Offenbar hängt die tangentiale Stoßzahl für $\psi < 1$ und kleine Werte von χ nur schwach von ψ, also dem Reibungskoeffizienten und dem Stoßwinkel, ab.

Abb. 6.8 zeigt den Verlauf der normierten Tangentialkraft während des Stoßes für $\chi = 1{,}44$ und verschiedene Werte von ψ (nach [4]). Man erkennt die unterschiedlichen Ablösepunkte von dem Verlauf bei vollständigem Gleiten.

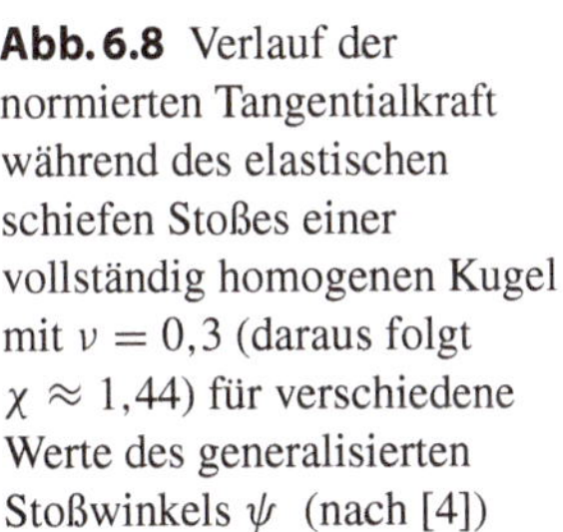

Abb. 6.7 Konturlinien-Diagramm der tangentialen Stoßzahl für den elastischen Stoß mit Gleiten als Funktion der Parameter χ und ψ. Die durchgezogenen Linien bezeichnen die in den Gl. (6.54) und (6.57) definierten Bereichsgrenzen

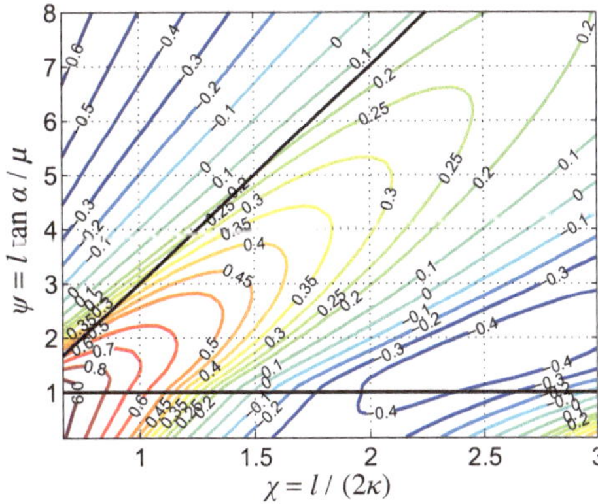

Abb. 6.8 Verlauf der normierten Tangentialkraft während des elastischen schiefen Stoßes einer vollständig homogenen Kugel mit $\nu = 0{,}3$ (daraus folgt $\chi \approx 1{,}44$) für verschiedene Werte des generalisierten Stoßwinkels ψ (nach [4])

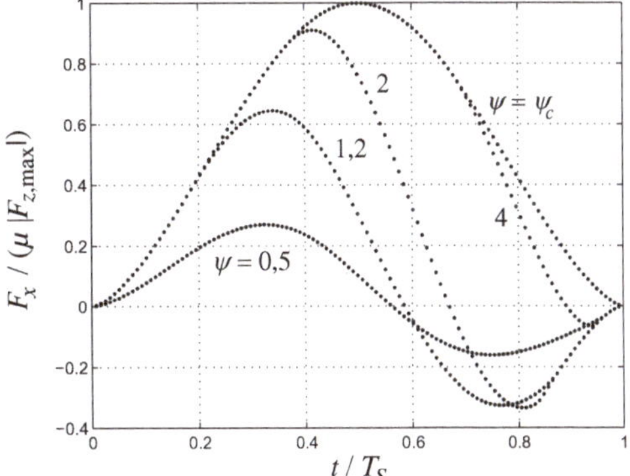

Verteilung der Energiedissipation im Kontaktgebiet

Die Energiedissipation durch Reibung ist in der Regel mit dem Verschleiß der beteiligten Oberflächen verbunden. Im Fall des ebenen Stoßes mit Gleiten spricht man dabei von „Schlagverschleiß", der im Unterkapitel 8.1 beschrieben ist. Unter Umständen ist dabei nicht nur die Stoßzahl – und damit die gesamte während des Stoßes dissipierte Energie – von Interesse, sondern auch die Verteilung der Dissipation im Kontaktgebiet. Dieser Aspekt wurde in der Arbeit [12] untersucht.

Im Rahmen des oben geschilderten Modells für den ebenen elastischen Stoß mit Reibung ist klar, dass Energie zu jedem Zeitpunkt nur im Gleitgebiet dissipiert wird. Die lokale Reibleistung pro Fläche, $\dot{w}$, beträgt daher

$$\dot{w}(r, t) = \frac{2\mu\tilde{E}}{\pi\tilde{R}}\sqrt{a(t)^2 - r^2}\, v_{\mathrm{rel}}(r, t), \quad c(t) < r \leq a(t). \tag{6.59}$$

Dabei bezeichnet v_{rel} die (lokale) relative Geschwindigkeit zwischen den kontaktierenden Oberflächen, die am einfachsten mithilfe der zu Gl. (4.8) analogen Abel-Transformation

$$v_{\mathrm{rel}}(r, t) = \frac{2}{\pi}\int_{c(t)}^{r}\frac{v_{\mathrm{rel}}^{1D}(x, t)}{\sqrt{r^2 - x^2}}\, \mathrm{d}x \tag{6.60}$$

aus der Relativgeschwindigkeit im MDR-Modell des Stoßproblems bestimmbar ist. Bei der numerischen Ausführung dieser Transformation ist es hilfreich, von der partiellen Integration

$$v_{\mathrm{rel}}(r, t) = v_{\mathrm{rel}}^{1D}(r, t) - \frac{2}{\pi}\int_{c(t)}^{r}\arcsin\left(\frac{x}{r}\right)\frac{\mathrm{d}}{\mathrm{d}x}\left(v_{\mathrm{rel}}^{1D}(x, t)\right)\, \mathrm{d}x \tag{6.61}$$

Gebrauch zu machen, um die Singularität des Integranden an der Stelle $x = r$ zu vermeiden [13].

Die gesamte lokale, durch Reibung während der Kollision dissipierte Energie pro Fläche, w, normiert auf den mittleren Wert

$$w_0 := \frac{|\Delta U_{\mathrm{kin}}|}{\pi a_{\mathrm{max}}^2} = \frac{\tilde{m}\kappa}{2\pi a_{\mathrm{max}}^2}v_{x,K,0}^2\left(1 - \epsilon_x^2\right), \tag{6.62}$$

hängt im Allgemeinen von den beiden Stoßparametern χ und ψ ab. Abb. 6.9 zeigt die Verteilung der Energiedissipation über das Kontaktgebiet während des Stoßes in normierten Größen für $\chi = 1,4$ und verschiedene Werte von ψ. Offensichtlich ist die Dissipation für kleine Werte von ψ – also Dominanz des Haftregimes – am Rand des Kontaktgebiets konzentriert, während bei Dominanz des Gleitens mehr Energie im Zentrum des Kontaktgebiets verloren geht.

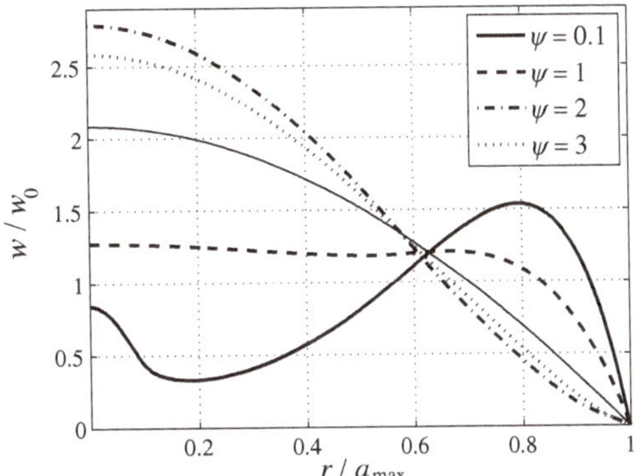

Abb. 6.9 Verteilung der normierten dissipierten Energie pro Fläche als Funktion der normierten radialen Koordinate für $\chi = 1{,}4$ und verschiedene Werte von ψ [12]. Die dünne durchgezogene Linie bezeichnet den Fall vollständigen Gleitens

Je näher die Stoßkonfiguration zu Parameterkombinationen liegt, bei denen der Kontakt während der ganzen Kollision vollständig gleitet, desto schwächer ist die explizite Abhängigkeit der Dissipationsverteilung von den Stoßparametern. Abb. 6.10 zeigt die Verteilung in normierten Größen für verschiedene Werte von χ und $\psi = \psi_c/3$ sowie $\psi = \psi_c/5$; dabei bezeichnet ψ_c den in Gl. (6.57) gegebenen kritischen Wert, bei dem der Kontakt während der ganzen Kollision vollständig gleitet.

Falls $\psi \geq \psi_c$, ist die Verteilung der Dissipation, in normierten Größen, sogar unabhängig von ψ und χ und kann durch den analytischen Ausdruck [12]

$$\frac{w^{\mathrm{fs}}}{w_0} \approx 2{,}1208 - 0{,}2488\,\frac{r}{a_{\max}} - 1{,}9093\left(\frac{r}{a_{\max}}\right)^2 , \qquad r \leq a_{\max}, \tag{6.63}$$

approximiert werden.

Starrkörpermodelle des Stoßes mit Gleiten

Wegen der Komplexität der kontaktmechanischen Behandlung von Stößen mit Reibung wird teilweise die Elastizität vernachlässigt und nur der Zusammenstoß starrer Körper betrachtet.

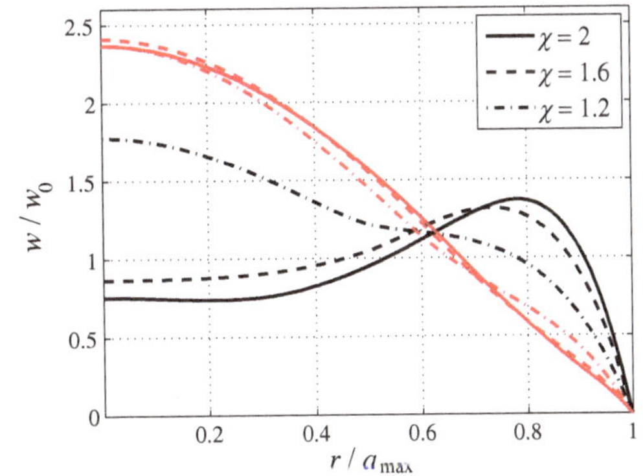

Abb. 6.10 Verteilung der normierten dissipierten Energie pro Fläche als Funktion der normierten radialen Koordinate für verschiedene Werte χ [12]. Die roten Kurven gehören zu $\psi = (4\chi - 1)/3$, die schwarzen zu $\psi = (4\chi - 1)/5$

Der Stoß selbst ist in diesen Starrkörper-Modellen eine Unstetigkeit der Bewegung, die durch Kraftstöße oder Stoßzahlen beschrieben wird. Letztere muss man aus rein makroskopischen Erwägungen (Erhaltungssätze, Kinematik) bestimmen. Für den schiefen Stoß mit Gleiten gibt es dann genau zwei verschiedene Regime: Gleiten im (buchstäblichen) Kontaktpunkt oder stationäres Abrollen. Im ersten Fall ist die Stoßzahl durch Gl. (6.58) gegeben, Abrollen ist im Starrkörper-Modell durch die Bedingung $\epsilon_x = 0$ charakterisiert. Doménech-Carbó [14] definiert den Übergang zwischen beiden Regimen durch die Bedingung

$$\epsilon_x^{\mathrm{fs}} = 0 \quad \Leftrightarrow \quad \psi_{\mathrm{trans}} = 2\chi\,(1 + \epsilon_z)\,. \tag{6.64}$$

Alternativ kann man mit Gl. (6.56) den Zeitpunkt bestimmen, wann der Kontaktpunkt bei Gleiten die Geschwindigkeit Null erreicht [15]. Danach geht im Starrkörper-Modell der Kontakt in das Regime des stationären reinen Abrollens über und die Tangentialkraft im Kontakt verschwindet.

Starrkörper-Modelle sind sehr einfach zu benutzen. Allerdings führen sie zu Widersprüchen, wie schon bei der Darstellung der „elementaren" Lösung des Stoßproblems ohne Gleiten angemerkt wurde, und – abseits des Regimes vollständigen Gleitens – zu deutlichen Abweichungen bei der bestimmten Stoßzahl von Modellen, die die Elastizität der Kontaktpartner berücksichtigen, man vergleiche beispielsweise mit Abb. 6.7.

Vollständig linearer Kontakt

Eine weitere Möglichkeit zur Vereinfachung des Problems besteht darin, den Kontakt durch eine einzelne reibbehaftete lineare Feder mit den Steifigkeiten k_z und k_x zu modellieren (oder, mit anderen Worten, als Flachstempelkontakt zu betrachten). Das Kraftgesetz für die Tangentialkraft lautet dann

$$\dot{F}_x = k_x v_{x,K}\,, \quad \text{falls}\quad |F_x| \le \mu |F_z|\,, \tag{6.65}$$

$$F_x = \mu |F_z|\,\mathrm{sgn}\left(v_{x,K}\right)\,, \quad \text{sonst.} \tag{6.66}$$

Das entstehende abschnittsweise lineare Bewegungsgleichungssystem kann theoretisch analytisch gelöst werden, indem man sorgfältig Phasen von Haften und Gleiten der Feder während des Kontaktes verfolgt; allerdings ist eine numerische Lösung sicherlich vorzuziehen. Man stellt fest, dass das Problem in dimensionsfreier Formulierung ebenfalls nur von den Parametern ψ und χ abhängt, wobei $l = k_x/k_z$. Die Stoßzahl als Funktion dieser beiden Parameter ist in Abb. 6.11 gezeigt. Offenbar unterscheidet sich die Lösung nur in Bereichen von großen χ und kleinen ψ (also bei Dominanz des Haft-Regimes) merklich von der in Abb. 6.8 dargestellten nicht-linearen Lösung. Insbesondere ist durch die Herleitung der in den Gl. (6.54) und (6.57) definierten Bereichsgrenzen klar, dass diese auch für das lineare Modell gültig sind.

Ein ausführlicher Vergleich des linearen und nicht-linearen Modells (einschließlich eines semi-rigorosen Modells auf Grundlage der Cattaneo-Mindlin-Lösung, d. h. ohne Berücksichtigung von Gedächtnis-Effekten des Tangentialkontaktproblems) kann bei Thornton et al. [16] nachgeschlagen werden.

Abb. 6.11 Konturlinien-Diagramm der tangentialen Stoßzahl für den elastischen Stoß mit Gleiten als Funktion der Parameter χ und ψ, wenn der Kontakt als eine einzelne lineare Feder modelliert wird. Die durchgezogenen Linien bezeichnen die im Text erläuterten Bereichsgrenzen

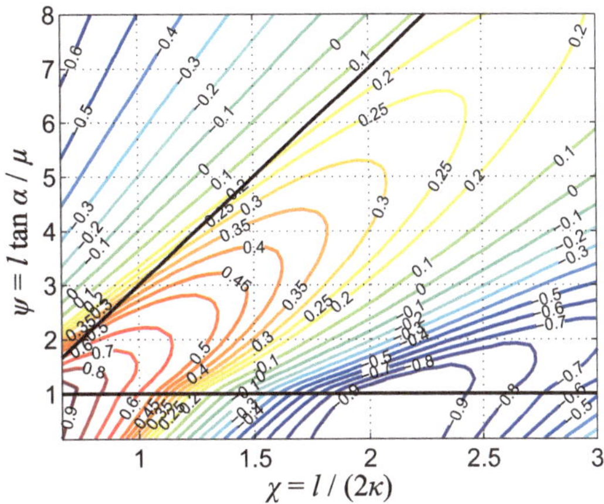

6.3.2 Funktionale Gradientenmedien

Mithilfe der im dritten Kapitel geschilderten Lösung für den Tangentialkontakt von Kugeln mit einer elastischen Gradierung in der Form eines Potenzgesetzes mit dem Exponenten k (beziehungsweise mithilfe der Deutung dieser Lösung im Rahmen der MDR) kann man das entsprechende schiefe Stoßproblem mit Gleiten in völliger Analogie zu dem im vorherigen Abschnitt dargestellten homogenen Fall numerisch lösen [17]. Die tangentiale Stoßzahl hängt nur von den Parametern

$$k, \qquad \chi = \frac{l}{2\kappa}, \qquad \psi = \frac{l \tan \alpha}{\mu} \tag{6.67}$$

ab, wobei man für das Mindlin-Verhältnis l den Wert des Gradientenmediums verwenden muss. Die explizite Abhängigkeit von k ist allerdings sehr schwach. Das kann man wie folgt verstehen: Auch für den Stoß mit Gleiten ist – wie man durch numerische Rechnungen zeigen kann – für die tangentiale Stoßzahl die Änderung des Exponenten der elastischen Gradierung über Gl. (5.32) äquivalent zu einer bestimmten Änderung des Exponenten des Indenterprofils[4]. Letzteres hat aber, wie im letzten Abschnitt demonstriert, in großen Parameterbereichen nur einen geringen Einfluss auf die Stoßzahl; das gleiche gilt daher auch für die elastische Inhomogenität. Zur Bestimmung der Stoßzahl kann man daher in guter Näherung die in Abb. 6.7 gezeigte homogene Lösung heranziehen.

In der Arbeit [17] wurden nur kleine Werte von χ berücksichtigt und daher fälschlicherweise geschlussfolgert, dass die Stoßzahl gar keine explizite Abhängigkeit von k aufweist. Dies ist, wie beschrieben, im Allgemeinen nicht korrekt.

---

[4]Die makroskopische Dynamik bleibe wiederum von dieser Profiländerung unbeeinflusst, siehe die Betrachtung nicht-parabolischer Indenterformen in Abschn. 6.1.1.

6.3.3 Vergleich mit experimentellen Ergebnissen

Die experimentelle Literatur zu elastischen schiefen Stößen von Kugeln ist nicht sehr umfangreich aber dafür substanziell.

Foerster et al. [18] untersuchten binäre Kollisionen von kleinen Glaskugeln ($R = 3,18$ mm) und Stöße einer kleinen Glaskugel auf eine massive Aluminiumplatte. Wegen der hohen Inelastizität der Stöße zwischen Kugel und Platte ($\epsilon_z \approx 0,83$) werden an dieser Stelle nur die binären Kollisionen ($\epsilon_z \approx 0,97$) berücksichtigt. Die Autor*innen bestimmten unter anderem Verläufe für den Rückprallwinkel des Kontaktpunktes α^* als Funktion des Einfallswinkels α. Für den Reibbeiwert und die Querkontraktionszahl gaben sie $\mu = 0,092$ sowie $\nu = 0,22$ an, daraus folgt $\chi \approx 1,53$.

Gorham und Kharaz [19] unternahmen ausführliche experimentelle Studien zu Stößen von Aluminiumoxid-Kugeln ($R = 2,5$ mm) auf eine Glasplatte. Die Kollisionen waren annähernd ideal-elastisch ($\epsilon \approx 0,98$). Da die beteiligten Materialien elastisch nicht ähnlich sind, ist die Bestimmung von χ nicht elementar, die Autor*innen selbst gaben $\chi = 1,5$ sowie $\mu = 0,092$ an. Sie bestimmten unter anderem Verläufe für α^* und die Stoßzahl des Schwerpunktes, $\epsilon_{x,S}$, als Funktionen von α und verglichen ihre Ergebnisse bereits teilweise mit der kontaktmechanischen Lösung von Maw et al. [4].

Dong und Moys [20] untersuchten Stöße von Stahl-Kugeln ($R = 22,225$ mm) auf einen massiven Stahl-Block. Die Inelastizität der Kollisionen war relativ hoch ($\epsilon_z \approx 0,9$), die Autor*innen gaben außerdem $\nu = 0,3$ (daraus folgt $\chi \approx 1,44$) sowie $\mu = 0,091$ an und bestimmten unter anderem Verläufe für α^* und $\epsilon_{x,S}$ als Funktionen von α. Sie betrachteten außerdem den Einfluss einer bereits vor der Kollision vorhandenen Rotation der Kugel.

Abb. 6.12 zeigt einen Vergleich zwischen den experimentellen Ergebnissen und der Vorhersage des kontaktmechanischen Modells (elastisch, homogen, mit Gleiten) für die Abhängigkeit des Rückprallwinkels des Kontaktpunktes α^* als Funktion des Einfallswinkels α. Da die Werte von χ und μ bei allen Experimenten sehr nah beieinander liegen, ist nur eine

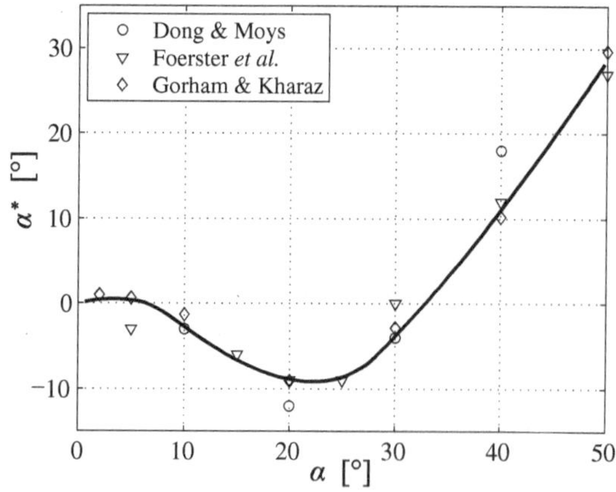

Abb. 6.12 Rückprallwinkel (in Grad) als Funktion des Einfallswinkels (in Grad) für den schiefen Stoß von Kugeln mit Gleiten. Experimentelle Ergebnisse und numerische Lösung des kontaktmechanischen Modells für $\chi = 1,5$ und $\mu = 0,092$ (durchgezogene Linie)

Abb. 6.13 Tangentiale Stoßzahl des Schwerpunkts (ohne ursprüngliche Rotation) als Funktion des Einfallswinkels (in Grad) für den schiefen Stoß einer Kugel auf eine Platte. Experimentelle Ergebnisse und numerische Lösung des kontaktmechanischen Modells für $\chi = 1{,}5$ und $\mu = 0{,}092$ (durchgezogene Linie)

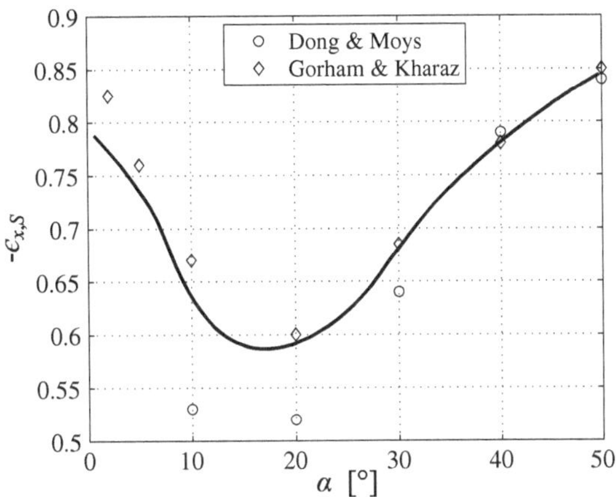

einzige theoretische Kurve (mit $\chi = 1{,}5$ und $\mu = 0{,}092$) in dem Diagramm gezeigt. Es sind außerdem nur Werte bis $\alpha = 50°$ dargestellt, da der Kontakt bereits bei $\alpha \approx 30°$ während der gesamten Kollision vollständig gleitet. Die theoretische Vorhersage stimmt gut mit den Experimenten überein. Dabei muss man berücksichtigen, dass in dem kontaktmechanischen Modell kein freier Parameter zur „Optimierung" der theoretischen Vorhersage vorhanden ist. Besonders gut ist die Übereinstimmung mit den Ergebnissen von Gorham & Kharaz; diese weisen auch die geringste Streuung der Messwerte in allen genannten Publikationen auf.

Abb. 6.13 zeigt einen Vergleich zwischen Theorie und Experiment für die tangentiale Stoßzahl des Schwerpunktes als Funktion des Einfallswinkels für den Stoß einer Kugel auf eine Platte, wenn die Kugel vor der Kollision nicht rotiert. Die Übereinstimmung ist wiederum für die experimentellen Ergebnisse von Gorham & Kharaz gut; der Vergleich mit den Resultaten von Dong & Moys ist dagegen weniger zufriedenstellend, was man unter anderem auf die Inelastizität der Kollisionen zurückführen kann.

6.4 Viskoelastischer schiefer Stoß mit Gleiten

Wie für den Fall ohne Gleiten demonstriert, spielt die konkrete viskoelastische Rheologie für das tangentiale Stoßproblem nur eine untergeordnete Rolle, wenn die Materialeigenschaften durch die normale Stoßzahl charakterisiert werden. Es ist daher in vielen Fällen ausreichend, das einfachste rheologische Modell, den Kelvin-Voigt-Körper, zu betrachten.

In der Literatur finden sich nur wenige systematische Untersuchungen des viskoelastischen ebenen Stoßes mit Gleiten. Rad und Pishkenari [21] verwendeten ein makroskopisches Starrkörper-Modell der Reibung, dessen Beschränkungen bereits im vorherigen Unterkapitel anhand des elastischen Problems diskutiert wurden. Brilliantov et al. [22] und später Schwager et al. [23] beschrieben die Reibung mithilfe eines tribologischen Modells, das auf Cundall und Strack [24] zurückgeht, und in dem die tangentiale Kraft mithilfe einer durch das Reibgesetz beschränkten linearen Feder bestimmt wird. Während dies im elastischen Fall auf die Lösung des Flachstempel-Problems hinausläuft – dessen Lösung sich, wie gezeigt, in großen Parameterbereichen nicht wesentlich von der des parabolischen Problems unterscheidet – geht im viskoelastischen Fall dadurch eine relevante Quelle der Energie-Dissipation verloren, nämlich der viskose Anteil der Tangentialspannungen. Kontaktmechanisch rigorose Lösungen des Problems gaben Kusche [25] und Willert et al. [6].

Im Rahmen der Cattaneo-Mindlin-Näherung kann man das Problem exakt durch die MDR lösen. Wenn das Normalstoßproblem gelöst wurde, bereitet die Untersuchung der Tangentialbewegung innerhalb der MDR keine größeren Schwierigkeiten. Die tangentiale Streckenlast der viskoelastischen Bettung,

$$q_x(x, t) = \frac{8}{3} \left(G u_x(x, t) + \eta \dot{u}_x(x, t) \right), \tag{6.68}$$

muss das in den Gl. (4.28) und (4.29) gegebene lokale Amontons-Coulomb-Reibgesetz erfüllen. Wenn das entsprechende Element haften kann, sind die Werte von du_x und $\dot{u}_x$ durch die Bewegung des Eindruckkörpers vorgegeben. Wenn das Element gleitet, ist durch das Reibgesetz der Wert von q_x bekannt und Gl. (6.68) liefert eine Bestimmungsgleichung für u_x. Durch Integration der Streckenlast ergibt sich die gesamte tangentiale Kraft, mit der die Bewegungsgleichung (6.1) gelöst wird. Die tangentiale Stoßzahl hängt nur von den Parametern

$$\chi = \frac{1}{3\kappa}, \quad \psi = \frac{2 \tan \alpha}{3\mu} \tag{6.69}$$

sowie der normalen Stoßzahl ϵ_z ab. Da keine dieser drei Größen in ihrem Einfluss vernachlässigbar (oder trivial) ist und eine übersichtliche kompakte Darstellung der vollständigen Lösung $\epsilon_x = \epsilon_x(\chi, \psi, \epsilon_z)$ in einer einzelnen Abbildung kaum möglich erscheint, ist im Anhang eine einfache Implementierung des MDR-Modells zur Lösung des Stoßproblems in der Programmiersprache der kommerziellen Software MATLAB des Unternehmens MathWorks® gegeben, die man zur Lösung für eine beliebige Parameterkombination heranziehen kann[5]. Abb. 6.14 zeigt außerdem die Lösung für den sicher wichtigsten Fall einer homogenen Kugel (und damit $\kappa = 2/7$) als Konturliniendiagramm in Abhängigkeit der verbleibenden Einflussgrößen ψ und ϵ_z. Interessanterweise hängt die tangentiale Stoßzahl für kleine Werte von ϵ_z außerhalb des Bereichs vollständigen Gleitens nur sehr schwach von ψ ab.

---

[5]Dies dient darüber hinaus zur Veranschaulichung der Tatsache, dass die numerische Implementierung der Regeln der MDR eine elementar einfache Aufgabe darstellt.

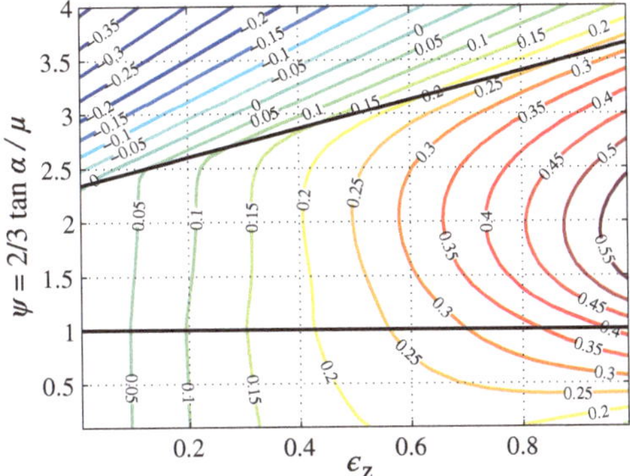

Abb. 6.14 Konturlinien-Diagramm der tangentialen Stoßzahl für den ebenen Stoß mit Gleiten einer homogenen Kugel auf ein inkompressibles Kelvin-Voigt-Medium als Funktion des Parameters ψ und der normalen Stoßzahl. Die durchgezogenen Linien bezeichnen die in den Gl. (6.54) und (6.57) definierten Bereichsgrenzen

6.5   Elasto-Plastischer schiefer Stoß mit Gleiten

Wie im Kapitel zum reinen Normalstoß ausgeführt, können auch bereits bei kleinen Stoßgeschwindigkeiten plastische Deformationen in den kollidierenden Körpern auftreten. Das entsprechende ebene Kollisionsproblem unter Berücksichtigung der Plastizität und der Reibung ist besonders für den Schlagverschleiß und die Erosion metallischer Oberflächen relevant. Wegen der großen Komplexität des Kontaktproblems gibt es nur wenige, in der Umsetzung aufwendige Modelle zur rigorosen Behandlung des elasto-plastischen ebenen Stoßes mit Reibung.

Wu et al. [26] konstruierten ein FEM-basiertes elastisches und elasto-plastisches Modell, das auf Oberflächenelementen beruht, die ein lokales Amontons-Coulomb-Reibgesetz reproduzieren. Die Autor*innen verglichen ihre Vorhersagen mit Versuchsergebnissen von Gorham und Kharaz [19] – für den schiefen Stoß einer Aluminiumoxid-Kugel auf eine dicke Platte aus einer Aluminium-Legierung – und erzielten dabei eine gute Übereinstimmung zwischen Theorie und Experiment.

Brake [27] publizierte eine semi-analytische Verallgemeinerung des elastischen Modells von Maw et al. [4] und verglich die theoretischen Vorhersagen ebenfalls erfolgreich mit den Experimenten von Gorham & Kharaz. Für das Normalkontaktproblem verwendete er eine verbesserte Version des Interpolationsmodells, bei dem die Kontaktkraft im elasto-plastischen Bereich in einen elastischen und einen plastischen Anteil zerlegt wird. Der Tangentialkontakt wird im Rahmen der Cattaneo-Mindlin-Näherung behandelt. Dazu führte Brake für die Tangentialspannungen in einem Ring mit Radius r den gleichen Interpolationsansatz ein, wie für die Normalkraft. Anschließend bestimmte er die *elastischen* Verschiebungen u_x, die aus den superponierten (elastischen und plastischen) Tangentialspannungen resultieren; schließlich wird iterativ der Radius c des Haftgebiets bestimmt, sodass die gemischten Randbedingungen im Haft- und Gleitgebiet erfüllt sind.

Einfache robuste Modelle für den allgemeinen ebenen elasto-plastischen Stoß mit Reibung gibt es leider nicht. Für sehr flache Stoßwinkel, wenn der Kontakt während der gesamten Kollision vollständig gleitet, kann man allerdings die elementare Full-Slip-Lösung aus Gl. (6.58) verwenden.

6.6   Zusammenfassung

Wegen des komplexen Wechselspiels zwischen der Kontaktmechanik und der makroskopischen Dynamik kann der ebene Stoß von Kugeln mit Reibung im Allgemeinen nicht geschlossen analytisch behandelt werden. Für den elastischen Fall ohne lokales Gleiten (also mit einem theoretisch unendlich großen Reibbeiwert) kann man allerdings mithilfe Hypergeometrischer Funktionen eine analytische Lösung finden. In Ausnahmefällen kann dieser Stoß (elastisch, ohne Gleiten) sogar ohne Energie-Dissipation ablaufen.

Eine elastische Inhomogenität des Mediums hat nur einen geringen Einfluss auf die tangentiale Stoßzahl, solange das Mindlin-Verhältnis aus tangentialer und normaler Steifigkeit des Flachstempel-Kontaktes eine Konstante ist. Das Profil der kollidierenden Körper in der Nähe des Kontaktes ist für das Stoßproblem bei vielen Parameterkombinationen ebenfalls von untergeordneter Bedeutung (solange die makroskopische Bewegungsgleichung unverändert bleibt).

Die elastische (oder viskoelastische) Kollision mit Gleiten kann man numerisch besonders einfach im Rahmen der MDR untersuchen. Die tangentiale Stoßzahl hängt im elastischen Fall nur von zwei dimensionsfreien Parametern ab, von denen der eine die geometrischen und der andere die Reibeigenschaften des Systems charakterisiert. Für ausreichend flache Stoßwinkel wird der Kontakt während des gesamten Stoßes vollständig gleiten. Die Lösung des Kontakt- (und damit auch des Stoßproblems) ist in diesem Fall trivial, da die Reibkraft durch das Amontons-Coulomb-Gesetz in seiner makroskopischen Form bekannt ist. In Konfigurationen mit nur lokalem Gleiten ist das Verhalten des Systems dagegen komplizierter.

Bei Dominanz des Haft-Regimes wird die meiste Reibungsenergie am Rand des maximalen Kontaktgebiets während der Kollision dissipiert. Bei ausgeprägtem (oder vollständigem) Gleiten während des Stoßes ist dagegen das Zentrum des Kontaktgebiets die Hauptquelle des Energieverlustes.

Starrkörpermodelle versuchen, die Reibkraft ausschließlich durch makroskopische Erwägungen zu bestimmen. Da es makroskopisch aber nur zwei Konfigurationen des Kontaktpunktes gibt (Haften oder Gleiten), betrachten Starrkörpermodelle nur die Fälle des globalen Gleitens und des reinen Rollens. Dies steht im Widerspruch zur notwendigen Elastizität des Kontaktes und führt abseits des Regimes des vollständigen Gleitens zu deutlichen Fehlern der Modellierung.

In viskoelastischen ebenen Stößen mit Gleiten spielt die konkrete viskoelastische Rheologie für die Lösung des Stoßproblems nur eine geringe Rolle; es ist daher in der Regel ausreichend, zur Charakterisierung des Einflusses der Viskoelastizität die normale Stoßzahl zu verwenden.

Für elasto-plastische ebene Kollisionen mit Reibung existieren nur wenige, in der Anwendung aufwendige, semi-analytische oder vollständig numerische Modelle.

Literatur

1. Gross, D., Hauger, W., Schröder, J., & Wall, W. A. (2012). *Technische Mechanik 3: Kinetik* (12. Aufl.). Berlin: Springer Vieweg.
2. Barber, J. R. (1979). Adhesive contact during the oblique impact of elastic spheres. *ZAMP Zeitschrift für angewandte Mathematik und Physik, 30*(3), 468–476.
3. Jäger, J. (1994). Analytical solutions of contact impact problems. *Applied Mechanics Review, 47*(2), 35–54.
4. Maw, N., Barber, J. R., & Fawcett, J. N. (1976). The oblique impact of elastic spheres. *Wear, 38*(1), 101114.
5. Lyashenko, I. A., & Popov, V. L. (2015). Impact of an elastic sphere with an elastic half space revisited: numerical analysis based on the method of dimensionality reduction. *Scientific Reports, 5*, 8479. https://doi.org/10.1038/srep08479.
6. Willert, E., Kusche, S., & Popov, V. L. (2017). The influence if viscoelasticity on velocity-dependent restitutions in the oblique impact of spheres. *Facta Universitatis, Series Mechanical Engineering, 15*(2), 269–284.
7. Mindlin, R. D., & Deresiewicz, H. (1953). Elastic spheres in contact under varying oblique forces. *Journal of Applied Mechanics, 20*(3), 327–344.
8. Maw, N., Barber, J. R., & Fawcett, J. N. (1977). The rebound of elastic bodies in oblique impact. *Mechanics Research Communications, 4*(1), 17–22.
9. Maw, N., Barber, J. R., & Fawcett, J. N. (1981). The role of elastic tangential compliance in oblique impact. *Journal of Lubrication Technology, 103*(1), 74–80.
10. Jäger, J. (1992). Elastic impact with friction. Dissertation. TU Delft (1992)
11. Willert, E., & Popov, V. L. (2016). (2016) Impact of an elastic sphere with an elastic half space with a constant coefficient of friction: Numerical analysis based on the method of dimensionality reduction. *ZAMM Zeitschrift für Angewandte Mathematik und Mechanik, 96*(9), 1089–1095.
12. Willert, E. (2019). Energy loss and wear in spherical oblique elastic impacts. *Facta Universitatis, Series Mechanical Engineering, 17*(1), 75–85.
13. Benad, J. (2018). Fast numerical implementation of the MDR transformations. *Facta Universitatis, Series Mechanical Engineering, 16*(2), 127–138.
14. Doménech-Carbó, A. (2013). Analysis of oblique rebound using a redefinition of the coefficient of tangential restitution coefficient. *Mechanics Research Communications, 54*, 35–40.
15. Pishkenari, H. N., Rad, H. K., & Shad, H. J. (2017). Transformation of sliding motion to rolling during spheres collision. *Granular Matter, 19*, 70. https://doi.org/10.1007/s10035-017-0755-0.
16. Thornton, C., Cummins, S. J., & Cleary, P. W. (2011). An investigation of the comparative behaviour of alternative contact forcemodels during elastic collisions. *Powder Technology, 210*(3), 189–197.
17. Willert, E., & Popov, V. L. (2017). The oblique impact of a rigid sphere on a power-law graded elastic halfspace. *Mechanics of Materials, 109*, 82–89.

18. Foerster, S. F., Louge, M. Y., Chang, H., & Allia, K. (1994). Measurements of the collision properties of small spheres. *Physics of Fluids, 6*(3), 1108–1115.
19. Gorham, D. A., & Kharaz, A. H. (2000). The measurement of particle rebound characteristics. *Powder Technology, 112*(3), 193–202.
20. Dong, H., & Moys, M. H. (2006). Experimental study of oblique impacts with initial spin. *Powder Technology, 161*(1), 22–31.
21. Rad, H. K., & Pishkenari, H. N. (2018). Frictional viscoelastic basedmodel for spherical particles collision. *Granular Matter, 20*, 62. https://doi.org/10.1007/s10035-018-0835-9.
22. Brilliantov, N. V., Spahn, F., Hertzsch, J. M., & Pöschel, T. (1996). Model for collisions in granular gases. *Physical Review E, 53*(5), 5382–5392.
23. Schwager, T., Becker, V., & Pöschel, T. (2008). Coefficient of tangential restitution for viscoelastic spheres. *The European Physical Journal E: Soft Matter and Biological Physics, 27*(1), 107–114.
24. Cundall, P. A., & Strack, O. D. L. (1979). A discrete numerical model for granular assemblies. *Géotechnique, 29*(1), 47–65.
25. Kusche, S. (2016) Simulation von Kontaktproblemen bei linearem viskoelastischem Materialverhalten. Dissertation, Technische Universität Berlin.
26. Wu, C. Y., Thornton, C., & Li, L. Y. (2008). A semi-analytical model for oblique impacts of elastoplastic spheres. *Proceedings of the Royal Society of London, Series A, 465*, 937–960.
27. Brake, M. R. (2015). An analytical elastic plastic contact model with strain hardening and frictional effects for normal and oblique impacts. *International Journal of Solids and Structures, 62*, 104–123.

Räumliche Effekte in elastischen Stößen von Kugeln   7

In diesem Kapitel werden zwei Aspekte genauer untersucht, deren Einflüsse bei der Vereinfachung der Bewegungsgleichungen zweier räumlich zusammenstoßender Kugeln in Abschn. 2.2.1 als vernachlässigbar klein verworfen wurden. Dies betrifft einerseits einige dynamische Effekte durch die Rotation der Stoßachse (und deren Einfluss auf die Kontaktmechanik) und andererseits die torsionale Komponente des Stoßproblems.

7.1 Einfluss der Rotation der Stoßachse

In den bisherigen Kapiteln wurden dynamische Effekte in der räumlichen Kollision zweier Kugeln, die aus der (vergleichsweise langsamen) Rotation der Stoßachse resultieren, vernachlässigt. Unter anderem dadurch konnte das Stoßproblem auf den Stoß einer Kugel auf einen unendlich ausgedehnten Halbraum zurückgeführt werden (für den die Stoßachse offensichtlich fest ist). Schätzt man allerdings die einzelnen Beschleunigungsterme in den kinematischen Gl. (2.12) und (2.13) im Detail ab, ergibt sich[1]

$$\dot{s}_i \approx \frac{s_{i,0} v_{z,0}}{d_{\max}}, \quad s_i \Omega \approx \frac{s_{i,0} v_{x,0}}{R_1 + R_2}, \tag{7.1}$$

$$\ddot{d} \approx \frac{v_{z,0}^2}{d_{\max}}, \quad (R_1 + R_2)\,\Omega^2 \approx \frac{v_{x,0}^2}{R_1 + R_2}, \quad \dot{d}\Omega \approx \frac{v_{x,0} v_{z,0}}{R_1 + R_2}, \quad (R_1 + R_2)\,\dot{\Omega} \approx \frac{v_{x,0} v_{z,0}}{d_{\max}}. \tag{7.2}$$

Hier bezeichnen v_z und v_x die normale und tangentiale relative Geschwindigkeit der kollidierenden Kugeln und $d_{\max}$ wie gewohnt die maximale Eindrucktiefe während des Stoßes. Der Index Null bezieht sich auf die Konfiguration zu Beginn der Kollision. Im Rahmen der Halbraumnäherung ist mit dem Kontaktradius a

---

[1] Da diese Beziehungen Abschätzungen darstellen, sind alle Größen betragsmäßig zu verstehen.

© Der/die Autor(en) 2020
E. Willert, *Stoßprobleme in Physik, Technik und Medizin*,
https://doi.org/10.1007/978-3-662-60296-6_7

$$\frac{d_{\max}}{R_1 + R_2} \approx \left(\frac{d_{\max}}{a_{\max}}\right)^2, \tag{7.3}$$

wobei das Verhältnis d/a für die Gültigkeit der Halbraumhypothese klein sein muss. Der Stoßwinkel sei nun so flach, dass

$$\frac{v_{z,0}}{v_{x,0}} \approx \frac{d_{\max}}{a_{\max}}. \tag{7.4}$$

Bis auf den zentrifugalen Anteil $(R_1 + R_2)\,\Omega^2$ sind dann immer noch alle langsamen dynamischen Effekte vernachlässigbar klein. Das Stoßproblem kann deswegen weiterhin auf den ebenen Stoß einer Kugel auf einen Halbraum zurückgeführt werden, wobei Gl. (2.34) allerdings durch

$$\ddot{d} = \frac{F_z}{\tilde{m}} - \frac{v_x^2}{R_1 + R_2} - (R_1 + R_2)\,\Omega_x^2 \tag{7.5}$$

ersetzt werden muss. Dabei ist Ω_x eine Konstante, da weiterhin angenommen sei, dass die Kontaktkraft in der Stoßebene liegt, die entsprechend nicht verlassen wird. Die Gl. (2.33) und (2.35) bleiben unverändert gültig. Der zentrifugale Anteil der Beschleunigung[2] sorgt dabei offensichtlich für eine zusätzliche Abstoßung (neben der Normalkraft im Kontakt) der Kugeln während der Kollision. Der Einfluss dieser zusätzlichen Abstoßung auf das Stoßproblem soll im Folgenden für den reibungsfreien Stoß mit und ohne Adhäsion und den Stoß mit Reibung genauer untersucht werden.

7.1.1　Reibungsfreier Stoß ohne Adhäsion

Im Fall des reibungsfreien Stoßes verschwindet die tangentiale Komponente der Kontaktkraft und v_x ist während der Kollision konstant. Mit der Lösung des Hertzschen Kontaktproblems erhält man so

$$\tilde{m}\,(\ddot{d} + a_0) = -\frac{4}{3}\tilde{E}\sqrt{\tilde{R}d^3}, \qquad a_0 := \frac{v_{x,0}^2}{R_1 + R_2} + (R_1 + R_2)\,\Omega_x^2 \tag{7.6}$$

als Bewegungsgleichung mit den Anfangsbedingungen

$$\dot{d}(t = 0) = |v_{z,0}|, \qquad d(t = 0) = 0 \tag{7.7}$$

---

[2]Im ebenen Modell ist das natürlich keine zentrifugale Kraft, sondern einfach eine zusätzliche Kraft in Normalenrichtung; trotzdem soll im Folgenden die Bezeichnung „zentrifugal" beibehalten werden, da dies der physikalische Ursprung der betrachteten Effekte bei der räumlichen Kollision ist.

für die Indentierungstiefe d. In Gl. (7.6) wurden außerdem die aus den Gl. (2.17), (3.14) und (2.28) bekannten Definitionen der effektiven Werte der Masse, des Elastizitätsmoduls und des Krümmungsradius im Kontakt verwendet.

Führt man die dimensionsfreien Größen

$$\hat{t} := \frac{|v_{z,0}|}{d_0} t = \frac{t}{t_0}, \qquad \hat{d} := \frac{d}{d_0},$$
(7.8)

ein – wobei d_0 die maximale Eindrucktiefe im Fall ohne zentrifugalen Beitrag bezeichnet, die Gl. (5.8) entnommen werden kann – erhält man die normierte Bewegungsgleichung

$$\frac{\mathrm{d}^2 \hat{d}}{\mathrm{d}\hat{t}^2} + \frac{5}{4}\hat{d}^{3/2} + \alpha_0 = 0, \qquad \alpha_0 := \frac{a_0\, d_0}{v_{z,0}^2}$$
(7.9)

mit den Anfangsbedingungen

$$\frac{\mathrm{d}\hat{d}}{\mathrm{d}\hat{t}}\left(\hat{t} = 0\right) = 1, \qquad \hat{d}(\hat{t} = 0) = 0.$$
(7.10)

Integration über die (normierte) Eindrucktiefe liefert die Energiebilanz

$$\left(\frac{\mathrm{d}\hat{d}}{\mathrm{d}\hat{t}}\right)^2 = 1 - \hat{d}^{5/2} - 2\alpha_0 \hat{d}.$$
(7.11)

Die maximale Eindrucktiefe ergibt sich daher als Lösung der Gleichung

$$0 = 1 - \hat{d}_{\max}^{5/2} - 2\alpha_0 \hat{d}_{\max}.$$
(7.12)

Im Gegensatz zum idealen Hertzschen Stoßproblem (mit $\alpha_0 = 0$) ist Gl. (7.11) nicht geschlossen analytisch lösbar. Eine numerische Lösung ist für verschiedene Werte von α_0 in Abb. 7.1 gezeigt. Offenbar werden durch den Einfluss der Zentrifugalkraft die maximale Eindrucktiefe und die Stoßdauer kleiner. Die Form der Lösung – und insbesondere die Symmetrie zwischen Kompressions- und Restitutionsphase – bleiben aber unverändert. Außerdem ist die Stoßzahl aus diesem Grund weiterhin Eins.

In der Regel wird die normierte zentrifugale Beschleunigung α_0 klein sein. In diesem Fall können für die Gl. (7.11) und (7.12) asymptotische Näherungslösungen in geschlossen analytischer Form gefunden werden. Die asymptotische Lösung von Gl. (7.12) ist

$$\hat{d}_{\max} = 1 - \frac{4}{5}\alpha_0 + \mathcal{O}\left(\alpha_0^2\right).$$
(7.13)

Die Lösung der Bewegungsgleichung kann man in der Reihe

$$\hat{d}\left(\hat{t}\right) = \sum_{i=0}^{\infty} \delta_i\left(\hat{t}\right) \alpha_0^i$$
(7.14)

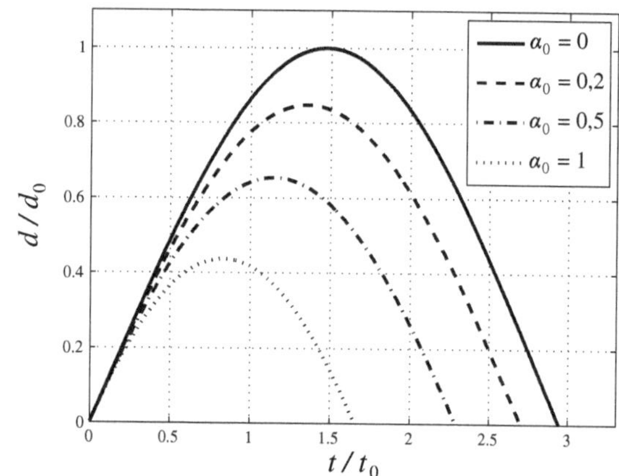

Abb. 7.1 Normierte Trajektorien während des räumlichen Normalstoßes elastischer Kugeln für verschiedene normierte Zentrifugalbeschleunigungen α_0

entwickeln. Für die Beiträge nullter Ordnung ergibt sich aus Gl. (7.11) die Beziehung

$$\left(\frac{d\delta_0}{d\hat{t}}\right)^2 = 1 - \delta_0^{5/2}. \tag{7.15}$$

Dies ist die normierte Energiebilanz des idealen Hertzschen Stoßproblems mit der in Gl. (5.11) gegebenen (impliziten) Lösung

$$\hat{t} = \frac{2}{5}B\left(\delta_0^{5/2}; \frac{2}{5}, \frac{1}{2}\right), \tag{7.16}$$

wobei B die im Anhang beschriebene unvollständige Beta-Funktion bezeichnet. Die Terme der Ordnung α_0 in Gl. (7.11) liefern die Beziehung

$$\frac{d\delta_0}{d\hat{t}}\frac{d\delta_1}{d\hat{t}} = -\frac{5}{4}\delta_0^{3/2}\delta_1 - \delta_0, \tag{7.17}$$

die sich mithilfe von Gl. (7.15) in das gewöhnliche lineare Randwertproblem

$$\left(1 - \delta_0^{5/2}\right)\frac{d\delta_1}{d\delta_0} = -\frac{5}{4}\delta_0^{3/2}\delta_1 - \delta_0, \qquad \delta_1\left(\delta_0 = 0\right) = 0 \tag{7.18}$$

mit der Lösung

$$\delta_1\left(\delta_0\right) = -\frac{4}{5}\delta_0^2 + \frac{6}{25}\sqrt{1 - \delta_0^{5/2}}\, B\left(\delta_0^{5/2}; \frac{4}{5}, \frac{1}{2}\right) \tag{7.19}$$

überführen lässt. Abb. 7.2 zeigt einen Vergleich der vollständigen numerischen Lösung mit der oben bestimmten analytischen Asymptote bis zur ersten Ordnung für $\alpha_0 = 0,2$. Offenbar stimmt die asymptotische Näherung sehr gut mit der „exakten" numerischen Lösung überein.

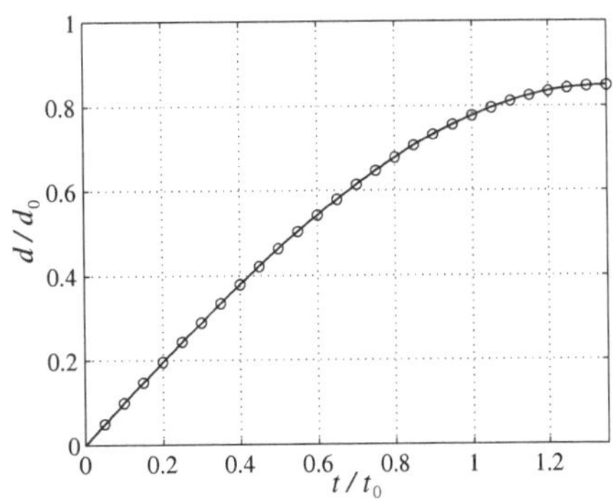

Abb. 7.2 Vergleich der vollständigen numerischen Lösung für die normierte Trajektorie (Kreise) mit der analytischen asymptotischen Näherung bis zur ersten Ordnung (durchgezogene Linie) für den Zusammenstoß homogener Kugeln mit $\alpha_0 = 0{,}2$

Funktionale Gradientenmedien

Die oben erhaltenen Ergebnisse können ohne Schwierigkeiten für elastische Kugeln verallgemeinert werden, bei denen der elastische Modul mit der Tiefe entsprechend eines Potenzgesetzes mit dem Exponenten k variiert – siehe Gl. (3.209). Die normierte Energiebilanz nimmt die Form

$$\left(\frac{\mathrm{d}\hat{d}}{\mathrm{d}\hat{t}}\right)^2 = 1 - \hat{d}^{\frac{5+k}{2}} - 2\alpha_0\hat{d} \tag{7.20}$$

an, wobei die Normierungstiefe d_0 Gl. (5.21) entnommen werden kann. Die maximale Indentierungstiefe während des Stoßes beträgt in erster Näherung

$$\hat{d}_{\max} = 1 - \frac{4}{5+k}\alpha_0 + \mathcal{O}\left(\alpha_0^2\right). \tag{7.21}$$

Die nullte Ordnung der asymptotischen Lösung der Bewegungsgleichung ist durch die in Gl. (5.22) gegebene Lösung ohne zentrifugale Beiträge bestimmt,

$$\hat{t} = \frac{2}{5+k}\mathrm{B}\left(\delta_0^{\frac{5+k}{2}};\frac{2}{5+k},\frac{1}{2}\right). \tag{7.22}$$

Für die erste Ordnung erhält man durch eine den obigen Überlegungen völlig analoge Rechnung

$$\delta_1\left(\delta_0\right) = -\frac{4}{5+k}\delta_0^2 + \frac{2(3-k)}{(5+k)^2}\sqrt{1 - \delta_0^{\frac{5+k}{2}}}\,\mathrm{B}\left(\delta_0^{\frac{5+k}{2}};\frac{4}{5+k},\frac{1}{2}\right). \tag{7.23}$$

Für $k = 0$ ergeben sich natürlich die bereits gezeigten homogenen Ergebnisse.

7.1.2 Reibungsfreier Stoß mit JKR-Adhäsion

Die zentrifugale Beschleunigung durch die Rotation der Stoßachse hat ebenfalls einen
Einfluss auf das adhäsive Normalstoßproblem, insbesondere darauf, ob die kollidierenden Kugeln durch die Wirkung der Adhäsion aneinander kleben bleiben oder tatsächlich
voneinander zurückprallen.

Dabei muss man sich zunächst vergegenwärtigen, dass die initiale und die kritische Kontaktkonfiguration zu Beginn und am Ende des Stoßes nur durch die Kontaktwechselwirkung
bestimmt und unabhängig von zentrifugalen Einflüssen sind. Die Änderung der kinetischen
Energie während des Stoßes ist daher elementar durch

$$\Delta U_{\text{kin}} = \Delta U_{\text{kin},0} - \tilde{m}a_0 d_c^{\text{WS}} \tag{7.24}$$

gegeben. Hier bezeichnet $\Delta U_{\text{kin},0}$ die Energieänderung durch die adhäsive Wechselwirkung,
die in Gl. (5.36) nachgeschlagen werden kann, d_c^{WS} die kritische Indentierungstiefe, bei
der der JKR-adhäsive Normalkontakt unter weggesteuerten Bedingungen seine Stabilität
verliert – siehe Gl. (3.60) – und a_0 die in Gl. (7.6) definierte zentrifugale Beschleunigung.
Aus der Beziehung (7.24) folgt, dass die Kugeln aneinander kleben bleiben, falls

$$\left(\frac{v_{z,0}}{v_1}\right)^2 + \left(\frac{v_{x,0}}{v_2}\right)^2 \leq 1, \tag{7.25}$$

wobei

$$v_1^2 := \frac{2\Delta U_{\text{kin},0}}{\tilde{m}}, \qquad v_2^2 := \frac{v_1^2}{2}\frac{R_1 + R_2}{|d_c^{\text{WS}}|}. \tag{7.26}$$

Gl. (7.25) beschreibt offensichtlich das Innere einer Ellipse mit den Halbachsen v_1 und v_2.
Durch die zusätzliche Abstoßung aus der Rotation der Stoßachse können sich also auch
kollidierende Kugeln voneinander lösen, deren relative Normalgeschwindigkeit in einem
reinen adhäsiven Normalstoß dafür eigentlich zu klein wäre.

7.1.3 Stoß mit Reibung ohne Adhäsion

Was ändert sich nun durch das Wechselspiel zwischen Reibung und dem zentrifugalen Anteil
der radialen Beschleunigung? Um die Anzahl variierbarer Parameter klein zu halten, soll im
Folgenden der Beitrag durch Ω_x in Gl. (7.5) vernachlässigt werden. Die Charakteristika der
Lösung entstehen durch den Beitrag aus v_x, oder besser gesagt daraus, dass sich v_x durch die
Reibung während des Stoßes verändert (dies gilt für Ω_x, wie beschrieben, nicht). Da außerdem der Stoßwinkel sehr flach sein muss, damit die zentrifugalen Beiträge relevant werden,
wird der Kontakt für realistische Parameterkombinationen während der ganzen Kollision
vollständig gleiten. Dadurch wird die Kontaktmechanik des Problems trivial und die Form

der Bewegungsgleichungen sehr einfach. Man erhält mithilfe der Gl. (7.5) und (2.33) sowie dem Amontons-Coulomb-Gesetz und der Hertzschen Lösung des Normalkontaktproblems[3]

$$\tilde{m}\left(\ddot{d} + \frac{v_x^2}{R_1 + R_2}\right) = -\frac{4}{3}\tilde{E}\sqrt{\tilde{R}d^3}, \tag{7.27}$$

$$\tilde{m}\dot{v}_x = -\frac{4}{3}\mu\tilde{E}\sqrt{\tilde{R}d^3}. \tag{7.28}$$

Mit den dimensionsfreien Größen

$$\hat{t} := \frac{|v_{z,0}|}{d_0}t, \qquad \hat{d} := \frac{d}{d_0}, \qquad \hat{v}_x := \frac{v_x}{|v_{x,0}|} \tag{7.29}$$

lässt sich das auf die Form

$$\frac{\mathrm{d}^2\hat{d}}{\mathrm{d}\hat{t}^2} + \frac{5}{4}\hat{d}^{3/2} + \delta\hat{v}_x^2 = 0, \qquad \delta := \frac{v_{x,0}^2}{v_{z,0}^2}\frac{d_0}{R_1 + R_2}, \tag{7.30}$$

$$\frac{\mathrm{d}\hat{v}_x}{\mathrm{d}\hat{t}} + \frac{5}{4}\beta\hat{d}^{3/2} = 0, \qquad \beta := \frac{\mu|v_{z,0}|}{|v_{x,0}|}, \tag{7.31}$$

mit den Anfangsbedingungen

$$\hat{v}_x\left(\hat{t} = 0\right) = 1, \qquad \hat{v}_z\left(\hat{t} = 0\right) = 1, \qquad \hat{d}\left(\hat{t} = 0\right) = 0, \tag{7.32}$$

bringen. Dabei sind $v_{z,0}$ und $v_{x,0}$ die normale und tangentiale Komponente der Geschwindigkeit des Schwerpunkts vor dem Stoß und d_0 die maximale Eindrucktiefe im Hertzschen Stoßproblem ohne Berücksichtigung zentrifugaler Beiträge, die in Gl. (5.8) nachgeschlagen werden kann. Offensichtlich hängt die Lösung des Stoßproblems in normierten Größen nur von den beiden Parametern δ und β ab.

Die sich ergebende kinematische Stoßzahl für die normale Bewegung des Schwerpunkts, ϵ_z, ist in Abb. 7.3 als Konturliniendiagramm in Abhängigkeit der bestimmenden Parameter gezeigt. Man erkennt deutlich, dass die normale Stoßzahl in Fällen mit Zentrifugalterm *und* Reibung kleiner ist als Eins; das liegt daran, dass die tangentiale Geschwindigkeit v_x durch die Reibung während der Kollision kleiner wird; die Verläufe der gesamten Kraft in vertikaler Richtung (bestehend aus der Normalkraft im Kontakt und dem zentrifugalen Beitrag) während der Kompressions- und Restitutionsphase sind deswegen nicht symmetrisch und die Stoßzahl daher kleiner als Eins.

---

[3]Da der zentrifugale Anteil durch die Tangentialbewegung des Schwerpunktes bestimmt wird, ist es sinnvoller, die tangentiale Bewegungsgleichung bezüglich des Schwerpunktes aufzustellen, anstatt, wie im vorherigen Kapitel, bezüglich des Kontaktpunktes.

Abb. 7.3 Kinematische
Stoßzahl der Normalbewegung
des Schwerpunkts der Kugel ϵ_z
für den Stoß mit Reibung unter
Berücksichtigung zentrifugaler
Beschleunigungsanteile.
Konturliniendiagramm in
Abhängigkeit der beiden
bestimmenden Parameter
δ und β

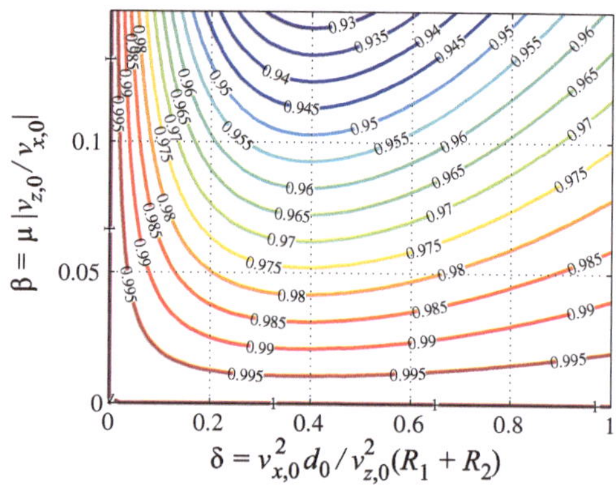

7.2   Elastischer Torsionsstoß

Im folgenden Unterkapitel wird das torsionale Stoßproblem von elastischen Kugeln genauer
untersucht. Dabei sollen, wie in den vorherigen Kapiteln, alle Prozesse quasistatisch ablaufen, um von den statischen Kontaktlösungen aus dem dritten Kapitel Gebrauch machen zu
können. Im zweiten Kapitel wurde begründet, dass die torsionale Komponente des Stoßproblems im Rahmen der Gültigkeit der Halbraumnäherung sehr klein ist. Das liegt daran, dass
die charakteristische Frequenz der torsionalen Bewegung sehr viel kleiner als die der Indentierung ist, die relative axiale Winkelgeschwindigkeit ω_z ändert sich also nur sehr langsam.
Trotzdem kann diese Änderung und die damit assoziierte Stoßzahl

$$\epsilon_t := -\frac{\omega_z(t = T_S)}{\omega_{z,0}} \tag{7.33}$$

von Interesse sein.

Im Fall des reinen Torsionsproblems (Normalbewegung und reine Rotation um die Normalenachse) könnte man den Stoß auch für beliebige axialsymmetrische Körper untersuchen[4], da sich dann die Orientierung der Körper im Raum während des Stoßes nicht ändert
und die makroskopische Dynamik daher elementar ist. Die Kontaktmechanik des Torsionsproblems ist aber in anderen Fällen als dem parabolischen Kontakt mathematisch sehr
unhandlich (obwohl physikalisch-konzeptuell ohne Schwierigkeiten möglich), deswegen
steht im Folgenden nur der Kontakt von Kugeln im Fokus der Untersuchung.

Der Drallsatz um die Normalen-, bzw. Symmetrieachse

$$M_z = -J^* \dot{\omega}_z, \qquad J^* := \frac{J_1^S J_2^S}{J_1^S + J_2^S}, \tag{7.34}$$

---

[4]Es sei dabei angenommen, dass die Normalenachse mit der Symmetrieachse der Körper zusammenfällt.

mit den Trägheitsmomenten der beiden Kugeln J_i^S um die Normalenachse, liefert bei Kenntnis des Torsionsmomentes M_z die Bewegungsgleichung für die (relative) torsionale Rotation. Die Aufgabe besteht nun in der kontaktmechanischen Bestimmung des Moments und der Integration der entstehenden Bewegungsgleichung.

Die vollständige Lösung des elastischen Torsionsstoßproblems von Kugeln mit einem unendlichen oder endlichen Reibbeiwert stammt von Jäger [1]. Es soll zunächst der Fall ohne lokales Gleiten im Kontakt betrachtet und anschließend der Einfluss des lokalen Gleitens untersucht werden.

7.2.1 Stoß ohne Gleiten

Die Mechanik des torsionalen Stoßes von elastischen Kugeln ohne Gleiten ist qualitativ sehr ähnlich zu dem entsprechenden allgemeinen ebenen Stoßproblem: Die Kompressions- und Restitutionsphase müssen getrennt voneinander untersucht werden, da beide qualitativ unterschiedliches Verhalten zeigen. In der Kompressionsphase kann man die Bewegungsgleichung inkrementell schreiben; in der Restitutionphase formuliert man eine explizite Bewegungsgleichung für die Differenz zwischen zwei Kontaktkonfigurationen mit dem gleichen Kontaktradius während der Kompressions- und Restitutionsphase.

Kompressionsphase
Wenn die Indentierungstiefe und damit der Kontaktradius monoton wachsen, kann der inkrementelle Beitrag zu dem Torsionsmoment durch eine Starrkörperrotation des Kontaktgebicts mit dem momentanen Radius a um den differentiellen Winkel $\omega_z \mathrm{d}t$ bestimmt werden. Mit Gl. (3.131) und dem Drallsatz (7.34) lautet dann die Bewegungsgleichung wie folgt:

$$\ddot{\omega}_z + \frac{16G}{3J^*} a^3 \omega_z = 0. \tag{7.35}$$

Dabei bezeichnet G den in Gl. (3.12) definierten Schubmodul. Verwendet man die dimensionsfreien Größen

$$\hat{\omega}_z := \frac{d_{\max}}{|v_{z,0}|} \omega_z, \quad \hat{t} := \frac{|v_{z,0}|}{d_{\max}} t, \quad \xi := \left(\frac{d}{d_{\max}} \right)^{5/2}, \quad \chi_t := (1 - \nu) \frac{\tilde{m} \tilde{R}^2}{J^*} \frac{d_{\max}}{\tilde{R}}, \tag{7.36}$$

mit der Stoßgeschwindigkeit $v_{z,0}$, der maximalen Indentierungstiefe $d_{\max}$ aus Gl. (5.8), sowie den effektiven Werten der Masse und des Krümmungsradius, $\tilde{m}$ und $\tilde{R}$, lautet die Bewegungsgleichung in normierter Form

$$\frac{\mathrm{d}^2 \hat{\omega}_z}{\mathrm{d}\hat{t}^2} + \frac{5}{2} \chi_t \, \xi^{3/5} \hat{\omega}_z = 0, \tag{7.37}$$

mit den Anfangsbedingungen

$$\hat{\omega}_z \left(\hat{t} = 0 \right) = \hat{\omega}_{z,0}, \qquad \frac{\mathrm{d}\hat{\omega}_z}{\mathrm{d}\hat{t}} \left(\hat{t} = 0 \right) = 0. \tag{7.38}$$

Außerdem gilt natürlich die aus der Lösung des Normalstoßproblems bekannte (und bereits für das ebene Problem verwendete) Beziehung

$$\frac{d\xi}{d\hat{t}} = \frac{5}{2}\xi^{3/5}\left(1 - \xi\right)^{1/2}.$$ (7.39)

Gl. (7.37) kann leider, trotz der ins Auge springenden Ähnlichkeit, nicht analog zu Gl. (6.5) für die Tangentialbewegung des Kontaktpunktes im ebenen Stoß ohne Gleiten gelöst werden. Allerdings muss χ_t – dies ist das Analogon für das Torsionsproblem zu dem aus dem ebenen Problem bekannten Parameter χ – im Rahmen der Halbraumnäherung offensichtlich klein sein. Es ist daher vorteilhaft, die Lösung in einer Potenzreihe

$$\hat{\omega}_z\left(\hat{t}\right) = \sum_{i=0}^{\infty} \chi_t^i\, \hat{\omega}_z^{(i)}\left(\hat{t}\right)$$ (7.40)

zu entwickeln. Das nullte Glied ist dabei offensichtlich

$$\hat{\omega}_z^{(0)}\left(\hat{t}\right) \equiv \hat{\omega}_{z,0}.$$ (7.41)

Für das erste Störglied erhält man deswegen das Anfangswertproblem

$$\frac{d^2\hat{\omega}_z^{(1)}}{d\hat{t}^2} + \frac{5}{2}\chi_t\,\xi^{3/5}\hat{\omega}_{z,0} = 0, \quad \hat{\omega}_z^{(1)}\left(\hat{t}=0\right) = 0, \quad \frac{d\hat{\omega}_z^{(1)}}{d\hat{t}}\left(\hat{t}=0\right) = 0,$$ (7.42)

das mit Gl. (7.39) zu

$$\hat{\omega}_z^{(1)}\left(\hat{t}\right) = 2\hat{\omega}_{z,0}\left(\xi^{2/5} - \hat{t}\right)$$ (7.43)

aufgelöst werden kann. Am Umkehrpunkt der Normalbewegung ergibt sich damit die normierte Winkelgeschwindigkeit – die höheren Störglieder werden vernachlässigt, da χ_t klein sein muss –

$$\hat{\omega}_{z,m} \approx \hat{\omega}_{z,0}\left[1 - \chi_t\left(\hat{T}_S - 2\right)\right],$$ (7.44)

mit der normierten Stoßdauer – siehe Gl. (5.12) –

$$\hat{T}_S := \frac{4}{5}\text{B}\left(1; \frac{2}{5}, \frac{1}{2}\right).$$ (7.45)

Restitutionsphase

Das Verhalten in der Restitutionsphase gehorcht den gleichen qualitativen Mechanismen wie im Fall des ebenen Stoßes ohne Gleiten. Während der Restitutionsphase gibt es für jeden Zeitpunkt $t > T_S/2$ einen Zeitpunkt $t_c(t) = T_S - t$ während der Kompressionsphase, sodass $a(t) = a(t_c)$. Die Differenz der Kontaktmomente zwischen diesen beiden Zeitpunkten ergibt sich aus der in dieser Zeit erfolgten Starrkörperrotation. Mit Gl. (3.131) erhält man daher

$$M_z(t) - M_z(t_c) = \frac{16G}{3} a^3 \left(\varphi_z(t) - \varphi_z(t_c) \right). \tag{7.46}$$

Da der Drallsatz (7.34) für alle Zeitpunkte Gültigkeit hat, erhält man für die Differenz der Verdrehwinkel

$$\varphi_z^*(t) := \varphi_z(t) - \varphi_z(t_c) \tag{7.47}$$

die normierte Bewegungsgleichung

$$\frac{\mathrm{d}^2 \varphi_z^*}{\mathrm{d}\hat{t}^2} + \frac{5}{2} \chi_t \, \xi^{3/5} \varphi_z^* = 0, \tag{7.48}$$

mit den sich aus der Symmetrie ergebenden Anfangsbedingungen

$$\varphi_z^*\left(\hat{t} = \frac{\hat{T}_S}{2} \right) = 0, \qquad \frac{\mathrm{d}\varphi_z^*}{\mathrm{d}\hat{t}}\left(\hat{t} = \frac{\hat{T}_S}{2} \right) = 2\hat{\omega}_{z,m}. \tag{7.49}$$

Außerdem muss in Gl. (7.39) für die Restitution das Vorzeichen gewechselt werden.

Entwickelt man φ_z^* analog zur Kompressionsphase in einer Potenzreihe in χ_t, ergibt sich für die ersten beiden Glieder

$$\varphi_z^{*(0)} = 2\hat{\omega}_{z,m} \left(\hat{t} - \frac{\hat{T}_S}{2} \right), \tag{7.50}$$

$$\frac{\mathrm{d}\varphi_z^{*(1)}}{\mathrm{d}\hat{t}} = -4\hat{\omega}_{z,m} \left[\left(\hat{t} - \frac{\hat{T}_S}{2} \right) \sqrt{1-\xi} + \xi^{2/5} - 1 \right]. \tag{7.51}$$

Vernachlässigt man wiederum alle höheren Störglieder, ist die normierte Winkelgeschwindigkeit am Ende des Stoßes

$$\hat{\omega}_z\left(\hat{t} = \hat{T}_S \right) \approx 2\hat{\omega}_{z,m} \left[1 - \chi_t \left(\hat{T}_S - 2 \right) \right] - \hat{\omega}_{z,0} = -\hat{\omega}_{z,0} \left\{ 1 - 2\left[1 - \chi_t \left(\hat{T}_S - 2 \right) \right]^2 \right\} \tag{7.52}$$

und damit die torsionale Stoßzahl

$$\epsilon_t \approx 1 - 2\left[1 - \chi_t \left(\hat{T}_S - 2 \right) \right]^2 \tag{7.53}$$

$$\approx -1 + 4\chi_t \left(\hat{T}_S - 2 \right). \tag{7.54}$$

Diese analytischen Näherungen sind in Abb. 7.4 gemeinsam mit einer vollständigen numerischen Lösung gezeigt. Offenbar stimmt die lineare Näherung (7.54) bis etwa $\chi_t = 0{,}05$ sehr gut mit der korrekten Lösung überein, die quadratische Näherung (7.53) sogar bis etwa $\chi_t = 0{,}1$.

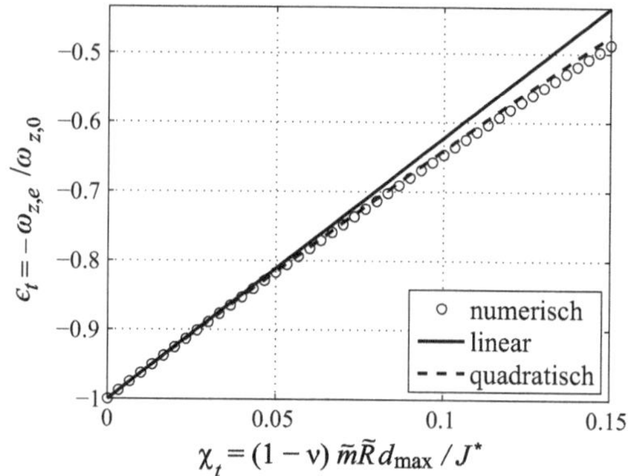

Abb. 7.4 Torsionale Stoßzahl ϵ_t als Funktion des Parameter χ_t. Die Kreise bezeichnen eine vollständige numerische Lösung auf Grundlage der Bewegungsgleichungen (7.37) und (7.48), die Linien beschreiben die analytischen Näherungen (7.53) (gestrichelt) und (7.54) (durchgezogen)

7.2.2 Stoß mit Gleiten

Nach der Lösung für den Fall der Abwesenheit lokalen Gleitens (also für einen sehr großen Reibbeiwert), soll nun der Einfluss lokalen Gleitens untersucht werden. Dazu wird zunächst die analytische Lösung für Parameterkombinationen gezeigt, in denen der Kontakt während des gesamten Stoßes vollständig gleitet. Obwohl diese Situation für den rein torsionalen Stoß nie tatsächlich realisierbar ist[5], stellt diese Lösung, wie sich zeigen wird, in vielen Fällen eine ausgezeichnete Näherung dar.

Lösung für vollständig gleitenden Kontakt

Das Torsionsmoment für den vollständig gleitenden Kontakt ist wegen Gl. (3.150) durch

$$M_z = -\frac{\mu\pi}{4}\tilde{E}\frac{a^4}{\tilde{R}} \tag{7.55}$$

gegeben. Die Bewegungsgleichung kann daher mit den in Gl. (7.36) eingeführten normierten Größen in der Form

$$\frac{d\hat{\omega}_z}{d\hat{t}} + \frac{15\mu\pi}{64}\frac{\tilde{m}\tilde{R}^2}{J^*}\left(\frac{d_{\max}}{\tilde{R}}\right)^{3/2}\xi^{4/5} = 0 \tag{7.56}$$

geschrieben werden, die man während der Kompressionsphase mithilfe von Gl. (7.39) zu

$$\hat{\omega}_z(\xi) = \hat{\omega}_{z,0} - \frac{3\mu\pi}{32}\frac{\tilde{m}\tilde{R}^2}{J^*}\left(\frac{d_{\max}}{\tilde{R}}\right)^{3/2}B\left(\xi;\frac{6}{5},\frac{1}{2}\right), \tag{7.57}$$

mit der im Anhang beschriebenen Beta-Funktion B, integrieren kann. Während der Restitutionsphase wird sich die Winkelgeschwindigkeit bei fortbestehendem vollständigen Gleiten

---

[5]Im Torsionskontakt mit Reibung gibt es immer eine endlich kleine Umgebung des Kontaktmittelpunktes, die lokal haftet.

um den gleichen Betrag verringern wie während der Kompression, sodass sich als torsionale Stoßzahl in diesem Fall der Ausdruck

$$\epsilon_t = -1 + \frac{3\pi}{16} \frac{\sqrt{\pi}\,\Gamma(1,2)}{\Gamma(1,7)} \frac{\chi_t}{\psi_t}, \qquad \psi_t := (1-v)\frac{a_{\max}|\omega_{z,0}|}{\mu|v_{z,0}|}, \qquad (7.58)$$

ergibt. Der Parameter χ_t wurde bereits in Gl. (7.36) definiert, ψ_t ist das Analogon des aus dem ebenen Stoß mit Gleiten bekannten Parameters ψ für den Torsionsstoß.

Allgemeine Lösung für partielles Gleiten

Die Lösung im allgemeinen Fall partiellen Gleitens kann man mithilfe der im dritten Kapitel geschilderten kontaktmechanischen Grundlagen, am einfachsten mit ihrer Deutung im Rahmen der MDR, numerisch bestimmen. Die torsionale Stoßzahl hängt nur von den beiden Parametern χ_t und ψ_t ab und ist in Abb. 7.5 als Funktion von ψ_t für verschiedene Werte von χ_t gezeigt. Die dünnen Linien bezeichnen jeweils die analytische Lösung für vollständiges Gleiten, die offensichtlich für Werte $\psi_t > 1$ fast perfekt mit der tatsächlichen Lösung übereinstimmt. Insgesamt nimmt die Stoßzahl mit steigendem ψ_t betragsmäßig grundsätzlich zu, in dem relevanten Bereich kleiner Werte von χ_t wird der Energieverlust während des Stoßes damit mit steigendem ψ_t, also beispielsweise für kleinere Reibkoeffizienten, kleiner.

7.3   Zusammenfassung

Bei der Rückführung (vom Standpunkt der makroskopischen Dynamik) der räumlichen Kollision von Kugeln auf den Stoß einer Kugel auf einen ruhenden Halbraum im zweiten Kapitel wurden mehrere Effekte als vernachlässigbar klein behandelt, die entsprechend nur in räumlichen Kollisionen auftreten. Zwei dieser Effekte wurden in dem vergangenen Kapitel genauer untersucht, zum einen der Einfluss der Zentrifugalkraft durch die Rotation

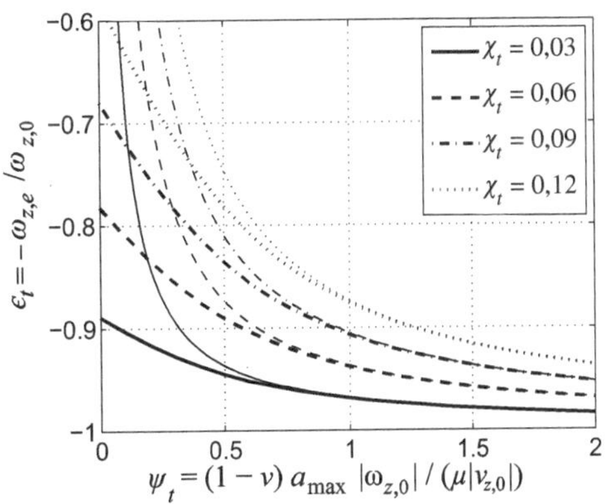

Abb. 7.5 Torsionale Stoßzahl ϵ_t als Funktion des Parameter ψ_t für verschiedene Werte von χ_t – siehe Gl. (7.36) – für den elastischen Torsionsstoß einer Kugel mit Gleiten. Die dünnen Linien beschreiben jeweils die in Gl. (7.58) gegebene Lösung für vollständiges Gleiten

der Stoßachse während der Kollision und zum anderen die elastische Deformation durch die Torsion. Da die betrachteten Effekte klein sind (bzw. langsam ablaufen), können die auftretenden Gleichungen asymptotisch in geschlossener Form gelöst werden, auch wenn eine allgemeine analytische Behandlung unmöglich ist.

Die Zentrifugalkraft durch die Rotation der Stoßachse ist für besonders flache Stoßwinkel von Bedeutung und sorgt für eine zusätzliche Abstoßung der Kugeln während der Kollision. Dadurch sind die maximale Eindrucktiefe und die Stoßdauer kleiner als im Fall ohne zentrifugale Beiträge zur Normalkraft. Die zusätzliche Repulsion ist speziell für adhäsive Stöße interessant, da sich dadurch auch kollidierende Kugeln wieder voneinander lösen können, deren relative Normalgeschwindigkeit dafür in einem reinen Normalstoß zu klein wäre. In Stößen mit Reibung sorgt die zusätzliche Abstoßung dafür, dass die normale Stoßzahl (wenn sie kinematisch als Verhältnis von Geschwindigkeiten nach und vor dem Stoß definiert wird) auch in elastischen Kollisionen ohne Adhäsion kleiner als Eins ist.

Die torsionale Stoßzahl für den elastischen reinen Torsionsstoß mit Gleiten hängt, wie die tangentiale Stoßzahl im schiefen elastischen Stoß mit Gleiten, von zwei Parametern ab, von denen der erste die geometrischen und der zweite die Reibeigenschaften des Kontaktes charakterisiert. Der Energieverlust während des torsionalen Stoßes nimmt mit steigendem Reibkoeffizienten grundsätzlich zu.

Literatur

1. Jäger, J. (1994). Torsional impact of elastic spheres. *Archive of Applied Mechanics, 64*(4), 235–248.

Nach der Darstellung der dynamischen und kontaktmechanischen Grundlagen und der ausführlichen Untersuchung des Stoßproblems unter verschiedenen Bedingungen stehen im folgenden Kapitel Anwendungsbereiche aus Physik, Technik und Medizin im Mittelpunkt, für die die in den früheren Kapiteln gezeigten Ergebnisse von Bedeutung sind.

Die Gebiete, in denen die gezeigten kontaktmechanischen Grundlagen und Lösungen von Stoßproblemen Relevanz haben, sind teilweise selbst riesige Forschungszweige, die in jeweils kurzen Unterkapiteln natürlich nicht annähernd erschöpfend dargestellt werden können. Der Stil des folgenden Kapitels unterscheidet sich daher von dem der früheren Teile dieses Buches: Die behandelten Themen werden nicht mehr umfassend und mathematisch detailliert entwickelt; stattdessen wird „nur" beschrieben, welche Fragestellungen in welchen Anwendungsgebieten auftreten und wie man eventuell die in den früheren Kapiteln hergeleiteten Ergebnisse zur Behandlung dieser Fragen verwenden kann.

Die ersten beiden Teile des Kapitels sind der Schädigung von Systemen durch stoßartige Belastungen und stoßbasierten Testverfahren, z. B. zur Bestimmung von Materialeigenschaften, gewidmet. Der anschließende Block der Abschn. 8.3 und 8.4 beschäftigt sich mit granularen Medien – deren Dynamik durch eine Vielzahl einzelner Kollisionen bestimmt wird – und ihren astrophysikalischen Anwendungen. Zwei Unterkapitel zu den Themen Sport und Medizin beschließen den Hauptteil dieses Buches.

Diese Klassifikation möglicher Anwendungen der Mechanik von Kollisionen ist nicht immer eindeutig; Überschneidungen existieren unter anderem zwischen den Bereichen Sport und Medizin oder zwischen der theoretischen Beschreibung und den Anwendungen granularer Medien. Auch Testverfahren haben in der Regel einen bestimmten praktischen Hintergrund; so könnten Prüfverfahren zur Bestimmung der viskoelastischen Eigenschaften von Gelenkknorpel ebenso gut in dem Unterkapitel beschrieben werden, das sich medizinischen Anwendungen widmet.

Wer an mögliche Anwendungen von Stoßproblemen denkt, wird früher oder später bei der Auslegung von Schutzsystemen landen. Öffentliche, frei verfügbare Forschungsergebnisse

© Der/die Autor(en) 2020
E. Willert, *Stoßprobleme in Physik, Technik und Medizin*,
https://doi.org/10.1007/978-3-662-60296-6_8

zur Verbesserung von Schutzsystemen führen allerdings sehr wahrscheinlich in erheblichem
Maße auch zur Verbesserung von Mitteln, diese Schutzsysteme zu durchbrechen. Forschung
auf diesem Gebiet widerspricht daher der Zivilklausel der Hochschule, an der dieses Buch
entstanden ist, der Technischen Universität Berlin, und wird entsprechend nicht in dem
folgenden Kapitel behandelt.

8.1 Schlagverschleiß

Schlagverschleiß[1] durch die fortgesetzte stoßartige Einwirkung mit Festkörper-Teilchen ist
eine wesentliche Quelle der Schädigung von festen Oberflächen, beispielsweise im Berg-
bau [1]. Häufig sind dabei die erodierenden Partikel aus einem härteren Material als die
Oberfläche und daher abrasive Verschleißmechanismen, wie Mikroschneiden und -pflügen,
dominant. Es kommt aber auch zu plastischer Deformation, Ermüdung [2] und bei spröden
Oberflächen zu verschiedenen Formen des Bruches. Bei sehr großen Stoßgeschwindigkeiten treten darüber hinaus hohe Blitztemperaturen im Kontakt auf [3], die die Festigkeit
herabsetzen und chemo-mechanische Verschleißformen initiieren können.

Neben der umfangreichen Literatur zum Schlagverschleiß von Metallen und Keramiken
gibt es mehrere Arbeiten zur entsprechenden Schädigung von Polymeren [4], Elastomeren [5], Faserverbundwerkstoffen [6] oder Thermoplasten [7]. Diese Materialklassen haben
teilweise eigene Schadensmechanismen, die die Abhängigkeiten der Verschleißintensität
von den Stoßparametern beeinflussen; in Faserverbundwerkstoffen spielt beispielsweise der
Stoßwinkel relativ zur Orientierung der Fasern eine wesentliche Rolle [6].

Wegen der vergleichsweise einfachen Mechanismen des abrasiven Verschleißes gibt es
mehrere theoretische Modelle für die Erosion einer festen Oberfläche durch einen Strahl
harter Partikel, die gut mit experimentellen Ergebnissen in Einklang stehen[2]. Finnie [9]
fasste den Verschleiß als reines Mikroschneiden auf. Beckmann und Goltzmann [10] verfei-
nerten diesen Ansatz, indem sie annahmen, dass für den Verschleiß neben der starken plastischen Deformation eine Scherbelastung der Oberflächenschicht vorliegen muss. Ellermaa
[2] verglich verschiedene Theorien zum Schlagverschleiß mit experimentellen Versuchen
und kam zu dem Schluss, dass die Vorhersagen der Theorie von Beckmann & Goltzmann –
in leicht empirisch modifizierter Form – am besten mit den experimentellen Ergebnissen
übereinstimmten. Molinari und Ortiz [3] führten FEM-basierte Simulationen des elasto-
plastischen ebenen Stoßes von Stahlkugeln auf eine weichere Stahlplatte durch, verglichen

---

[1]Teilweise sind auch die Termini „Stoßverschleiß" oder „erosiver Verschleiß" gebräuchlich. Letz-
terer tritt allerdings auch bei der Wechselwirkung zwischen Flüssigkeiten und festen Oberflächen
auf, z. B. durch Kavitation; in dem vorliegenden Unterkapitel seien dagegen grundsätzlich trockene
Bedingungen angenommen.

[2]Eine gute Übersicht zu theoretischen und experimentellen Untersuchungen des Schlagverschleißes
metallischer Oberflächen bietet die Monografie von Kleis und Kulu [8].

ihre Ergebnisse mit den Beobachtungen von Hutchings et al. [11] der entsprechenden Stoß-„Krater" und erzielten eine gute Übereinstimmung zwischen Theorie und Experiment.

Alle genannten Arbeiten beruhen (direkt oder indirekt) auf kontaktmechanisch mehr oder weniger rigorosen Beschreibungen des einzelnen Stoßproblems. Die Schwierigkeit liegt an dieser Stelle darin, dass man in der Regel das elasto-plastische Problem mit Reibung lösen muss, für das keine einfachen Modelle zur Verfügung stehen.

Grundsätzlich muss man zwischen dem Verschleiß duktiler und dem spröder Oberflächen unterscheiden. Bei spröden Körpern kommt es zu Beginn der Kollision nach der kurzen plastischen Phase zur Bildung radialer Risse, die die Festigkeit reduzieren [12]. In der Restitutionsphase bilden sich vermehrt laterale Risse, durch die das Material letztlich abgetragen wird [12]. Bei spröden Materialien tritt das Maximum der Verschleißintensität durch die Erosion bei vorgegebener Kollisionsgeschwindigkeit für den reinen Normalstoß auf, während das Maximum bei duktilen Werkstoffen in der Regel bei einem bestimmten schiefen Winkel liegt [8, S. 21].

Verbindet man das klassische Gesetz von Khrushchov und Babichev [13] für den abrasiven Verschleiß – nach dem die Verschleißintensität proportional zur Normalkraft und zur Gleitgeschwindigkeit ist – mit dem Reibgesetz von Amontons und Coulomb, ergibt sich ein energiebasiertes Verschleißgesetz, das für den abrasiven Verschleiß zuerst von Honda und Yamada [14] vorgeschlagen wurde und nach dem die Verschleißintensität proportional zur dissipierenden Reibleistung ist. Energiebasierte Verschleißgesetze sind bei der Untersuchung des Schlagverschleißes bereits erfolgreich eingesetzt worden [15, 16]; auch das Konzept der konstanten spezifischen Energie [8, S. 67] steht mit dieser Idee in Einklang. Dieses bezieht sich zwar auf die Energie der Partikel *vor* der Kollision, ist aber im Zusammenhang mit hoch-plastischen Stößen entstanden, für die die gesamte Energie während der Kollision dissipiert.

Das Elegante der energiebasierten Betrachtung besteht darin, dass zur Bestimmung des gesamten Verschleißvolumens nach der Kollision wegen Gl. (2.56) nur die beiden Stoßzahlen bekannt sein müssen; diese können für viele Konfigurationen in den vorangegangenen Teilen diese Buches nachgeschlagen werden. Die Form des Stoß-„Kraters" ergibt sich in der energiebasierten Betrachtung aus der Verteilung der dissipierten Energie über das Kontaktgebiet während der Kollision. Für den elastischen Stoß mit Reibung wurde dieses Problem im Abschn. 6.3.1 bereits diskutiert.

8.2 Stoßbasierte Testverfahren

Rückprall- oder Fallgewichtsversuche sind einfache und schnelle Methoden, um die mechanischen Charakteristika von Probenkörpern zu ermitteln. Die zu untersuchenden Materialeigenschaften können dabei (aber müssen nicht unbedingt) mit dynamischen Lastkonfigurationen (z. B. hohen Deformationsgeschwindigkeiten) assoziiert sein. Eine gute

Übersicht zu experimentellen Verfahren für Untersuchungen mit hohen Deformationsgeschwindigkeiten bietet die Arbeit von Field et al. [17].

Außerdem kommen stoßbasierte Testverfahren zum Einsatz, wenn tatsächliche Kollisionen simuliert werden sollen, beispielsweise bei der Auslegung und Prüfung von Schutzhelmen.

8.2.1 Materialprüfung durch Rückprallversuche

Rückprall-Elastizität von Elastomeren

Rückpralltests verwendet man unter anderem als einfache Möglichkeit, Informationen über die rheologischen Eigenschaften von Elastomeren unter dynamischer Belastung zu erhalten. Die Stoßzahl – oder eine direkt daraus ableitbare äquivalente Größe wie die Rückprallhöhe – bezeichnet man in diesem Zusammenhang als Maß der „Rückprall-Elastizität".

Verfahren zur Bestimmung dieser Elastomer-Eigenschaft sind in den Normen DIN EN ISO 8307 (Kugel-Rückprall-Test) und DIN 53512 (Bestimmung durch ein sogenanntes Schob-Pendel, siehe Abb. 8.1) geregelt. Außerdem beschäftigte sich schon Bassi [18] mit der Bestimmung des dynamischen Moduls eines Elastomers durch den Rückprall einer starren Kugel.

Es stellt sich die Frage, wie der einzelne im Rückpralltest bestimmte Wert – die Stoßzahl – im Allgemeinen von der ganzen komplizierten Rheologie des Elastomers abhängt. Ist es, mit anderen Worten, möglich, die gemessene Stoßzahl mit einer konkreten rheologischen Information in Verbindung zu bringen[3]?

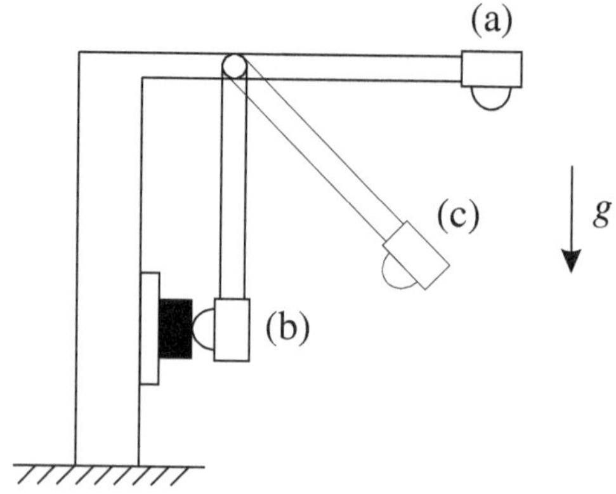

Abb. 8.1 Schematischer Aufbau eines Schob-Pendels zur Bestimmung der Rückprall-Elastizität einer Elastomerprobe (schwarz). Als Maß der Elastizität fungiert die Rückprallhöhe – Zustand (**c**) – der gelenkig gelagerten Hammerfinne

---

[3]Die Aussage „Die Stoßzahl ist ein Maß der Rückprall-Elastizität." ist per Definition richtig und daher tautologisch.

Wie im Abschn. 5.4 gezeigt wurde, ist das tatsächlich der Fall: (Weitgehend) unabhängig von der konkreten weiteren Rheologie und dem Profil des Rückprallkörpers ist die Stoßzahl eine bestimmte Funktion des Verhältnisses zwischen Verlust- und Speichermodul bei der charakteristischen Zeitskala des Stoßes. Mithilfe der Gl. (5.56) und (5.61) lässt sich außerdem aus der Stoßdauer eine weitere Information über die beiden Moduln extrahieren. Deswegen ist durch den Rückpralltest der elastische Modul und die Viskosität des Elastomers auf der Zeitskala der Stoßdauer bestimmbar.

Man muss dabei allerdings bedenken, dass die im Abschn. 5.4 erhaltenen Ergebnisse unter vereinfachenden Annahmen zustande gekommen sind. Nicht berücksichtigt wurden beispielsweise die Wellenausbreitung (die gerade für weiche Materialien wie Elastomere sehr relevant sein kann) oder der Mullins-Effekt, also die Entfestigung einer Elastomer-Probe durch wiederholte Belastung.

Härteprüfung nach Leeb

Auch für metallische Proben kommen Rückpralltests zum Einsatz, in denen aus der Stoßzahl eines harten Rückprallkörpers auf plastische Eigenschaften – Fließgrenze oder Härte – der Probe geschlossen wird. Diese „Härteprüfung nach Leeb" ist in den Normen DIN EN ISO 16859-1 bis DIN EN ISO 16859-3 geregelt.

Im Unterkapitel zum elasto-plastischen Normalstoß wurde dabei gezeigt, dass die Stoßzahl hauptsächlich von dem Verhältnis zwischen der Stoßgeschwindigkeit und der kritischen Geschwindigkeit – die zur Erzeugung plastischer Deformationen nötig ist – bestimmt ist. Allerdings spielt auch die Poissonzahl des indentierten Mediums eine (geringe) Rolle. Das Profil des Eindruckkörpers wurde in seinem Einfluss nicht genauer untersucht, ist aber vermutlich ebenfalls von Bedeutung, zumindest wenn der Körper scharfe Kanten aufweist, die wegen der auftretenden Spannungsspitzen das Fließverhalten verändern.

Dynamische Härtemessung nach Taylor

Taylor [19] schlug ein Verfahren zur Bestimmung der dynamischen Härte vor, das in Abb. 8.2 schematisch dargestellt ist: eine zylindrische Probe aus dem zu untersuchenden Material stößt mit relativ hoher Geschwindigkeit gegen eine starre Wand. Aus der Differenz zwischen der ursprünglichen Länge der Probe und der deformierten Länge nach der Kollision sowie der Stoßgeschwindigkeit kann man die Beschleunigung der Probe und damit die dynamische Härte abschätzen.

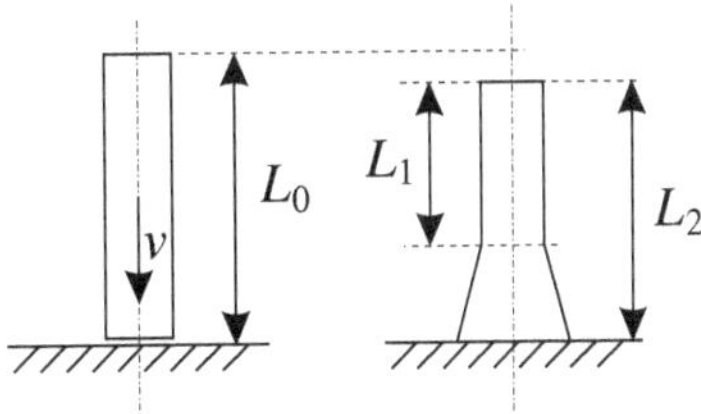

Abb. 8.2 Schematische Darstellung des Taylor-Tests zur Bestimmung der dynamischen Härte einer zylindrischen Probe

Taylor nahm an, dass sich die Probe starr-plastisch deformiert und untersuchte die Massen- und Impulserhaltung für den plastisch deformierten und den undeformierten Teil der Probe. Zur Schließung des entstehenden Gleichungssystems benötigt man allerdings eine Aussage über die Ausbreitungsgeschwindigkeit der plastischen Wellenfront. Jones et al. [20] vervollständigten diese elementare Theorie des Verfahrens durch die Annahme, dass diese Geschwindigkeit proportional zu der Geschwindigkeit des undeformierten Teils der Probe ist. Lu et al. [21] erweiterten die Theorie um die Berücksichtigung der Kompressibilität des Materials. Sarva et al. [22] führten vollständige FEM-basierte Simulationen des Tests mit einer Probe aus Polycarbonat durch.

Fallgewichtstests an Gelenkknorpel

Stoßartige Belastungen sind eine bedeutende Quelle der Schädigung von Knorpelgewebe[4]. Zum vertieften Verständnis der biomechanischen Reaktion des Gewebes auf die Belastung ist die Kenntnis der elastischen und viskoelastischen Eigenschaften des Gewebes eine unabdingbare Voraussetzung.

Zur Bestimmung dieser Eigenschaften kommen häufig Fallgewichtstests zum Einsatz. Die besondere Schwierigkeit besteht dabei in der empfindlichen Natur der Versuchsproben. Burgin und Aspden [23] publizierten daher einen speziellen Fallturm, um die Kontaktkräfte auf das Gewebe in dem Fallgewichtsversuch zu untersuchen. Diese Apparatur wurde später von Kang et al. [24] zur Analyse möglicher Kavitation in dem Gelenkknorpel während der Restitutionsphase weiterentwickelt. Zur theoretischen Beschreibung des Kontaktes verwendeten sie ein einfaches rheologisches Modell mit zwei Freiheitsgraden.

Ruta und Szydło [25] schlugen ein analytisches Verfahren vor, wie man aus den dynamischen Ergebnissen eines Fallgewichtstests mit einem elastischen Medium die statischen Moduln des Materials bestimmen kann. Mithilfe der dynamischen Fundamentallösung des elastischen Halbraums bestimmten sie die Verschiebungen des Mediums einer gleichförmig im kreisförmigen Kontaktgebiet verteilten harmonischen Normalkraft. Wie in den früheren Kapiteln dieses Buches dargestellt, ist die harmonische Näherung ein gutes Modell für die Normalkraft während der Kollision. Eine konstante Druckverteilung im Kontaktgebiet wird hingegen von einem sehr speziellen Eindruckkörper erzeugt (siehe [26, S. 23 f.]); ein Fallgewichtstest entspricht dagegen am ehesten einem zylindrischen Flachstempel mit der in Gl. (3.22) gegebenen Druckverteilung.

Der Normalstoß eines zylindrischen Flachstempels auf ein viskoelastisches Medium ist im fünften Kapitel dieses Buchs ausführlich dargestellt. Da der Flachstempel-Kontakt linear ist, ist die Behandlung durch ein einfaches rheologisches Modell durchaus berechtigt. Wie oben ausgeführt, hängt das Stoßverhalten linear-viskoelastischer Medien hauptsächlich von einem rheologischen Faktor ab, der das Verhältnis von Verlust- und Speichermodul bei der Zeitskala der Stoßdauer wiedergibt. Die Materialeigenschaften bei langsamer Belastung des Knorpels können sich daher wesentlich von denen in stoßbasierten Tests unterscheiden, wie Burgin et al. [27] demonstrierten.

---

[4]Auf diesen Aspekt wird im Abschn. 8.6 genauer eingegangen werden.

Gelenkknorpel ist allerdings ein mehrphasiges, faserverstärktes, viskoelastisches Material. Einen großen Einfluss auf die viskoelastischen Eigenschaften von Knorpelgewebe hat beispielsweise bei langsameren Belastungen (mit charakteristischen Anregungsfrequenzen von bis zu 100 Hz) dessen Hydration. Eine größere Hydration führt dabei (etwas paradoxerweise) dazu, dass das Verhältnis von Speicher- und Verlustmodul wächst [28]; das Gewebe verliert dadurch an Fähigkeit, Energie durch viskose Deformationen zu dissipieren. Bei sehr schnellen stoßartigen Belastungen ist es dagegen unwahrscheinlich, dass der Flüssigkeitsanteil (als zweite Phase) Einfluss auf die Dissipation hat [29]. In diesem Fall sind daher mehrphasige Beschreibungen des Knorpelgewebes oft gar nicht notwendig.

Selyutina et al. [30] verwendeten ein quasi-lineares Kelvin-Voigt-Modell zur Beschreibung des Fallgewichtstests mit Gelenkknorpel und verglichen ihre Vorhersagen mit experimentellen Ergebnissen. Das Modell wurde kürzlich von Springhetti und Selyutina [31] verallgemeinert, um große Deformationen des Gewebes berücksichtigen zu können.

Pierce et al. [32] schlugen schließlich ein Mikrostruktur-basiertes Kontinuumsmodell zur Beschreibung der viskoelastischen und permeablen Eigenschaften von Knorpel-Gewebe vor, das die statistische Verteilung der Faserorientierungen in dem Material in Betracht zieht.

Fallgewichtstests an Straßenbelag

Auch zur Bestimmung der elastischen Eigenschaften von Straßenbelägen verwendet man Fallgewichtstests. Das Messprinzip ist dabei aber etwas anders, als bei dem oben erwähnten Fallturm zur Untersuchung von Knorpelgewebe[5]: In bestimmten Abständen von der Last, also dem fallenden Gewicht, misst man die Verschiebung der Oberfläche und schließt daraus auf die elastischen Moduln der Schichten des Straßenbelags [33] – siehe Abb. 8.3. Die Bestimmung dieser Verschiebung ist ein rein kontaktmechanisches Problem. Die Kontaktmechanik geschichteter Medien wurde zwar in dem vorliegenden Buch nicht behandelt, dazu existiert aber eine umfangreiche Literatur. In mehrerer Hinsicht sind diese Materialien außerdem mit den in diesem Buch behandelten Gradientenmedien verwandt.

Der Fallgewichtstest ist ein dynamischer Versuch. Dies wirft wiederum die Frage auf, wie man die Ergebnisse des dynamischen Experiments in Form statischer Moduln deuten kann. Diesem Problem widmeten sich Ruta et al. [34], indem sie ihr oben für homogene elastische Medien beschriebenes Verfahren zur Umrechnung der statischen und dynamischen Lösungen für geschichtete Materialien verallgemeinerten.

8.2.2 Weitere stoßbasierte Testverfahren

Ein weiterer Bereich von stoßbasierten Testverfahren ist die Auslegung und Prüfung von Schutzhelmen, z. B. von Motorradfahrer*innen. Die Helmprüfung ist durch die europäische

---

[5]Das wird schon aus dem englischen Begriff für das verwendete Messgerät, *„falling weight deflectometer"*, deutlich.

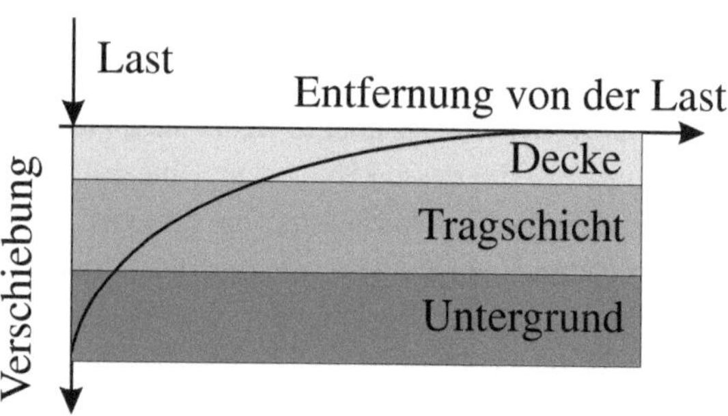

Abb. 8.3 Schematische Darstellung des Fallgewichtstests zur Bestimmung der elastischen Eigenschaften eines dreischichtigen Straßenbelags

Norm ECE 22.05 reglementiert und umfasst unter anderem Stoßdämpfungswerte an einzelnen Punkten des Helms durch den Falltest.

Zur numerischen Simulation dieser Tests verwendet man in der Regel FEM-basierte Modelle [35]. Dabei hat sich herausgestellt, dass vor allem die bei einem hohen Reibungskoeffizienten zwischen Helm und Gegenkörper (Straße oder Fahrzeugkarosserie) auftretenden großen Winkelbeschleunigungen – die man schon mithilfe des in Abb. 2.2 gezeigten elementaren Modells verstehen kann – potentiell gefährlich sind [36].

8.3 Granulare Medien

Sand, Salz, Getreide, Bergbauprodukte – Granulare Medien sind aus unserer Umgebung kaum wegzudenken. Wegen der zahlreichen einzigartigen Eigenschaften granularer Materie prägten Jaeger et al. in ihrer klassischen Arbeit [37] den Begriff des „zusätzlichen Aggregatzustands". Während diese Bezeichnung aus thermodynamischer Sicht natürlich fragwürdig ist – granulare Medien bestehen aus einer Vielzahl einzelner Festkörper-Körner – gibt es tatsächlich mehrere Dinge, in denen sich granulare Materie von „normalen" Fluiden oder Festkörpern unterscheidet. Je nach der Belastung kann sie sich wie ein Gas, eine Flüssigkeit (wie in einer Sanduhr) oder ein geordneter Festkörper verhalten[6]. In jedem Fall ist das Verhalten dabei besonders.

8.3.1 Kinetische Theorie granularer Medien

Die kinetische Beschreibung von granularen Medien gehört zu den frühesten Versuchen, das Verhalten dieser Materialien systematisch zu analysieren. Lun und Savage [39] publizierten eine einfache kinetische Theorie für den Fall, dass sich das granulare Medium durch inelastische raue Kugeln konstituiert und die mittlere freie Weglänge zwischen den Kugeln sehr viel

---

[6]Eine aktuelle und systematische Darstellung zu den „Aggregatzuständen" granularer Materie bietet die Monografie von Andreotti et al. [38].

größer ist als der mittlere Kugelradius[7]. Eine sehr gute Zusammenfassung der zahlreichen Arbeiten aus den 80-er Jahren zur kinetischen und kontinuumstheoretischen Beschreibung granularer Materie bietet die Publikation von Campbell [40].

Die Grundlage dieser Theorien bildet die Boltzmann-Gleichung für die Einteilchen-Verteilungsfunktion $p\left(\underline{r}, \underline{v}, \underline{s}, t\right)$ (mit dem Ortsvektor $\underline{r}$, der Geschwindigkeit $\underline{v}$ und dem Spin $\underline{s}$) eines Partikels des granularen Mediums. Unter der Annahme der Abwesenheit äußerer Kräfte nimmt die Boltzmann-Gleichung die Form

$$\frac{\partial p}{\partial t} + \underline{v} \cdot \nabla p = \left(\frac{\partial p}{\partial t}\right)_S \tag{8.1}$$

an. Die rechte Seite dieser Gleichung bezeichnet die Änderung der Verteilungsfunktion durch Stöße von Teilchen. Diese Änderung besteht aus einer Verlustrate durch Teilchen, die im Zuge einer Kollision aus dem Zustand $\left(\underline{v}, \underline{s}\right)$ herausgestreut werden, und einer Gewinnrate durch Teilchen mit dem Zustand $\left(\underline{v}^*, \underline{s}^*\right)$ vor der Kollision, die nach einer Kollision den Zustand $\left(\underline{v}, \underline{s}\right)$ aufweisen. Unter den Annahmen, dass alle Teilchen den Radius R haben und die Verteilungsfunktionen zweier Teilchen unabhängig voneinander sind, lautet der Stoßoperator dann wie folgt [41, 42, S. 32]:

$$\left(\frac{\partial p\left(\underline{r}, \underline{v}_1, \underline{s}_1, t\right)}{\partial t}\right)_S = (2R)^2 \int \int \int \mathrm{H}(-v_{z,K})|v_{z,K}|$$

$$\times \left(\frac{1}{\epsilon_z D} p\left(\underline{r}, \underline{v}_1^*, \underline{s}_1^*, t\right) p\left(\underline{r}, \underline{v}_2^*, \underline{s}_2^*, t\right) - p\left(\underline{r}, \underline{v}_1, \underline{s}_1, t\right) p\left(\underline{r}, \underline{v}_2, \underline{s}_2, t\right)\right) \mathrm{d}\underline{e}_z \mathrm{d}\underline{v}_2 \mathrm{d}\underline{s}_2. \tag{8.2}$$

Die Heaviside-Funktion H sorgt dafür, dass nur Zustandspaare betrachtet werden, für die tatsächlich eine Kollision stattfindet. D ist die Jacobi-Determinante der in den Gl. (2.45)–(2.48) gegebenen Transformation, mit der die Geschwindigkeiten und Spins nach der Kollision aus denen vor dem Zusammenstoß bestimmbar sind.

Ohne an dieser Stelle genauer auf die Bestimmung von D einzugehen, ist klar, dass D sich im Fall konstanter Stoßzahlen elementar durch diese Stoßzahlen ausdrücken lässt. Tatsächlich sind die Stoßzahlen aber, wie in früheren Kapiteln gesehen, grundsätzlich und nicht-trivial von den Stoßgeschwindigkeiten selbst abhängig, egal, ob man Viskoelastizität, Plastizität, Adhäsion, Reibung oder eine Kombination dieser Phänomene als grundlegenden Dissipationsmechanismus bei der Kollision betrachtet. Die Bestimmung der Jacobi-Determinante und damit die ganze analytische Entwicklung einer kinetischen Theorie granularer Medien wird deswegen durch die Geschwindigkeitsabhängigkeit der Stoßzahlen massiv erschwert.

---

[7]Man spricht dann von einem „Granularen Gas" (siehe weiter unten).

Die meisten Arbeiten auf diesem Gebiet arbeiten daher unter der (aus kontaktmechanischer Sicht eigentlich unsinnigen) Annahme konstanter Stoßzahlen. Die Geschwindigkeitsabhängigkeit sorgt aber bei der Dynamik granularer Medien für mehrere qualitativ neue Effekte, wie in Abschn. 8.3.3 dargelegt wird. Die ersten Versuche, diese Abhängigkeiten in die kinetische Theorie zu integrieren, stammen von Walton und Braun [43] sowie Lun und Savage [44]. Brilliantov und Pöschel [45] gaben eine Reihenentwicklung der Jacobi-Determinante für den Fall glatter viskoelastischer Kugeln im Rahmen des im Abschn. 5.4 diskutierten Kuwabara-Kono-Modells an und untersuchten den resultierenden Abkühlungsprozess des granularen Gases.

Die Geschwindigkeitsabhängigkeit der Stoßzahlen berücksichtigen Forscher*innen inzwischen allerdings häufig im Rahmen der numerischen Simulation der Dynamik granularer Medien[8], auf die im folgenden Abschnitt kurz eingegangen wird.

8.3.2 Numerische Simulation granularer Medien

Die kinetische und hydrodynamische Beschreibung granularer Medien beruht auf Annahmen, deren Erfüllung durch reale granulare Materialien alles andere als selbstverständlich ist. Beispielsweise verletzen dissipative Gase die Annahme von molekularem Chaos [48], d. h. die Verteilungsfunktionen der Zustände zweier Partikel des granularen Mediums sind nicht unabhängig voneinander.

In experimentellen Untersuchungen sind wiederum wesentliche Größen, wie die Positionen und Geschwindigkeiten einzelner Partikel, einer direkten Messung häufig unzugänglich.

Für eine umfassende und robuste Beschreibung der Dynamik granularer Medien sind daher numerische Simulationen unabdingbar (und sehr weit verbreitet), wobei in der Regel die Diskrete-Elemente-Methode (DEM)[9] zum Einsatz kommt. Zur numerischen Simulation der Dynamik granularer Medien gibt es eine sehr umfangreiche Literatur (siehe beispielsweise die Monografien von Pöschel und Schwager [49] und Zohdi [50]), außerdem stehen für dieses Problem flexible Software-Pakete wie LAMMPS zur Verfügung. Im Folgenden soll daher nur auf einige Punkte näher eingegangen werden, für die die in den vorherigen Kapiteln dieses Buches erhaltenen Ergebnisse von Bedeutung sein können.

Zeitgesteuerte DEM

Der in gewisser Weise einfachste Ansatz zur numerischen Simulation der Dynamik granularer Materie besteht sicher darin, die Dynamik jedes einzelnen Partikels (Elements) direkt zu simulieren. Das ist die Idee der zeitgesteuerten DEM. Die Partikel behalten während der

---

[8]siehe beispielsweise die Arbeiten von Schwager und Pöschel [46] sowie Dubey et al. [47].

[9]Wegen ihrer sehr engen Verwandtschaft mit der Molekulardynamik wurde die DEM früher häufig unter deren Namen subsumiert; die simulierten Partikel sind in der DEM aber weder molekularer noch quasi-molekularer sondern makroskopischer Natur.

Simulation ihre makroskopische Form (abgesehen von Fällen, in denen ein Auseinanderbrechen oder „Verklumpen" der Teilchen berücksichtigt werden soll), um die Bewegungsgleichungen, also die Impuls- und Drehimpulssätze für jedes Partikel, möglichst einfach zu halten. Häufig nimmt man an, dass die Elemente – bis auf Randbedingungen – nur untereinander wechselwirken, die Kraft auf das Element mit dem Index i ergibt sich dann beispielsweise durch die Summe der Wechselwirkungen mit allen anderen Elementen,

$$\underline{F}_i = \sum_{j \neq i} \underline{F}_{ij}. \tag{8.3}$$

Die Aufgabe besteht nun aus zwei Teilen: der Bestimmung der Wechselwirkungen und der Integration der Bewegungsgleichungen (beide Teile können in hohem Maße parallelisiert werden). Abgesehen von dem algorithmischen Problem, möglichst effizient festzustellen, welche Elemente überhaupt miteinander wechselwirken, ist der erste Teil eine kontaktmechanische Frage. Leider haben wir gesehen, dass die Angabe eines expliziten Kraftgesetzes für die Kontaktkräfte als Funktionen der Positionen und Geschwindigkeiten der Kontaktpartner problematisch ist, wenn die Kontaktkonfiguration – durch inelastische Deformationen oder Reibung – von der Belastungsgeschichte des Kontaktes abhängt. Häufig behilft man sich in solchen Fällen mit expliziten aber dafür semi-rigorosen Kraftgesetzen[10]. Eine rigorose Variante wären hybride Modelle, bei denen ein Kontaktprogramm, beispielsweise auf der Grundlage der MDR, in die DEM-Simulation integriert wird. Das wäre zwar – im Vergleich zur Verwendung expliziter Kraftgesetze – nicht sehr effizient, aber angesichts der Rechenleistung moderner Computer durchaus denkbar.

Ereignisgesteuerte DEM
Wenn die charakteristische Stoßdauer zwischen zwei Partikeln sehr klein gegenüber der mittleren Zeit ist, die sich ein Element frei in dem granularen Medium bewegen kann, und die Wechselwirkungen daher in überwältigender Mehrheit aus binären Kollisionen bestehen (z. B. bei granularen Gasen), ist es nicht nötig, die Bewegungsgleichungen für jedes Element zu formulieren und in der Zeit zu integrieren. Stattdessen kann man die Dynamik des granularen Mediums als Folge instantaner Kollisionen (Ereignisse) auffassen, die durch die Angabe der (geschwindigkeitsabhängigen) Stoßzahlen vollständig beschreibbar sind. Das algorithmische Problem besteht dann „nur" darin, die einzelnen Ereignisse zu planen und auszuführen; für diese Aufgabe publizierte Lubachevsky [52] eine sehr effiziente Lösung.

Dieses Verfahren ist ebenfalls in hohem Maße parallelisierbar (beispielsweise durch die Unterteilung des Simulationsraums in kleinere Einheiten) und arbeitet deutlich schneller als die zeitgesteuerte DEM. Außerdem wird das geschilderte Problem der Angabe von expliziten Kraftgesetzen für die Kontaktkräfte umgangen, da die Stoßzahlen (wie in dem vorliegenden Buch ausführlich dargestellt) auch in inelastischen Kollisionen oder solchen mit Reibung in allgemeiner Form bestimmbar sind.

---

[10]Im Fall des viskoelastischen Normalkontaktes verwendet man beispielsweise oft das Kuwabara-Kono-Modell, siehe auch die vergleichende Studie von Kačianauskas et al. [51].

Weitere numerische Verfahren

Neben der DEM kommen teilweise auch andere numerische Verfahren zum Einsatz, um die Dynamik granularer Medien zu untersuchen.

In Monte-Carlo-basierten Methoden (*direct simulation Monte Carlo,* DSMC) werden nicht mehr die Trajektorien der einzelnen Teilchen des Materials bestimmt, sondern die Entwicklung der Wahrscheinlichkeitsdichte für einen bestimmten Zustand des Gesamtsystems. Mathematisch läuft das auf die Lösung der Boltzmann-Gleichung (8.1) hinaus[11]. Dies ist in der Regel mit weiteren vereinfachenden Annahmen (siehe Abschn. 8.3.1), aber dafür auch mit einer deutlichen Effizienz-Steigerung gegenüber der DEM verbunden.

Außerdem setzt man sehr vereinzelt Mehrkörpersimulationen (MKS) und zelluläre Automaten zur Analyse ein.

8.3.3   Formen granularer Medien

Granulare Gase

Eine Portion granularer Materie kann durch ausreichend starke Anregung (beispielsweise mithilfe von Vibrationen, Gravitation oder Scherung) in einen Zustand gebracht werden, in dem die mittlere freie Weglänge so groß ist, dass die Teilchen nur durch einzelne, binäre Kollisionen wechselwirken. Diesen Zustand granularer Materie bezeichnet man als „Granulares Gas"[12].

Die Ähnlichkeit zu molekularen Gasen – die sich auch in der frühen theoretischen Beschreibung granularer Gase widerspiegelt (siehe den obigen Abschn. 8.3.1) – liegt auf der Hand. Allerdings gibt es in granularen Gasen mehrere einzigartige Phänomene, die vor allem auf die drei folgenden fundamentalen Unterschiede zu molekularen Gasen zurückzuführen sind:

- Die einzelnen Kollisionen in granularen Gasen sind auf komplexe Art und Weise und grundsätzlich mit Energiedissipation verbunden. Ein granulares Gas nichtverschwindender Gesamtenergie besitzt deswegen niemals ein thermodynamisches Gleichgewicht.
- Die Partikel, die das granulare Gas konstituieren, haben makroskopische Ausmaße und die Teilchenzahl in einem granularen System liegt mehrere Größenordnungen unter der Avogadro-Zahl. Einerseits wird dadurch die eventuelle Brownsche Bewegung der Partikel irrelevant, andererseits können Effekte, die in molekularen System nach der Mittelung über das statistische Ensemble verschwindend klein sind, in granularen Systemen durchaus eine Rolle spielen.

---

[11] Monte-Carlo-Simulationen werden daher häufig verwendet, um analytische Ergebnisse der kinetischen Theorie granularer Medien zu bestätigen.

[12] Im englischen Sprachraum war früher auch die Bezeichnung *„rapid granular flow"* verbreitet.

- Außerdem gibt es in granularen Gasen wegen des makroskopischen Charakters der Teilchen keine klare Skalentrennung zwischen der charakteristischen Länge eines einzelnen Teilchens, mesoskopischen Längen „dx", auf denen Gradienten kontinuierlicher (d. h. gemittelter) Größen definiert werden können, und der makroskopischen Länge des Gesamtsystems.

Insbesondere aufgrund des letzten Punktes ist fraglich, ob granulare Gase überhaupt auf der Grundlage kontinuumstheoretischer Modelle (beispielsweise hydrodynamischer Gleichungen) adäquat beschreibbar sind [53].

Da granulare Gase keinen Gleichgewichtszustand mit nicht-verschwindender Gesamtenergie besitzen, behilft man sich – wenn in der Thermodynamik des Nichtgleichgewichts der Gleichgewichtszustand, zu dem das System konvergiert, gebraucht wird, z. B. für Reihenentwicklungen in der Nähe des Gleichgewichts – in der Thermodynamik granularer Gase mit einem zuerst von Haff [54] betrachteten quasi-Gleichgewicht, in dem alle statistischen Größen homogen und isotrop verteilt sind und in dem das Gas durch die Energiedissipation in den Kollisionen kontinuierlich abkühlt.

Dieser in der englischen Literatur als „*homogeneous cooling state*" (HCS) bezeichnete Zustand ist allerdings instabil, wie man sich durch ein einfaches thermodynamisches Argument klarmacht: Kommt es durch statistische Fluktuationen in einer Region des granularen Gases zu einer lokal erhöhten Teilchendichte, finden in dieser Region vermehrt Kollisionen statt. Durch die deswegen lokal erhöhte Energiedissipation sinkt der Druck und es werden weitere Teilchen in die Region gezogen. Das granulare Gas bildet daher Cluster [55].

Interessanterweise hängt diese Cluster-Bildung sehr stark von der Geschwindigkeitsabhängigkeit der Stoßzahlen ab. Kühlt das Gas an einem Ort durch die lokal erhöhte Teilchendichte schneller ab, wird die mittlere Geschwindigkeit der Teilchen in dieser Region kleiner. Wenn die Energiedissipation hauptsächlich aus der Inelastizität der Kollision stammt, steigt allerdings die Stoßzahl in der Regel bei fallender Geschwindigkeit, was die weitere Abkühlung und Cluster-Bildung bremst. Falls wiederum der Energieverlust während der Kollision hauptsächlich durch adhäsive Beiträge zustande kommt, sinkt die Stoßzahl mit kleiner werdender Geschwindigkeit und die Cluster-Bildung wird beschleunigt. Die langfristige Dynamik großer granularer Systeme unter der Berücksichtigung der Geschwindigkeitsabhängigkeit der Stoßzahlen ist daher ein interessantes und noch weitgehend offenes Forschungsproblem.

Dichte granulare Packungen

Wenn die mittlere freie Weglänge in einem granularen Medium sehr viel kleiner als der charakteristische Durchmesser der Partikel wird, geht das Material in einen gepackten „festen" Zustand über. Den Übergang vom granularen Gas zur granularen Packung dokumentierten beispielsweise Falcon et al. [56] experimentell für den Fall von durch Vibrationen angeregten Stahl-Kügelchen.

Das Verhalten granularer Packungen ist ein komplexer Forschungszweig an der Schnittstelle von Bodenmechanik, Statistischer Physik und (in deutlich weniger präsentem Maß) Kontaktmechanik. Jede dieser Disziplinen hat einen eigenen Zugang zu dem Thema[13], was eine einheitliche Darstellung schwierig macht.

Im statischen Fall bilden die Kontakte zwischen den einzelnen Partikeln des granularen Mediums ein Netzwerk von Kräften, das in aller Regel statisch unbestimmt ist. Wegen dieser Unbestimmtheit ist es eigentlich notwendig, die elastische (oder auch inelastische) Wechselwirkung im Kontakt korrekt zu berücksichtigen – und zwar sowohl für den Normalkontakt als auch, wegen der Reibung im Kontakt, für den Tangentialkontakt. Dies geschieht allerdings häufig nicht [58].

Durch Mittelung des Kontaktkräftenetzwerkes über einen bestimmten Bereich kann man den lokalen Spannungszustand definieren. Dichte granulare Packungen weisen dabei elastisches und plastisches Verhalten auf. Die elastische Reaktion ist stark nicht-linear, da die Steifigkeit der Packung mit zunehmender Kompression wächst. Der Spannungszustand ist darüber hinaus in der Regel stark inhomogen. Eine nicht ganz aktuelle aber dafür genaue Übersicht zur Literatur über Spannungen in granularen Packungen liefert das Review von Savage [59]. Im Fall starr-plastischer Deformation und unter der Annahme, dass im statischen Zustand alle Kontakte den Grenzfall der Haftbedingung erfüllen, erhält man das klassische Mohr-Coulombsche Bruchkriterium

$$\sigma_S = \sigma_N \tan \phi, \tag{8.4}$$

beziehungsweise unter Berücksichtigung der Adhäsion zwischen den Partikeln

$$\sigma_S = \sigma_0 + \sigma_N \tan \phi. \tag{8.5}$$

Hier bezeichnen σ_S und σ_N die Scher- und Normalspannung in dem versagenden Querschnitt der Packung, ϕ ist der Winkel der inneren Reibung und σ_0 der Beitrag aus der adhäsiven Wechselwirkung.

Granulare Ketten

Eindimensionale granulare Medien, oder granulare Ketten, werden häufig als Modellsysteme analysiert, um den mathematischen und numerischen Aufwand der Untersuchung zu reduzieren. Da mehrere der einzigartigen Eigenschaften granularer Materie hauptsächlich auf die Eigentümlichkeiten der Kontaktwechselwirkung zurückzuführen sind, kann man durch die Untersuchung eines eindimensionalen Modells oft zumindest ein qualitatives Verständnis der auftretenden Effekte erreichen.

In der klassischen Arbeit [60] untersuchte Nesterenko die quasistatische Ausbreitung von Störungen in einer dichten (vorgespannten) Kette elastischer Kugeln als ein Beispiel eines nichtlinearen dynamischen Systems. Wegen der starken Nichtlinearität des elastischen

---

[13]Einen guten Überblick zu den Herangehensweisen aus dem Bereich der Bodenmechanik bietet beispielsweise die Artikelsammlung [57].

(Hertzschen) Kontaktes breiten sich die Störungen nicht in der Form harmonischer Wellen, sondern als Solitonen[14] aus, da es für benachbarte Kugeln energetisch nicht sinnvoll ist, über längere Zeiträume relativ zueinander in gestörter Position zu verharren [61]. Diese Solitonen treten nicht nur in (Hertzschen) granularen Ketten auf[15] und waren in den letzten 20 Jahren Gegenstand intensiver Forschung; untersucht wurde beispielsweise das Reflexionsverhalten an den Kettenenden [63], die Beeinflussung der Störungsausbreitung durch die Vorspannung [64] und der Einfluss der Plastizität [65]. Die genaue Form der Wechselwirkung in den einzelnen Kontakten beeinflusst dabei maßgeblich die Eigenschaften und die Ausbreitung der Solitonen.

Ein weiteres interessantes Problem, das direkt mit den Ergebnissen der vergangenen Kapitel dieses Buches verknüpft ist, ist der Energietransfer durch eine granulare Kette von $N + 1$ freien (harten) Kugeln. Die Kugeln seien dabei nicht von vornherein in direktem Kontakt und wechselwirken daher nur durch binäre Stöße. Der Abstand zwischen den Kugeln sei dabei so groß, dass nur die erste Kollision zwischen zwei benachbarten Kugeln für den Energietransport relevant ist; die Masse der Kugeln sei m_k, wobei $k = 0, 1, 2, \ldots$ den Index der Kugel in der Kette bezeichnet. Die erste Kugel habe die Geschwindigkeit v_0, alle anderen Kettenglieder ruhen. Das Glied mit dem Index $k + 1$ hat nach der Kollision mit der Kugel k wegen Gl. (2.49) die Geschwindigkeit

$$v_{k+1} = \frac{m_k}{m_k + m_{k+1}} \left[1 + \epsilon(v_k)\right] v_k, \tag{8.6}$$

mit der, im allgemeinen geschwindigkeitsabhängigen, Stoßzahl ϵ. Man kann nun fragen, wie die Massen m_k verteilt sein müssen, damit eine möglichst große Energiemenge durch die Kette transportiert werden kann. Falls die Stoßzahl konstant ist, führt die Bedingung für ein Maximum von v_N auf die Relation

$$\frac{m_{k-1}}{m_k} = \frac{m_k}{m_{k+1}}, \tag{8.7}$$

beziehungsweise (falls das Verhältnis m_N/m_0 vorgegeben ist)

$$m_k = m_0 \left(\frac{m_N}{m_0}\right)^{k/N}. \tag{8.8}$$

Abb. 8.4 zeigt die Energieeffizienz

$$\frac{U_N}{U_0} = \frac{m_N v_N^2}{m_0 v_0^2} = \frac{m_N}{m_0} \left[\frac{1 + \epsilon}{1 + (m_N/m_0)^{1/N}}\right]^N \tag{8.9}$$

als Funktion der Kettenlänge für verschiedene Verhältnisse m_N/m_0 und $\epsilon = 0{,}9$. Die Energieeffizienz ist bei einer konstanten Stoßzahl invariant gegenüber einer Inversion des

---

[14]Das sind einzelne lokalisierte Wellenpakete.

[15]siehe die Übersicht von Sen et al. [62].

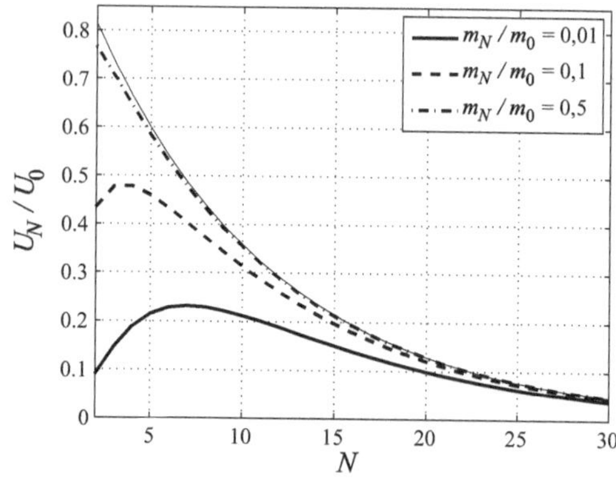

Abb. 8.4 Energieeffizienz einer losen granularen Kette inelastischer Kugeln als Funktion der Kettenlänge für verschiedene Werte des Massenverhältnisses m_N/m_0 und eine Stoßzahl $\epsilon = 0,9$. Die dünne Linie bezeichnet die Asymptote aus Gl. (8.10)

Massenverhältnisses, der Energietransport funktioniert also in beide Richtungen der Kette gleich. Für sehr große N ergibt sich daher die Asymptote

$$\lim_{N \to \infty} \left(\frac{U_N}{U_0} \right) = \left(\frac{1 + \epsilon}{2} \right)^N. \tag{8.10}$$

Die Annahme einer konstanten Stoßzahl ist, wie oft genug in diesem Buch dargelegt, aus kontaktmechanischer Sicht wenig sinnvoll. Je nach der Art der Inelastizität (Plastizität, Viskoelastizität o. Ä.), sieht die optimale Massenverteilung der Kette daher unterschiedlich aus. Pöschel und Brilliantov [66] untersuchten den Fall viskoelastischer Kugeln im Rahmen des Kuwabara-Kono-Modells und stellten unter anderem fest, dass die optimale Massenverteilung in diesem Fall nicht monoton ist, sondern ein Maximum aufweist, da die Stoßzahl mit fallender Geschwindigkeit wächst.

8.4   Astrophysikalische Anwendungen

Ein sehr populäres Beispiel dynamischer granularer Medien sind die Ringsysteme der großen Gasplaneten, insbesondere des Saturn. Diese sind zum einen an sich ein interessantes astrophysikalisches Phänomen, zum anderen erhoffen sich Wissenschaftler*innen durch das Studium dieser Ringstrukturen Erkenntnisse über die Entwicklung unseres Sonnensystems in seiner Frühphase – als es selbst eine granulare, um einen massereichen Zentralkörper rotierende Scheibe war – insbesondere über die Planetenentstehung.

Die Saturnringe bestehen aus hauptsächlich Eis- und seltener Gesteinsteilchen, deren charakteristische Längen zwischen mehreren Mikrometern und einigen Metern betragen. Die Dynamik dieser Partikel ergibt sich aus dem Zusammenspiel der inelastischen Kollisionen und der Eigengravitation zwischen den Teilchen sowie der Gravitation des massereichen Zentralkörpers.

8.4.1 Kollisionsmodelle für Eispartikel

Eine Grundlage der Dynamik planetarer Ringe sind die Stöße zwischen den einzelnen Teilchen des Ringsystems. Der Zusammenhang zwischen den Stoßzahlen und den Kollisionsgeschwindigkeiten bestimmt dabei maßgeblich die Stabilität des Ringsystems, seine optische Dichte und seine Dicke [67].

Wegen der makroskopischen Gegebenheiten sind die relativen Geschwindigkeiten in diesen Kollisionen klein, höchstens wenige m/s und teilweise noch deutlich geringer [67]. In diesem Zusammenhang wurden daher in den 1980-er und 90-er Jahren, nach den Detailaufnahmen der Saturnringe durch die Raumsonde „Voyager 2" im Jahr 1981, mehrere Versuche zu langsamen Kollisionen von Eiskugeln durchgeführt.

Bridges et al. [67] untersuchten Stöße von Eiskugeln gegen einen festen Eisblock mit Geschwindigkeiten zwischen 0,015 und 2 cm/s. Für die Stoßzahl ϵ als Funktion der Kollisionsgeschwindigkeit v bestimmten sie den Zusammenhang

$$\epsilon(v) \approx 0{,}32\, v^{-0,234}, \tag{8.11}$$

wobei die Geschwindigkeit in cm/s anzugeben ist. Hatzes et al. [68] verbesserten später die verwendete experimentelle Apparatur und erhielten für Kugeln mit dem Radius 5 cm

$$\epsilon(v) \approx 0{,}94\exp(-0{,}37\,v) + 0{,}002\,v^{-0,85}. \tag{8.12}$$

Die Frostablagerungen an der Oberfläche der Eiskugeln beeinflussen die Stoßzahl sehr stark. Für sehr glatte Kugeln (ohne Ablagerungen) bestimmten die Autor*innen den Zusammenhang

$$\epsilon(v) \approx 0{,}82\, v^{-0,047}. \tag{8.13}$$

In der späteren Arbeit [69] untersuchten Hatzes et al. außerdem den Einfluss der Frostschicht auf die kohäsive Wechselwirkung während der Kollision.

Higa et al. [70] studierten Kollisionen von Eiskugeln gegen einen Eisblock in einem größeren Geschwindigkeitsbereich, zwischen 1 und 700 cm/s. Sie erhielten für die Stoßzahl als Funktion der Stoßgeschwindigkeit den Ausdruck

$$\epsilon(v) \approx \begin{cases} 0{,}9 & , \quad v \le v_c, \\ \left(\dfrac{v}{v_c}\right)^{-\log(v/v_c)} & , \quad v > v_c, \end{cases} \tag{8.14}$$

mit einer temperaturabhängigen kritischen Geschwindigkeit v_c, die einen annähernd elastischen Bereich $v < v_c$ von dem Bereich inelastischer Kollisionen, $v > v_c$, trennt.

Zur Reproduktion dieser experimentellen Ergebnisse wurden einige theoretische Modelle vorgeschlagen, die auf unterschiedlichen Dissipationsmechanismen beruhen. Gorkavy und Fridman [71] entwickelten in ihrer Übersichtspublikation zur Physik der Saturnringe ein

Abb. 8.5 Stoßzahl als Funktion der Kollisionsgeschwindigkeit für den Stoß einer Eiskugel auf einen Eisblock. Experimentelle Ergebnisse von Hatzes et al. [68] und verschiedene theoretische Vorhersagen

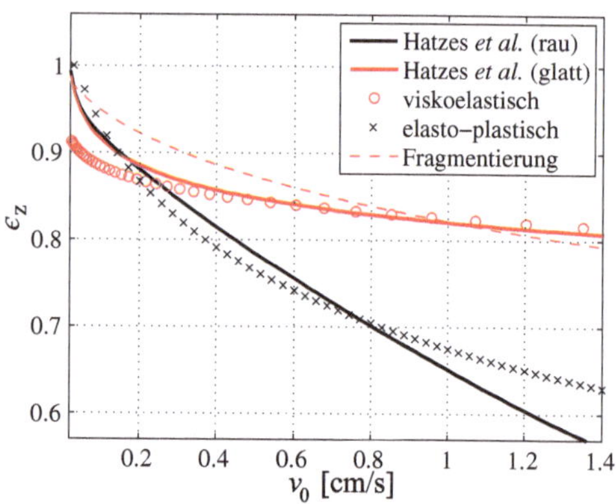

Fragmentierungsmodell, das der Physik des Energieverlustes wahrscheinlich am nächsten kommt. Für glatte Kugeln ergibt sich demnach die Stoßzahl als Lösung der Gleichung

$$\epsilon^2 + \left(\frac{v}{v_0}\right)^{2/3} \epsilon^{8/3} - 1 = 0. \tag{8.15}$$

Die Forschergruppe um Brilliantov und Spahn [72, 73] schlug die Verwendung eines viskoelastischen Modells mit Reibung vor, das bereits im fünften und sechsten Kapitel des vorliegenden Buches diskutiert wurde. Außerdem kommen unter Umständen auch elasto-plastische Ansätze zur Modellierung in Frage.

Abb. 8.5 zeigt einen Vergleich der experimentellen Kurven von Hatzes et al. [68] für raue und glatte Eiskugeln mit verschiedenen theoretischen Vorhersagen. Zur Erstellung der viskoelastischen Kurve wurde der Stoß einer Kugel auf ein inkompressibles Kelvin-Voigt-Medium mit dem elastischen Modul G und der Viskosität η rigoros gelöst (siehe Abschn. 5.4.1). Zur Skalierung der Stoßgeschwindigkeit auf dimensionsbehaftete Werte wurden die in Gl. (5.69) auftretenden Größen so gewählt, dass

$$\frac{\tilde{m}^2\, G^3}{\tilde{R}\eta^5} = 1 \times 10^4 \,\mathrm{m/s}. \tag{8.16}$$

Die Skalierung der elasto-plastischen Kurve (beruhend auf einem FEM-basierten Modell mit $\nu = 0{,}3$, siehe Abschn. 5.5.1) erfolgte durch die Wahl von $v_Y = 1/35$ cm/s für die kritische Geschwindigkeit, um plastische Deformationen zu erzeugen, und für die in Gl. (8.15) auftretende Normierungsgeschwindigkeit v_0 wurde der Wert $(5/4)^4$ cm/s angenommen[16].

---

[16]Die aufgeführten Parameter wurden grob an die Messergebnisse angepasst, aber nicht gezielt optimiert; es ist daher möglich, dass durch eine vollständige Optimierung eine bessere Übereinstimmung mit den Experimenten erzielbar ist.

Man erkennt, dass das viskoelastische Modell und der Fragmentierungsansatz recht gut mit den Messergebnissen für glatte Eiskugeln in Einklang gebracht werden können. Allerdings besteht an dieser Stelle mit Sicherheit noch Bedarf nach präziseren theoretischen Modellen.

8.4.2 Dynamik der Ringsysteme

Wie bei anderen granularen Medien auch, verwendeten die frühen Versuche, die Dynamik planetarer Ringsysteme theoretisch zu beschreiben, kinetische und hydrodynamische Modelle. Aus hydrodynamischer Sicht führt die Energiedissipation in den einzelnen Kollisionen makroskopisch zu Reibung, bzw. zu einer Viskosität des Mediums. Da die Rotationsgeschwindigkeit wegen der Gravitation des Zentralkörpers nach außen abnimmt, führt diese viskose Scherung zu einem Transport von Drehimpuls nach außen [74].

Goldreich und Tremaine [75] bestimmten den Zusammenhang zwischen der Stoßzahl und der optischen Dichte für eine differentiell rotierende Scheibe von inelastisch kollidierenden Teilchen. Sie vernachlässigten die Eigengravitation der Partikel, nahmen an, dass die Geschwindigkeitsstreuungen normalverteilt sind, und stellten unter diesen Annahmen mithilfe der kinetischen Theorie fest, dass die optische Dichte im Allgemeinen mit der Stoßzahl wächst.

Borderies et al. [76] untersuchten die Ausbreitung und Dämpfung von Dichte-Wellen in einer rotierenden granularen Scheibe im Rahmen einer hydrodynamischen Beschreibung.

Bereits aus der kinetischen Beschreibung geht dabei hervor, dass planetare Ringsysteme anfällig für verschiedene radiale Instabilitäten sind [71] und deswegen in eine Vielzahl einzelner dünner Ringe zerfallen [77].

Diese Instabilitäten wurden seit den 1990-er Jahren auch verstärkt durch DEM-basierte numerische Simulationen genauer untersucht. Ein zentraler Baustein dieser Simulationen ist dabei die angemessene kontaktmechanische Modellierung des einzelnen Stoßprozesses.

Salo [78] untersuchte die Ausbildung von wirbelhaften Verdichtungen (sogenannten „wakes") in den Ringsystemen des Saturn auf der Grundlage von Vielteilchen-Simulationen mit Eigengravitation und dissipativen Kollisionen. Für die Stoßzahl als Funktion der Geschwindigkeit verwendete Salo den in Gl. (8.11) gegebenen Zusammenhang von Bridges et al. und stellte fest, dass die genannten Wirbel – die schief zur orbitalen Bahn liegen und aus dem Zusammenspiel der Akkretion durch die Eigengravitation und der viskosen Scherung entstehen – im A- und B-Ring anzutreffen sein sollten. Diese Vorhersage bestätigten später Aufnahmen der Raumsonde „Cassini" [79].

Ohtsuki und Emori [80] fanden heraus, dass eine hohe optische Dichte zur Bildung von gravitativen Instabilitäten und wakes führt. Daisaka et al. [81] stellten außerdem fest, dass die makroskopische Viskosität des Mediums durch diese Instabilitäten stark erhöht wird. Allerdings verwendeten beide Arbeiten in den numerischen Simulationen für alle Kollisionen eine konstante Stoßzahl.

Auf der Grundlage des Kollisionsmodells aus Gl. (8.11) untersuchten Salo et al. [82] numerisch die Bildung viskoser Instabilitäten, die ebenfalls durch hohe optische Dichten erzeugt werden. Ballouz et al. [83] studierten den Zusammenhang zwischen *wakes* und viskosen Instabilitäten. Sie stellten fest, dass Systeme aus Teilchen mit „glatten" Oberflächen (d. h. wenig Reibung) zur Bildung von *wakes* tendieren, während die viskose Instabilität durch hohe Reibung zwischen den Partikeln begünstigt wird. Zur Modellierung der einzelnen Kontakte verwendeten die Autor*innen ein einfaches Feder-Dämpfer-Modell mit Reibung.

8.5 Anwendungen im Sportbereich

8.5.1 Ballsportarten

Ballsportarten[17] sind ebenso vielfältig wie weit verbreitet. Die wissenschaftliche Untersuchung verschiedener Stoßprobleme im Bereich des Sports geschieht meistens vor dem Hintergrund, dass, gerade in Wettbewerbssportarten, die technischen Voraussetzungen (wie beispielsweise Bälle oder Schläger) für alle Spieler*innen durch Regeln standardisiert und vereinheitlicht werden sollen, damit nur die „reine" sportliche Leistung über Sieg und Niederlage entscheidet. Von der Seite der Wettkämpfer*innen besteht dagegen das Interesse, sich trotzdem im Rahmen des Reglements einen möglichst großen technologischen Vorteil zu verschaffen.

Zahlreiche Arbeiten existieren zur Physik der Kollisionen beim Tennis [84], Baseball [85], Golf [86], Cricket [87] und Hurling [88]. Dies betrifft sowohl den Kontakt zwischen Ball und Boden als auch den zwischen Ball und Schläger. Beides sind im Allgemeinen ebene Stöße mit Reibung einer Kugel auf eine gerade oder leicht gekrümmte Unterlage.

Die meisten wissenschaftlichen Untersuchungen der Stoßdynamik im Sport sind dabei experimenteller Natur. Bei der theoretischen Analyse gelangen bisher Starrkörper-Modelle [89] und FEM-basierte Modelle [90] zur Anwendung[18]. An dieser Stelle bieten kontaktmechanische Modelle eine einfache, aber robuste „Zwischenlösung", da Starrkörper-Modelle das dynamische Verhalten oft nur unzureichend erfassen[19] und FEM-basierte Untersuchungen numerisch vergleichsweise aufwendig sind.

In den früheren Kapiteln stand die Kontaktmechanik massiver Körper im Mittelpunkt, die die Annahmen der Halbraumhypothese in ausreichender Näherung erfüllen. Aber inwieweit trifft das auf Sportbälle zu? Der Tennisball oder der Spielball beim Baseball deformieren sich während der Kollisionen sehr stark [93]; die meisten Sportbälle stellen außerdem anstatt

---

[17]Dies bezeichnet Sportarten, in denen Bälle eine wesentliche Rolle spielen; insofern fallen darunter – entgegen der umgangssprachlichen Verwendung des Begriffs, die in der Regel auf Torspiele fokussiert ist – beispielsweise auch Golf oder Tennis.

[18]Eine gute Übersicht über analytische und FEM-basierte Modelle im Bereich des Baseball bietet die Arbeit von Cross [91].

[19]Für die Interaktion zwischen Schläger und Ball beim Cricket demonstrierten dies Allen et al. [92].

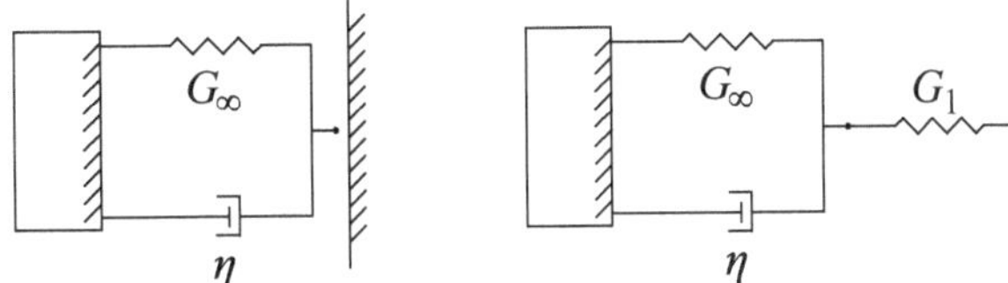

Abb. 8.6 Rheologische Modelle für den Kontakt eines viskoelastischen Balls mit einer starren (**a**) oder nachgiebigen (**b**) Wand

eines massiven Halbraums eigentlich eine mit Luft gefüllte Membran dar, deren Indentierung durch einen festen Körper eine grundsätzlich andere kontaktmechanische Aufgabe bildet. Allerdings greift man zur Modellierung des Balls häufig trotzdem auf einfache lineare viskoelastische oder viskoplastische Elemente zurück [94]; das Verhalten viskoelastischer rheologischer Elemente (wie des Kelvin-Voigt-Modells) in Stößen ist dabei im fünften und sechsten Kapitel dieses Buches ausführlich dargestellt.

Viele Effekte in den Kollisionen zwischen Sportbällen und festen Oberflächen sind durch solche rheologische Modelle einfach erklärbar. So merkte Cross [95] beispielsweise an, dass die Stoßzahl für die Kollision eines viskoelastischen Balls auf eine starre Wand kleiner ist als in dem Fall, dass die Wand eine elastische Nachgiebigkeit besitzt. Dies kann man sehr leicht mit den beiden in Abb. 8.6 dargestellten rheologischen Modellen verstehen. Der Ball werde durch ein Kelvin-Voigt-Element mit der Steifigkeit G_∞ und der Viskosität η dargestellt, die Wand sei starr oder elastisch mit dem Modul G_1.

Für den Fall einer starren Wand ist das in Gl. (5.57) eingeführte Dämpfungsmaß durch

$$2D = \frac{\mathrm{Im}\left[\hat{G}(\omega_0)\right]}{\mathrm{Re}\left[\hat{G}(\omega_0)\right]} = \frac{\eta\omega_0}{G_\infty}, \tag{8.17}$$

gegeben. Ist die Wand elastisch[20], ergibt sich dagegen

$$2D = G_1 \frac{\eta\omega_0}{G_\infty\left(G_\infty + G_1\right) + \left(\eta\omega_0\right)^2}. \tag{8.18}$$

Man erkennt, dass das Dämpfungsmaß bei kleinen Frequenzen ω_0 im Fall der elastischen Wand kleiner ist.

Ebenfalls von Cross [96] stammt der Vergleich des ebenen Stoßes unterschiedlicher Sportbälle auf eine starre Oberfläche mit den im sechsten Kapitel dargestellten theoretischen Vorhersagen von Maw et al. [97] für die Kollision mit einer elastischen Kugel. Die kontaktmechanische Theorie liefert dabei bessere Ergebnisse als entsprechende Starrkörper-Modelle, besonders gut ist die Übereinstimmung im Fall von Golfbällen (die den Annahmen der Halbraumhypothese auch vermutlich am nächsten kommen).

---

[20]Das entsprechende rheologische Element des Gesamtsystems aus Ball und Wand ist in diesem Fall eine – von der in Abb. 3.10 gezeigten Variante zwar abweichende aber äquivalente – Darstellung des viskoelastischen Standardkörpers.

Bei der Interaktion zwischen Ball und Schläger kommen als die Analyse erschwerende Aspekte die Dynamik des Schlägers (einschließlich der Aktion der führenden Hand [98]) und beim Tennis die Kontakteigenschaften der Saiten-Bespannung hinzu.

8.5.2 Schutzhelme

Ein weiterer Forschungsbereich innerhalb des Sports, bei dem Kollisionen eine wesentliche Rolle spielen, ist die Auslegung von Schutzhelmen in Sportarten wie Football oder Eishockey. Diese Helme sind ebenfalls strikt reglementiert, um die Gesundheit der Spieler*innen bestmöglich zu schützen.

Die Sicherheitsstandards konzentrieren sich dabei vorrangig auf die Abfederung von translatorischen Beschleunigungen [99]; Schädelbrüche und ähnliche Kopfverletzungen sind dadurch in den fraglichen Sportarten selten. Dafür kommt es vergleichsweise oft zu leichten Schädel-Hirn-Traumata, wie beispielsweise Gehirnerschütterungen. Vor dem Hintergrund der im letzten Jahrzehnt verstärkten Diskussion möglicher neurologischer Spätfolgen von gehäuft auftretenden Gehirnerschütterungen ist daher die Frage, wie Schutzhelme ausgelegt sein müssen, um diese leichten Traumata zu vermeiden, in den wissenschaftlichen Fokus gerückt.

Eine kontaktmechanische Fragestellung ist dabei die Untersuchung der Wechselwirkung zwischen Stoßkörper und Helm sowie zwischen Helm und Kopf. Bei der theoretischen Analyse werden dabei in der Regel FEM-basierte Modelle verwendet [100].

Mehrere Studien kommen zu dem Ergebnis, dass laterale Stöße leichter zu Gehirnerschütterungen führen als frontale. Dies liegt einerseits an den auftretenden größeren Winkelbeschleunigungen um die Körperachse [101, 102]; andererseits führen laterale Kollisionen zu einer stärker lokalisierten Schädeldeformation und zu größeren Schubspannungen im Inneren des Gehirns [100].

8.6   Anwendungen in der Medizin

Nicht nur für Organe wie das Gehirn, sondern auch für Strukturen wie Knochen oder Gelenke stellen stoßartige Belastungen eine häufige und ernsthafte Schadensquelle dar. Als „stoßartig" ist eine Last in diesem Zusammenhang nicht im Sinne der Kollision oder Einwirkung fester Teilchen zu verstehen, sondern als eine kurze Belastung mit sehr hohen Lastraten. So beträgt die Kraftänderung in Hüft- oder Kniegelenken bei einfachem Gehen bis zu 20 kN/s [103]. Beim Rennen steigert sich dieser Maximalwert noch einmal um den Faktor 10 [104].

Traumatische Belastungen von Gelenken führen dabei zu einem signifikant erhöhten Risiko, später an Arthrose des jeweiligen Gelenks zu erkranken [105]. Diese posttraumatische Arthrose betrifft häufig auch junge Erwachsene, für die ein künstliches Gelenk wegen der begrenzten Lebensdauer der Implantate – und der damit einhergehenden Notwendigkeit des erneuten Austauschs nach, in der Regel, etwa 15 bis 20 Jahren – keine wünschenswerte Therapieform darstellt. Was in diesem Zusammenhang als „traumatische Belastung" aufzufassen ist, ist eine in den letzten 10 Jahren sehr aktiv untersuchte Forschungsfrage.

Zu deren systematischer Beantwortung belasten Forscher*innen Knorpelgewebe, *in vivo* oder *in vitro*, durch einen einzelnen tatsächlichen Stoß mit einem parabolischen oder zylindrischen Gegenkörper von gegebener kinetischer Energie, die durch eine gespannte Feder [106] oder eine Fallgewichts-Apparatur [23] aufgebracht wird. Mit der Ermittlung der mechanischen Eigenschaften von Gelenkknorpel durch stoßbasierte Testverfahren hat sich dabei bereits der Abschn. 8.2.1 dieses Buches auseinandergesetzt. An dieser Stelle soll daher nur kurz zusammengefasst werden, welche medizinischen Erkenntnisse sich aus diesen Experimenten ergeben haben und welche Stellung die entsprechende Biokontaktmechanik in diesem Zusammenhang einnimmt.

Die Reaktion des Gewebes auf die mechanische Belastung gliedert sich in eine mechanische und eine anschließende biochemische Antwort des Systems (siehe die grobe schematische Darstellung in Abb. 8.7). Eine gute Übersicht über den Zusammenhang zwischen diesen beiden Stadien bietet die Arbeit von Natoli und Athanasiou [29]. Die mechanische Antwort besteht aus dem sich ergebenden Spannungs- und Verzerrungszustand im Inneren des Gewebes und eventuell bereits daraus resultierenden mechanischen Schädigungen, beispielsweise Rissen. Das angemessene Verständnis dieses Stadiums ist letztlich eine kontaktmechanische Aufgabe. Die Spannungen und Dehnungen setzen dann verschiedene, positive oder negative, zellulare Prozesse (z. B. das Sterben von Chondrozyten [107]) in Gang, durch die das geschädigte Gewebe regeneriert oder degradiert.

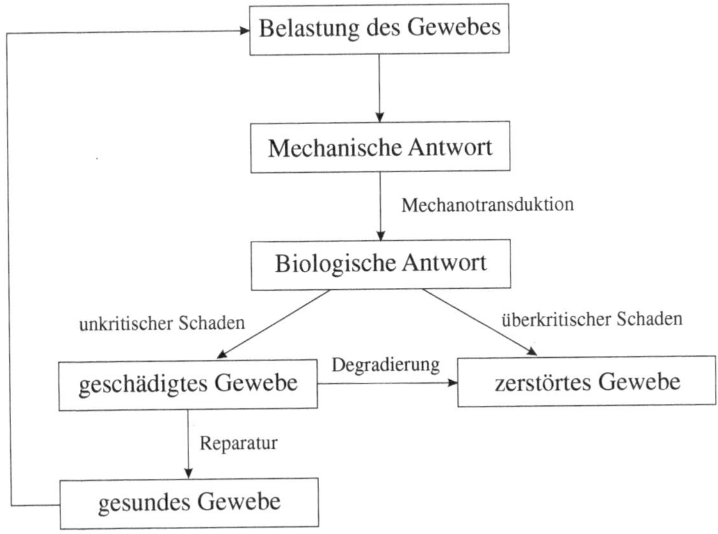

Abb. 8.7 Schematischer Ablauf der Reaktion von Knorpelgewebe auf eine mechanische Belastung (nach [29])

Es stellt sich die Frage, welche (einfachen) mechanischen Größen zur Charakterisierung der aus der stoßartigen Belastung folgenden Gewebeschädigung notwendig oder hinreichend sind. Eine schon längere Tradition hat dabei die Hypothese, dass die (vor dem Stoß vorhandene oder in der Kollision dissipierte) Energie am höchsten mit der Schädigung korreliert[21] [104, 105]. So genügt ein einzelner Stoß mit einer Energie von 0,28 J, um lokal Arthrose-typische Gewebe-Degradierung zu initiieren [106]. Eine Energie von 1,5 J führt bereits zur Bildung von Rissen[22] [108]. Traumatische Belastungen mit sehr hohen Energien können sogar tief im Inneren des Gewebes zur Rissbildung führen [105]. Außerdem wurde berichtet, dass die Lebensfähigkeit der Chondrozyten linear mit der Stoßenergie abnimmt [110]. Als kritische Schwelle für den maximalen Kontaktdruck während der Belastung publizierten verschiedene Autor*innen Werte zwischen 13 MPa [111] und 25 MPa [108]. Heiner et al. [112] untersuchten den Zusammenhang zwischen dem Frequenzspektrum der Kontaktkraft und akuten Verletzungen des Gewebes in Fallgewichtsversuchen und stellten fest, dass insbesondere die hohen Frequenzanteile mit der Gewebeschädigung korrelieren.

Bei großen Anregungsfrequenzen, beispielsweise durch Stöße, sind die zeitabhängigen Moduln von Gelenkknorpel nicht mehr deutlich kleiner als die des darunter liegenden Knochens [103]. Schwere stoßartige Belastungen führen deswegen eher zu einer Schädigung des Knochens als des Knorpels [103]. Ein geschädigter subchondraler Knochen stört in der Folge allerdings auch den Stoffwechsel des Knorpelgewebes [113].

Die bisher einzige Arbeit, in der die mechanische und biochemische Reaktion des Gewebes auf die stoßartige Belastung in einem gemeinsamen, gekoppelten mathematischen Modell untersucht wurden, ist die Publikation von Kapitanov et al. [114]. Die Autor*innen verwendeten zur Behandlung des Kontaktproblems ein FEM-basiertes Modell; das Knorpelgewebe modellierten sie dabei allerdings als linear-elastisches Medium. Dies ist eine sehr grobe Vereinfachung des tatsächlichen Materialverhaltens. Hier besteht also noch sehr viel Spielraum für kontaktmechanisch rigorosere Modelle; in diesem Zusammenhang sei abschließend auf die hervorragende Monografie von Argatov und Mishuris [115] zur Kontaktmechanik von Knorpelgewebe hingewiesen.

8.7 Zusammenfassung

Stöße treten häufiger in technischen, biologischen oder biotechnologischen Systemen auf, als man denkt. Da jede kurze Belastung mit sehr großen Lastraten „stoßartig" ist, und es mithin keine Rolle spielt, ob sie zwischen unverbundenen Teilen eines Systems (wie bei klassischen Kollisionen) oder zwischen verbundenen Komponenten (wie bei Gelenken) auftritt, sind Stöße sehr allgemeine Prozesse, die in einer Vielzahl physikalischer, technischer oder medizinischer Anwendungen von Bedeutung sind.

---

[21]Das passt auch zu energiebasierten Verschleißgesetzen für technische Systeme, siehe Abschn. 8.1.
[22]Diese Risse sind in einem Winkel von 45° orientiert [108]. Das spricht dafür, dass die maximale Scherspannung für ihre Bildung und Ausbreitung bestimmend ist [109].

Im vergangenen Kapitel wurde eine Auswahl dieser Anwendungen kurz diskutiert. Da jedes behandelte Themengebiet einen eigenen Forschungszweig darstellt, kann die Darstellung selbstverständlich keinen Anspruch auf Vollständigkeit erheben, auch nicht als Übersicht. Stattdessen war das Ziel dieses Kapitels, zu skizzieren, an welchen Stellen die in den früheren Teilen dieses Buches entwickelten Methoden und erhaltenen Ergebnisse für bestimmte Anwendungsgebiete relevant sein können.

Zunächst ist die einmalige oder wiederholte stoßartige Einwirkung auf die Oberfläche eines – organischen oder anorganischen – Materials eine Quelle von Schädigungen durch Verschleiß und Rissbildung. Da dabei häufig abrasive Mechanismen dominieren, kann man oft, sowohl für metallische Oberflächen als auch für Knorpelgewebe, einfache energiebasierte Verschleißgesetze formulieren. Die Energiedissipation bei der Belastung ergibt sich dabei direkt aus der kontaktmechanischen Stoßtheorie.

Andererseits sind stoßbasierte Tests einfache schnelle Verfahren zur Bestimmung von mechanischen Materialeigenschaften unter dynamischer Belastung. Sowohl für viskoelastische als auch für elasto-plastische Medien lässt sich dabei die in dem Versuch gemessene Stoßzahl, zumindest im quasistatischen Fall, mit einer bestimmten Materialkenngröße in Verbindung bringen.

Theorie und Anwendungen der Mechanik granularer Medien sind ein riesiges Forschungsgebiet, das wesentlich auf der korrekten Beschreibung der Wechselwirkung zwischen zwei Teilchen des granularen Materials beruht. Dabei spielt besonders die Geschwindigkeitsabhängigkeit der Stoßzahlen eine große Rolle, sowohl für die Komplexität der theoretischen Beschreibung als auch für die langfristige Dynamik des granularen Mediums.

Zur numerischen Simulation granularer Materialien bedient man sich oft der Diskrete-Elemente-Methode (DEM). In der zeitgesteuerten DEM muss man explizite Kraftgesetze für die Wechselwirkungen zwischen den einzelnen Elementen formulieren. Da mechanische Kontakte, z. B. durch Reibung oder inelastische Deformationen, allerdings von der Belastungsgeschichte abhängen, ist dies nur schwierig auf rigorose Art möglich. Dieses Problem kann für ausreichend dünne[23] Systeme durch die Simulation entlang diskreter Ereignisse (Stöße) umgangen werden, die durch die Angabe der Stoßzahlen vollständig beschreibbar sind. Die korrekte Geschwindigkeitsabhängigkeit der Stoßzahlen ergibt sich wiederum aus der kontaktmechanischen Stoßtheorie.

Planetare Ringsysteme sind ein populäres Beispiel granularer Medien. Wie für alle granularen Systeme hängt die Dynamik und insbesondere die Stabilität der Ringe maßgeblich von der einzelnen Interaktion zwischen zwei Teilchen des Ringsystems ab. Zur Beschreibung dieser Interaktionen sind viskoelastische Ansätze und Fragmentierungsmodelle gut geeignet.

Im Sport treten relevante Kollisionen offensichtlich bei Ballsportarten auf. Sportbälle sind häufig gefüllte Membranen, die eine etwas andere Kontaktmechanik aufweisen als

---

[23]im Sinne der Konzentration

massive Körper. Allerdings verwendet man zur Charakterisierung ihrer Kontakteigenschaften oft rheologische Modelle, deren Kontaktmechanik in dem vorliegenden Buch ausführlich diskutiert wurde.

Aber auch in anderen Sportarten, wenn die Gesundheit der Spieler*innen durch stoßartige Einwirkungen, beispielsweise im Kopfbereich, gefährdet sein kann, ist das korrekte Verständnis des Stoßvorgangs eine wichtige Grundlage, unter anderem zur Auslegung von Schutzhelmen.

In Gelenken steigt durch traumatische Belastungen und damit einhergehende Schädigungen des Knorpelgewebes das Arthrose-Risiko. Die biomechanische Reaktion des Gewebes auf die stoßartige Belastung besteht aus einer mechanischen und einer daraus resultierenden biochemischen Antwort. Zur Beschreibung des mechanischen Aspekts ist eine saubere Beschreibung der Kontakt-Wechselwirkung eine unabdingbare Voraussetzung.

Literatur

1. Tarbe, R., & Kulu, P. (2008) Impact wear tester for the study of abrasive erosion and milling processes. In *6th International DAAAM Baltic Conference Industrial Engineering, Tallin.*
2. Ellermaa, R. R. R. (1993). Erosion prediction of puremetals and carbon steels. *Wear, 162–164*(B), 1114–1122.
3. Molinari, J. F., & Ortiz, M. (2002). A study of solid-particle erosion of metallic targets. *International Journal of Impact Engineering, 27*(4), 347–358.
4. Walley, S. M., Field, J. E., & Yennadhiou, P. (1984). Single solid particle impact erosion damage on polypropylene. *Wear, 100*(1–3), 263–280.
5. Arnold, J. C., & Hutchings, I. M. (1989). Flux rate effects in the erosive wear of elastomers. *Journal of Materials Science, 24*(3), 833–839.
6. Tewari, U. S., Harsha, A. P., Häger, A. M., & Friedrich, K. (2003). Solid particle erosion of carbon fibre- and glass fibre-epoxy composites. *Composites Science and Technology, 63*(3–4), 549–557.
7. Arjula, S., Harsha, A. P., & Ghosh, M. K. (2008). Solid-particle erosion behavior of high-performance thermoplastic polymers. *Journal of Materials Science, 43*(6), 1757–1768.
8. Kleis, I., & Kulu, P. (2008). *Solid particle erosion.* London: Springer.
9. Finnie, I. (1960). Erosion of surfaces by solid particles. *Wear, 3*(2), 87–103.
10. Beckmann, G., & Gotzmann, J. (1981). Analytical model of the blast wear intensity of metals based on a general arrangement for abrasive wear. *Wear, 73*(2), 325–353.
11. Hutchings, I. M., Winter, R. E., & Field, J. E. (1976). Solid particle erosion of metals: The removal of surface material by spherical projectiles. *Proceedings of the Royal Society of London, Series A, 348,* 379–392.
12. Evans, A. G., Gulden, M. E., & Rosenblatt, M. (1978). Impact damage in brittle materials in the elasticplastic response regime. *Proceedings of the Royal Society of London, Series A, 361,* 343–365.
13. Khrushchov, M. M., & Babichev, M. A. (1960). *Investigation of wear of metals.* Moskau: Russian Academy of Sciences.
14. Honda, K., & Yamada, K. (1925). Some experiments on the abrasion of metals. *Journal of the Institute of Metals, 33*(1), 49–68.
15. Brach, R. M. (1988). Impact dynamicswith applications to solid particle erosion. *International Journal of Impact Engineering, 7*(1), 37–53.

16. Souilliart, T., Rigaud, E., Le Bot, A., & Phalippou, C. (2017). Energy-based wear law for oblique impacts in dry environment. *Tribology International, 105*, 241–249.

17. Field, J. E., Walley, S. M., Proud, W. G., Goldrein, H. T., & Siviour, C. R. (2004). Review of experimental techniques for high rate deformation and shock studies. *International Journal of Impact Engineering, 30*(7), 725–775.

18. Bassi, A. C. (1978). Dynamic modulus of rubber by impact and rebound measurements. *Polymer Engineering and Science, 18*(10), 750–754.

19. Taylor, G. I. (1948). The use of flat-ended projectiles for determining dynamic yield stress I. Theoretical considerations. *Proceedings of the Royal Society of London, Series A, 194*, 289–299.

20. Jones, S. E., Drinkard, J. A., Rule, W. K., & Wilson, L. L. (1998). An elementary theory for the Taylor impact test. *International Journal of Impact Engineering, 21*(1–2), 1–13.

21. Lu, G., Wang, B., & Zhang, T. (2001). Taylor impact test for ductile porous materials – Part 1: Theory. *International Journal of Impact Engineering, 25*(10), 981–991.

22. Sarva, S., Mulliken, A. D., & Boyce, M. C. (2007). Mechanics of Taylor impact testing of polycarbonate. *International Journal of Solids and Structures, 44*(7–8), 2381–2400.

23. Burgin, L. V., & Aspden, R. M. (2007). A drop tower for controlled impact testing of biological tissues. *Medical Engineering & Physics, 29*(4), 525–530.

24. Kang, W., Chen, Y. C., Bagchi, A., & O'Shaughnessy, T. J. (2017). Characterization and detection of acceleration-induced cavitation in soft materials using a drop-tower-based integrated system. *Review of Scientific Instruments, 88*(12), 125113. https://doi.org/10.1063/1.5000512.

25. Ruta, P., & Szydło, A. (2005). Drop-weight test based identification of elastic half-space model parameters. *Journal of Sound and Vibration, 282*(1–2), 411–427.

26. Popov, V. L., Heß, M., & Willert, E. (2018). *Handbuch der Kontaktmechanik. Exakte Lösungen axialsymmetrischer Kontaktprobleme*. Berlin: Springer Vieweg.

27. Burgin, L. V., Edelsten, L., & Aspden, R. M. (2014). The mechanical and material properties of elderly human articular cartilage subject to impact and slow loading. *Medical Engineering & Physics, 36*(2), 226–232.

28. Pearson, B., & Espino, D. M. (2013). Effect of hydration on the frequency-dependent visco-elastic properties of articular cartilage. *Proceedings of the Institution of Mechanical Engineers Part H: Journal of Engineering in Medicine, 227*(11), 1246–1252.

29. Natoli, R. M., & Athanasiou, K. A. (2009). Traumatic loading of articular cartilage: Mechanical and biological responses and post-injury treatment. *Biorheology, 46*(6), 451–485.

30. Selyutina, N. S., Argatov, I. I., & Mishuris, G. S. (2015). On application of Fung's quasi-linear viscoelastic model to modeling of impact experiments for articular cartilage. *Mechanics Research Communications, 67*, 24–30.

31. Springhetti, R., & Selyutina, N. S. (2018). Viscoelastic modeling of articular cartilage under impact loading. *Meccanica, 53*(3), 519–530.

32. Pierce, D. M., Unterberger, M. J., Trobin, W., Ricken, T., & Holzapfel, G. A. (2016). A microstructurally based continuum model of cartilage viscoelasticity and permeability incorporating measured statistical fiber orientations. *Biomechanics and Modeling in Mechanobiology, 15*(1), 229–244.

33. Nega, A., Nikraz, H., & Al-Qadi, I. L. (2016). Dynamic analysis of fallingweight deflectometer. *Journal of Traffic and Transportation Engineering, 3*(5), 427–437.

34. Ruta, P., Krawczyk, B., & Szydło, A. (2015). Identification of pavement elastic moduli by means of impact test. *Engineering Structures, 100*, 201–211.

35. Aiello, M., Galvanetto, U., & Iannucci, L. (2007). Numerical simulations of motorcycle helmet impact tests. *International Journal of Crashworthiness, 12*(1), 1–7.

36. Mills, N. J., Wilkes, S., Derler, S., & Flisch, A. (2009). FEA of oblique impact tests on a motorcycle helmet. *International Journal of Impact Engineering, 36*(7), 913–925.

37. Jaeger, H. M., Nagel, S. R., & Behringer, R. P. (1996). Granular solids, liquids, and gases. *Reviews of Modern Physics, 68*(4), 1259–1273.

38. Andreotti, B., Forterre, Y., & Pouliquen, O. (2013). *Granular media: Between fluid and solid.* Cambridge: Cambridge University Press.

39. Lun, C. K. K., & Savage, S. B. (1987). A simple kinetic theory for granular flow of rough, inelastic, spherical particles. *Journal of Applied Mechanics, 54*(1), 47–53.

40. Campbell, C. S. (1990). Rapid granular flows. *Annular Review of Fluid Mechanics, 22*(1), 57–92.

41. van Noije, T. P. C., & Ernst, M. H. (1998). Velocity distributions in homogeneous granular fluids: The free and the heated case. *Granular Matter, 1*(2), 57–64.

42. Bar-Lev, O. (2005). *Kinetic and hydrodynamic theory of granular gases.* dissertation, Tel Aviv University.

43. Walton, O. R., & Braun, R. L. (1986). Viscosity, granular-temperature, and stress calculations for shearing assemblies of inelastic, frictional disks. *Journal of Rheology, 30*(5), 949–980.

44. Lun, C. K. K., & Savage, S. B. (1986). The effects of an impact velocity dependent coefficient of restitution on stresses developed by sheared granular materials. *Acta Mechanica, 63*(1–4), 15–44.

45. Brilliantov, N. V., & Pöschel, T. (2000). Velocity distribution in granular gases of viscoelastic particles. *Physical Review E, 61*(5B), 5573–5587.

46. Schwager, T., & Pöschel, T. (1998). Coefficient of normal restitution of viscous particles and cooling rate of granular gases. *Physical Review E, 57*(1), 650–654.

47. Dubey, A. K., Brodova, A., Puri, S., & Brilliantov, N. V. (2013). Velocity distribution function and effective restitution coefficient for a granular gas of viscoelastic particles. *Physical Review E, 87*(6), 062202. https://doi.org/10.1103/PhysRevE.87.062202.

48. Pöschel, T., Brilliantov, N. V., & Schwager, T. (2002). Violation of molecular chaos in dissipative gases. *International Journal of Modern Physics C, 13*(9), 1263–1272.

49. Pöschel, T., & Schwager, T. (2005). *Computational granular dynamics: Models and algorithms.* Berlin: Springer.

50. Zohdi, T. I. (2007). *An introduction to modeling and simulation of particulate flows.* Philadelphia: SIAM Society for Industrial und Applied Mathematics.

51. Kačianauskas, R., Kruggel-Emden, H., Markauskas, D., & Zdancevičius, E. (2015). Critical assessment of visco-elastic damping models used in DEM simulations. *Procedia Engineering, 102*, 1415–1425.

52. Lubachevsky, B. D. (1991). How to simulate billiards and similar systems. *Journal of Computational Physics, 94*(2), 255–283.

53. Goldhirsch, I. I. (2001). Granular gases: Probing the boundaries of hydrodynamics. In T. von Pöschel & S. Luding (Hrsg.), *Granular gases* (S. 79–99). Berlin: Springer.

54. Haff, P. K. (1983). Grain flow as a fluid-mechanical phenomenon. *Journal of Fluid Mechanics, 134*, 401–430.

55. Goldhirsch, I. I., & Zanetti, G. (1993). Clustering instability in dissipative gases. *Physical Review Letters, 70*(11), 1619–1622.

56. Falcon, E., Fauve, S., & Laroche, C. (2001). Experimental study of a granular gas fluidized by vibrations. In T. von Pöschel & S. Luding (Hrsg.), *Granular gases* (S. 244–253). Berlin: Springer.

57. Schanz, T. (Hrsg.). (2007). *Theoretical and numerical unsaturated soil mechanics.* Berlin: Springer.

58. Savage, S. B. (1998). Modeling and granular material boundary value problems. In H. J. von Herrman, J. P. Hovi, & S. Luding (Hrsg.), *Physics of dry granular media* (S. 25–95). Dordrecht: Kluwer.

59. Savage, S. B. (1997). Problems in the statics and dynamics of granular materials. In R. P. von Behringer & J. T. Jenkins (Hrsg.), *Proceedings of the third International Conference on Powders & Grains, Durham, North Carolina, 18–23 May 1997*. Rotterdam: A.A. Balkema Publishers.

60. Nesterenko, V. F. (1983). Propagation of nonlinear compression pulses in granular media. *Journal of Applied Mechanics and Technical Physics, 24*(5), 733–743.

61. Job, S., Melo, F., Sokolow, A., & Sen, S. (2007). Solitarywave trains in granular chains: Experiments, theory and simulations. *Granular Matter, 10*(1), 13–20.

62. Sen, S., Hong, J., Bang, J., Avalos, E., & Doney, R. (2008). Solitary waves in the granular chain. *Physics Reports, 462*(2), 21–66.

63. Job, S., Melo, F., Sokolow, A., & Sen, S. (2005). How hertzian solitary waves interact with boundaries in a 1D granular medium. *Physical Review Letters, 94*(17), 178002. https://doi.org/10.1103/PhysRevLett.94.178002.

64. Daraio, C., Nesterenko, V. F., Herbold, E. B., & Jin, S. (2006). Tunability of solitary wave properties in onedimensional strongly nonlinear phononic crystals. *Physical Review E, 73*, 026610. https://doi.org/10.1103/PhysRevE.73.026610.

65. On, T., LaVigne, P. A., & Lambros, J. (2014). Development of plastic nonlinear waves in one-dimensional ductile granular chains under impact loading. *Mechanics of Materials, 68*, 29–37.

66. Pöschel, T., & Brilliantov, N. V. (2001). Chains of viscoelastic spheres. In T. von Pöschel & S. Luding (Hrsg.), *Granular gases* (S. 203–212). Berlin: Springer.

67. Bridges, F. G., Hatzes, A., & Lin, D. N. C. (1984). Structure, stability and evolution of Saturn's rings. *Nature, 309*, 333–335.

68. Hatzes, A. P., Bridges, F. G., & Lin, D. N. C. (1988). Collisional properties of ice spheres at low impact velocities. *Monthly Notices of the Royal Astronomical Society, 231*(4), 1091–1115.

69. Hatzes, A. P., Bridges, F. G., Lin, D. N. C., & Sachtjen, S. (1991). Coagulation of particles in Saturn's rings: Measurements of the cohesive force of water frost. *Icarus, 89*(1), 113–121.

70. Higa, M., Arakawa, M., & Maeno, N. (1996). Measurements of restitution coefficients of ice at low temperatures. *Planetary and Space Science, 44*(9), 917–925.

71. Gorkavy, N. N., & Fridmann, A. M. (1990). The physics of planetary rings. *Soviet Physics Uspekhi, 33*(2), 95–133.

72. Spahn, F., Hertzsch, J. M., & Brilliantov, N. V. (1995). The role of particle collisions for the dynamics in planetary rings. *Chaos, Solitons & Fractals, 5*(10), 1945–1964.

73. Brilliantov, N. V., Spahn, F., Hertzsch, J. M., & Pöschel, T. (1996). Model for collisions in granular gases. *Physical Review E, 53*(5), 5382–5392.

74. Lynden-Bell, D., & Pringle, J. E. (1974). The evolution of viscous discs and the origin of the nebular variables. *Monthly Notices of the Royal Astronomical Society, 168*(3), 603–637.

75. Goldreich, P., & Tremaine, S. (1978). The velocity dispersion in Saturn's rings. *Icarus, 34*(2), 227–239.

76. Borderies, N., Goldreich, P., & Tremaine, S. (1985). A granular flow model for dense planetary rings. *Icarus, 63*(3), 406–420.

77. Lin, D. N. C., & Bodenheimer, P. (1981). On the stability of saturn's rings. *The Astrophysical Journal, 248*(1), L83–L86.

78. Salo, H. (1992). Gravitational wakes in saturn's rings. *Nature, 359*, 619–621.

79. Salo, H., Karjalainen, R., & French, R. G. (2004). Photometric modeling of saturn's rings. II. Azimuthal asymmetry in reflected and transmitted light. *Icarus, 170*(1), 70–90.

80. Ohtsuki, K., & Emori, H. (2000). Local N-Body simulations for the distribution and evolution of particle velocities in planetary rings. *The Astronomical Journal, 119*(1), 403–416.

81. Daisaka, H., Tanaka, H., & Ida, S. (2001). Viscosity in a dense planetary ring with self-gravitating particles. *Icarus, 154*(2), 296–312.

82. Salo, H., Schmidt, J., & Spahn, F. (2001). Viscous overstability in saturn's B ring: I. Direct simulations and measurement of transport coefficients. *Icarus, 153*(2), 295–315.

83. Ballouz, R. L., Richardson, D. C., & Morishima, R. (2017). Numerical simulations of saturn's B ring: Granular friction as a mediator between self-gravity wakes and viscous overstability. *The Astronomical Journal, 153*(4), 146. https://doi.org/10.3847/1538-3881/aa60be.

84. Cross, R. (2003). Oblique impact of a tennis ball on the strings of a tennis racket. *Sports Engineering, 6*(4), 235–254.

85. Nathan, A. M. (2003). Characterizing the performance of baseball bats. *American Journal of Physics, 71*(2), 134–143.

86. Arakawa, K. (2017). An analytical model of dynamic sliding friction during impact. *Scientific Reports, 7*, 40102. https://doi.org/10.1038/srep40102.

87. James, D., Curtis, D., Allen, T., & Rippin, T. (2012). The validity of a rigid body model of a cricket ball-bat impact. *Procedia Engineering, 34*, 682–687.

88. Collins, F., Brabazon, D., & Moran, K. (2011). Viscoelastic impact characterisation of solid sports balls used in the Irish sport of hurling. *Sports Engineering, 14*(1), 15–25.

89. Ghaednia, H., Cermik, O., & Marghitu, D. B. (2015). Experimental and theoretical study of the oblique impact of a tennis ball with a racket. *Proceedings of the Institution of Mechanical Engineers, Part P: Journal of Sports Engineering and Technology, 229*(3), 149–158.

90. Allen, T., Haake, S. J., & Goodwill, S. R. (2010). Effect of friction on tennis ball impacts. *Proceedings of the Institution of Mechanical Engineers, Part P: Journal of Sports Engineering and Technology, 224*(3), 229–236.

91. Cross, R. (2014). Impact of sports balls with striking implements. *Sports Engineering, 17*(1), 3–22.

92. Allen, T., Fauteux-Brault, O., James, D., & Curtis, D. (2014). Finite elementmodel of a cricket ball impacting a bat. *Procedia Engineering, 72*, 521–526.

93. Cross, R. (1999). The bounce of a ball. *American Journal of Physics, 67*(3), 222–227.

94. Ismail, K. A., & Stronge, W. J. (2012). Viscoplastic analysis for direct impact of sports balls. *International Journal of Non-Linear Mechanics, 47*(4), 16–21.

95. Cross, R. (2000). The coefficient of restitution for collisions of happy balls, unhappy balls, and tennis balls. *American Journal of Physics, 68*(11), 1025–1031.

96. Cross, R. (2002). Grip-slip behavior of a bouncing ball. *American Journal of Physics, 70*(11), 1093–1102.

97. Maw, N., Barber, J. R., & Fawcett, J. N. (1976). The oblique impact of elastic spheres. *Wear, 38*(1), 101114.

98. Cross, R. (1999). Impact of a ball with a bat or racket. *American Journal of Physics, 67*(8), 692–702.

99. Ouckama, R., & Pearsall, D. J. (2012). Impact performance of ice hockey helmets: Head acceleration versus focal force dispersion. *Proceedings of the Institution of Mechanical Engineers, Part P: Journal of Sports Engineering and Technology, 226*(3–4), 185–192.

100. Zhang, L., Yang, K. H., & King, A. I. (2001). Comparison of brain responses between frontal and lateral impacts by finite element modeling. *Journal of Neurotrauma, 18*(1), 21–30.

101. McIntosh, A. S., et al. (2014). The biomechanics of concussion in unhelmeted football players in Australia: A case-control study. *BMJ Open, 4*(5), e005078. https://doi.org/10.1136/bmjopen-2014-005078.

102. Rowson, S., et al. (2012). Rotational head kinematics in football impacts: An injury risk function for concussion. *Annals of Biomedical Engineering, 40*(1), 1–13.

103. Burgin, L. V., & Aspden, R. M. (2008). Impact testing to determine the mechanical properties of articular cartilage in isolation and on bone. *Journal of Materials Science: Materials in Medicine, 19*(2), 703–711.

104. Kos, P., et al. (2011). Correlation of dynamic impact testing, histopathology and visual macroscopic assessment in human osteoarthritic cartilage. *International Orthopaedics, 35*(11), 1733–1739.

105. Anderson, D. D., et al. (2011). Post-traumatic osteoarthritis: Improved understanding and opportunities for early intervention. *Journal of Orthopaedic Research, 29*(6), 802–809.

106. Alexander, P. G., et al. (2012). An in vivo lapine Model for impact-induced injury and osteoarthritic degeneration of articular cartilage. *Cartilage, 3*(4), 323–333.

107. Ding, L., et al. (2010). Mechanical impact induces cartilage degradation via mitogen activated protein kinases. *Osteoarthritis Cartilage, 18*(11), 1509–1517.

108. Verteramo, A., & Seedhom, B. B. (2007). Effect of a single impact loading on the structure and mechanical properties of articular cartilage. *Journal of Biomechanics, 40*(16), 3580–3589.

109. Atkinson, T. S., Haut, R. C., & Altiero, N. J. (1998). Impact-Induced fissuring of articular cartilage: An investigation of failure criteria. *Journal of Biomechanical Engineering, 120*(2), 181–187.

110. Jeffrey, J. E., Gregory, D. W., & Aspden, R. M. (1995). Matrix damage and chondrocyte viability following a single impact load on articular cartilage. *Archives of Biochemistry and Biophysics, 322*(1), 87–96.

111. Bonnevie, E. D., et al. (2015). Characterization of tissue response to impact loads delivered using a hand-held instrument for studying articular cartilage injury. *Cartilage, 6*(4), 226–232.

112. Heiner, A. D., et al. (2012). Frequency content of cartilage impact force signal reflects acute histologic structural damage. *Cartilage, 3*(4), 314–322.

113. Lin, Y. Y., et al. (2009). The mandibular cartilage metabolism is altered by damaged subchondral bone from traumatic impact loading. *Annals of Biomedical Engineering, 37*(7), 1358–1367.

114. Kapitanov, G. I., Wang, X., Ayati, B. P., Brouillette, M. J., & Martin, J. A. (2016). Linking cellular and mechanical processes in articular cartilage lesion formation: A mathematical model. *Frontiers in Bioengineering and Biotechnology, 4*, 80. https://doi.org/10.3389/fbioe.2016.00080.

115. Argatov, I. I., & Mishuris, G. S. (2015). *Contact mechanics of articular cartilage layers: Asymptotic models* (S. 164). Basel: Springer International Publishing.

9.1 Verschiebungen bei Hertzschen Tangentialspannungen

In diesem Unterkapitel werden die tangentialen Verschiebungen eines homogenen elastischen Halbraums unter Einwirkung der Schubspannungsverteilung

$$\sigma_{xz}(r) = \frac{\sigma_1}{a}\sqrt{a^2 - r^2}, \quad r \leq a, \tag{9.1}$$

bestimmt. Zunächst gilt die Aufmerksamkeit den Verschiebungen innerhalb des Kontaktkreises. Für eine Erläuterung der verwendeten Notationen sei auf Abb. 9.1 verwiesen.

Betrachtet werde ein Punkt P im Abstand $r \leq a$ vom Koordinatenursprung. Die Schubspannung am Punkt Q ist wegen elementarer geometrischer Zusammenhänge durch

$$\sigma_{xz}(s, \varphi) = \frac{\sigma_1}{a}\sqrt{a^2 - t^2} = \frac{\sigma_1}{a}\sqrt{a^2 - r^2 - s^2 - 2rs\cos\varphi} := \frac{\sigma_1}{a}\sqrt{A^2 - s^2 - 2Bs}, \tag{9.2}$$

mit

$$A^2 := a^2 - r^2, \quad B := r\cos\varphi, \tag{9.3}$$

gegeben. Aus der Fundamentallösung in Gl. (3.1) folgen damit die differentiellen Verschiebungen des Punktes P durch die differentielle Kraft $dF_x = \sigma_{xz}(s, \varphi)s\,ds\,d\varphi$:

$$du_x = \frac{dF_x}{2\pi Gs}\left(1 - \nu + \nu\cos^2\gamma\right) = \frac{\sigma_{xz}(s, \varphi)}{2\pi G}\left(1 - \nu + \nu\cos^2\gamma\right)ds\,d\varphi, \tag{9.4}$$

$$du_y = -\frac{dF_x}{2\pi Gs}\nu\cos\gamma\sin\gamma = -\frac{\sigma_{xz}(s, \varphi)}{2\pi G}\nu\cos\gamma\sin\gamma\,ds\,d\varphi. \tag{9.5}$$

© Der/die Autor(en) 2020

E. Willert, *Stoßprobleme in Physik, Technik und Medizin,*

https://doi.org/10.1007/978-3-662-60296-6_9

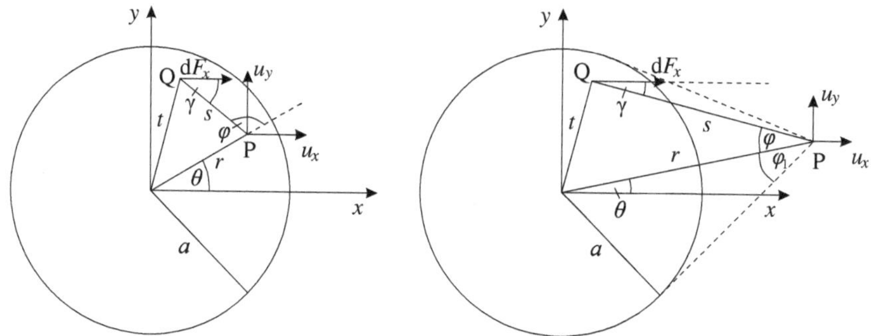

Abb. 9.1 Zur Bestimmung der Verschiebungen innerhalb (**a**) und außerhalb (**b**) des Kontaktkreises

Für die gesamte Verschiebung u_x ergibt sich daher durch Superposition der Ausdruck

$$u_x = \frac{\sigma_1}{2\pi Ga} \int_0^{2\pi} \left(1 - \nu + \nu \cos^2 \gamma\right) \int_0^{s_1} \sqrt{A^2 - s^2 - 2Bs}\, \mathrm{d}s\,\mathrm{d}\varphi. \tag{9.6}$$

Dabei ist s_1 die Nullstelle des inneren Integranden,

$$s_1 := -B + \sqrt{A^2 + B^2}. \tag{9.7}$$

Die innere Integration über s liefert damit

$$\int_0^{s_1} \sqrt{A^2 - s^2 - 2Bs}\, \mathrm{d}s = \frac{A^2 + B^2}{2}\left[\frac{\pi}{2} - \arctan\left(\frac{B}{A}\right)\right] - \frac{BA}{2}. \tag{9.8}$$

Wegen der Symmetrie-Eigenschaft

$$B(\varphi + \pi) = -B(\varphi) \tag{9.9}$$

heben sich bei der äußeren Integration alle ungeraden Ausdrücke in B auf und es verbleibt

$$u_x = \frac{\sigma_1}{8Ga} \int_0^{2\pi} \left[1 - \nu + \nu \cos^2\left(\pi - \varphi - \theta\right)\right]\left(a^2 - r^2 \sin^2 \varphi\right)\mathrm{d}\varphi$$

$$= \frac{\pi\sigma_1}{32Ga}\left[4(2 - \nu)a^2 - (4 - 3\nu)x^2 - (4 - \nu)y^2\right], \tag{9.10}$$

(man muss bedenken, dass $\gamma = \pi - \varphi - \theta$ ist). Analog ergibt sich für u_y:

$$u_y = -\frac{\sigma_1 \nu}{8Ga} \int_0^{2\pi} \cos\gamma \sin\gamma \left(a^2 - r^2 \sin^2\varphi\right) \mathrm{d}\varphi = \frac{\pi\sigma_1 \nu xy}{16Ga}. \tag{9.11}$$

Für die Verschiebungen außerhalb des Kontaktkreises ergeben sich aus der Fundamentallösung und einfachen geometrischen Identitäten die Ausdrücke

$$u_x = \frac{\sigma_1}{2\pi Ga} \int_{-\varphi_1}^{\varphi_1} \left(1 - \nu + \nu\cos^2\gamma\right) \int_{s_1}^{s_2} \sqrt{A^2 - s^2 + 2Bs}\,\mathrm{d}s\mathrm{d}\varphi, \tag{9.12}$$

$$u_y = -\frac{\sigma_1 \nu}{2\pi Ga} \int_{-\varphi_1}^{\varphi_1} \cos\gamma \sin\gamma \int_{s_1}^{s_2} \sqrt{A^2 - s^2 + 2Bs}\,\mathrm{d}s\mathrm{d}\varphi. \tag{9.13}$$

Man beachte dabei, dass in diesem Fall der Winkel φ etwas anders eingeführt ist, als bei der Berechnung der Verschiebungen innerhalb des Kreises (siehe Abb. 9.1b). Die Integralgrenzen sind durch

$$\varphi_1 := \arcsin\left(\frac{a}{r}\right), \tag{9.14}$$

$$s_{1/2} := B \pm \sqrt{B^2 + A^2} \tag{9.15}$$

gegeben. Damit ergibt sich aus der inneren Integration jeweils

$$\int_{s_1}^{s_2} \sqrt{A^2 - s^2 + 2Bs}\,\mathrm{d}s = \frac{\pi}{2}\left(B^2 + A^2\right) = \frac{\pi}{2}\left(a^2 - r^2 \sin^2\varphi\right). \tag{9.16}$$

Die Durchführung der äußeren Integration ist für beide Verschiebungen elementar aber mühsam. Man erhält schließlich die gesuchten Ausdrücke

$$u_x = \frac{\sigma_1}{16Ga}(4 - 2\nu)\left[a\sqrt{r^2 - a^2} + \left(2a^2 - r^2\right)\arcsin\left(\frac{a}{r}\right)\right] +$$

$$+ \frac{\sigma_1}{16Ga}\nu\left(x^2 - y^2\right)\left[\arcsin\left(\frac{a}{r}\right) + \frac{a}{r}\left(\frac{2a^2}{r^2} - 1\right)\sqrt{1 - \frac{a^2}{r^2}}\right], \tag{9.17}$$

$$u_y = \frac{\sigma_1 \nu xy}{8Ga}\left[\arcsin\left(\frac{a}{r}\right) + \frac{a}{r}\left(\frac{2a^2}{r^2} - 1\right)\sqrt{1 - \frac{a^2}{r^2}}\right]. \tag{9.18}$$

9.2 Tangentiale Spannungsverteilungen für Gradientenmedien

9.2.1 Kontakt ohne Gleiten

In diesem Abschnitt wird gezeigt, dass eine Spannungsverteilung der Form

$$\sigma_{xz}(r) = \sigma_1 \left(1 - \frac{r^2}{a^2}\right)^{-\frac{1-k}{2}}, \quad r \leq a, \tag{9.19}$$

aufgebracht an der Oberfläche eines inhomogenen Halbraums mit einer elastischen Gradierung in der Form eines Potenzgesetzes mit dem Exponent k, eine konstante tangentiale Verschiebung $u_{x,0}$ des Gebiets $r \leq a$ erzeugt. Die Herleitung gelingt dabei, wie im vorherigen Unterkapitel, durch die Integration der jeweiligen Fundamentallösung.

Mit der Fundamentallösung (3.210), der Skizze in Abb. 9.1 und den in Gl. (9.3) eingeführten Kürzeln erhält man die aus der Spannungsverteilung (9.19) resultierende tangentiale Verschiebung im Kontaktgebiet $r \leq a$:

$$u_x = \frac{\sigma_1 z_0^k a^{1-k}}{4\pi G_0} \int_0^{2\pi} \left(H \cos^2 \gamma + P \sin^2 \gamma\right) \int_0^{s_1} \left(A^2 - s^2 - 2Bs\right)^{-\frac{1-k}{2}} s^{-k} \mathrm{d}s \mathrm{d}\varphi. \tag{9.20}$$

Die Integrationsgrenze s_1 ist durch Gl. (9.7) gegeben. Die innere Integration über s liefert den Ausdruck

$$\frac{\pi}{2\cos(k\pi/2)} - \frac{\Gamma\left(1 - \frac{k}{2}\right)\Gamma\left(\frac{1+k}{2}\right)}{\sqrt{\pi}} \frac{B}{\sqrt{A^2 + B^2}} \, {}_2\mathrm{F}_1\left(\frac{1}{2}, \frac{1+k}{2}; \frac{3}{2}; \frac{B^2}{A^2 + B^2}\right), \tag{9.21}$$

mit der in Gl. (9.33) definierten Gamma-Funktion Γ und der in Gl. (9.35) definierten Hypergeometrischen Funktion ${}_2\mathrm{F}_1$. Wegen der Symmetrie-Eigenschaft (9.9) trägt nach der Integration über φ nur der konstante Term bei und man erhält

$$u_x \equiv u_{x,0} = \frac{\pi\sigma_1}{c_T} a^{1-k}, \quad c_T := 8\cos\left(\frac{k\pi}{2}\right) \frac{G_0}{z_0^k(H + P)}. \tag{9.22}$$

Außerdem beträgt die gesamte Tangentialkraft

$$F_x = \frac{2\pi\sigma_1 a^2}{1 + k} = \frac{2}{1 + k} c_T \, u_{x,0} \, a^{1+k}. \tag{9.23}$$

Mithilfe der Fundamentallösung kann man darüber hinaus leicht zeigen, dass die Querverschiebungen u_y im Kontaktgebiet verschwinden.

9.2.2 Parabolischer Kontakt

Für eine Spannungsverteilung der Form

$$\sigma_{xz}(r) = \sigma_1 \left(1 - \frac{r^2}{a^2}\right)^{\frac{1+k}{2}}, \quad r \leq a, \tag{9.24}$$

erhält man auf die gleiche Art und Weise wie im vorherigen Abschnitt für die tangentialen Verschiebungen innerhalb des Kontaktgebiets $r \leq a$ den Ausdruck

$$u_x = \frac{\sigma_1 z_0^k}{4\pi a^{1+k} G_0} \int_0^{2\pi} \left(H \cos^2 \gamma + P \sin^2 \gamma\right) \gamma \int_0^{s_1} \left(A^2 - s^2 - 2Bs\right)^{\frac{1+k}{2}} s^{-k} ds \, d\varphi. \tag{9.25}$$

Die innere Integration über s liefert

$$\int_0^{s_1} \left(A^2 - s^2 - 2Bs\right)^{\frac{1+k}{2}} s^{-k} ds = \left(A^2 + B^2\right)^{\frac{1+k}{2}} \frac{\pi}{2\cos(k\pi/2)} \left(1 - \frac{kB^2}{A^2 + B^2}\right) - B\sqrt{A^2 + B^2}$$

$$\times \frac{1+k}{2} \frac{\Gamma\left(1 - \frac{k}{2}\right)\Gamma\left(\frac{1+k}{2}\right)}{\sqrt{\pi}} \left[{}_2F_1\left(\frac{1}{2}, \frac{1+k}{2}; \frac{3}{2}; \frac{B^2}{A^2 + B^2}\right) + {}_2F_1\left(-\frac{1}{2}, \frac{1+k}{2}; \frac{1}{2}; \frac{B^2}{A^2 + B^2}\right)\right], \tag{9.26}$$

mit den bereits erwähnten Spezialfunktionen.

Wegen der Symmetrie-Eigenschaft (9.9) tragen bei der Integration über φ nur die geraden Ausdrücke in B zum Integral bei und man erhält

$$u_x = \frac{\sigma_1 z_0^k(1 + k)}{16a^{1+k} G_0 \cos(k\pi/2)} \int_0^{2\pi} \left[H \cos^2(\pi - \varphi - \theta) + P \sin^2(\pi - \varphi - \theta)\right]\left[a^2 - r^2 + r^2 \cos^2 \varphi \, (1 - k)\right] d\varphi$$

$$= \frac{\pi \sigma_1(1 + k)}{2c_T} a^{1-k} \left\{1 - \left[1 - \frac{(1 - k)(3H + P)}{4(H + P)}\right] \frac{x^2}{a^2} - \left[1 - \frac{(1 - k)(H + 3P)}{4(H + P)}\right] \frac{y^2}{a^2}\right\}, \tag{9.27}$$

mit dem oben eingeführten Tangentialmodul c_T.

Die Querverschiebungen u_y innerhalb des Kontaktgebiets ergeben sich analog zu

$$u_y = \frac{\sigma_1 z_0^k(H - P)}{4\pi a^{1+k} G_0} \int_0^{2\pi} \cos \gamma \sin \gamma \int_0^{s_1} \left(A^2 - s^2 - 2Bs\right)^{\frac{1+k}{2}} s^{-k} ds \, d\varphi$$

$$= \frac{\pi \sigma_1 z_0^k(1 - k^2)(H - P)xy}{4c_T(H + P)a^{1+k}}. \tag{9.28}$$

Für den homogenen Fall $k = 0$ vereinfachen sich diese Ergebnisse natürlich zu den Verschiebungen aus den Gl. (9.10) und (9.11).

9.3 Übersicht der verwendeten Spezialfunktionen

Dieses Unterkapitel bietet eine Übersicht über die wichtigsten nicht-elementaren Funktionen und deren Eigenschaften, die in dem vorliegenden Buch verwendet werden.

9.3.1 Elliptische Integrale

Die unvollständigen Elliptischen Integrale erster und zweiter Art sind als[1]

$$\mathrm{F}(\theta, k) := \int_0^\theta \frac{\mathrm{d}\varphi}{\sqrt{1 - k^2 \sin^2 \varphi}}, \tag{9.29}$$

$$\mathrm{E}(\theta, k) := \int_0^\theta \sqrt{1 - k^2 \sin^2 \varphi}\, \mathrm{d}\varphi, \tag{9.30}$$

definiert. Für $\theta = \pi/2$ erhält man die vollständigen Elliptischen Integrale

$$\mathrm{K}(k) := \int_0^{\pi/2} \frac{\mathrm{d}\varphi}{\sqrt{1 - k^2 \sin^2 \varphi}} = \mathrm{F}(\theta = \frac{\pi}{2}, k), \tag{9.31}$$

$$\mathrm{E}(k) := \int_0^{\pi/2} \sqrt{1 - k^2 \sin^2 \varphi}\, \mathrm{d}\varphi = \mathrm{E}(\theta = \frac{\pi}{2}, k). \tag{9.32}$$

9.3.2 Die Gamma-Funktion

Die Eulersche Gamma-Funktion kann man als Verallgemeinerung der für natürliche Zahlen definierten Fakultätsfunktion auf reelle und komplexe Definitionsbereiche verstehen. Für komplexe Zahlen mit positivem Realteil z ist eine mögliche Definition der Gamma-Funktion durch das Integral

$$\Gamma(z) := \int_0^\infty t^{z-1} \exp(-t)\mathrm{d}t \tag{9.33}$$

gegeben. Die Gamma-Funktion erfüllt die rekursive Eigenschaft

---

[1]Man muss beachten, dass in Büchern und mathematischen Datenbanken keine einheitliche Praxis zur Verwendung des Moduls der Elliptischen Integrale besteht, es wird teilweise k und teilweise $m := k^2$ als Modul benutzt.

$$\Gamma(z+1) = z\Gamma(z), \tag{9.34}$$

durch die sie sich auch für negative Realteile von z fortsetzen lässt. Für $z = 0$ und alle negativen ganzen Zahlen ist die Funktion singulär, wie man aus der obigen Rekursionsvorschrift erkennt.

9.3.3 Die Hypergeometrische Funktion

Die Hypergeometrische Funktion kann durch die Potenzreihe

$$\mathstrut_2\mathrm{F}_1(a,b;c;z) := \sum_{n=0}^{\infty} \frac{\Gamma(a+n)\Gamma(b+n)\Gamma(c)}{\Gamma(a)\Gamma(b)\Gamma(c+n)} \frac{z^n}{\Gamma(1+n)}, \quad |z| \leq 1 \tag{9.35}$$

dargestellt werden. Die Funktion ist Lösung der Hypergeometrischen Differenzialgleichung

$$\frac{\mathrm{d}^2 w}{\mathrm{d}z^2} z(1-z) + [c - (a+b+1)z]\frac{\mathrm{d}w}{\mathrm{d}z} - abw = 0. \tag{9.36}$$

Diese hat, falls c keine nicht-positive ganze Zahl ist, in der Umgebung von $z = 0$ die allgemeine Lösung [1, S. 56]

$$w(z) = C_1 \, \mathstrut_2\mathrm{F}_1(a,b;c;z) + C_2 \, z^{1-c} \, \mathstrut_2\mathrm{F}_1(1+a-c, 1+b-c; 2-c; z), \tag{9.37}$$

mit zwei Integrationskonstanten C_1 und C_2. In der Umgebung von $z = 1$ ist die allgemeine Lösung, falls $c - a - b$ nicht-ganzzahlig ist, durch [1, S. 108]

$$\begin{aligned} w(z) &= C_1 \, \mathstrut_2\mathrm{F}_1(a,b; 1+a+b-c; 1-z) \\ &\quad + C_2(1-z)^{c-a-b} \, \mathstrut_2\mathrm{F}_1(c-a, c-b; 1+c-a-b; 1-z). \end{aligned} \tag{9.38}$$

gegeben. Falls c keine nicht-positive ganze Zahl und $\mathrm{Re}(c-a-b) > 0$ ist, gilt weiterhin [1, S. 61]

$$\mathstrut_2\mathrm{F}_1(a,b;c;1) = \frac{\Gamma(c)\Gamma(c-a-b)}{\Gamma(c-a)\Gamma(c-b)}. \tag{9.39}$$

Außerdem ist unter diesen Voraussetzungen [2]

$$\mathstrut_2\mathrm{F}_1(a,b;c;z) = (1-z)^{c-a-b} \mathstrut_2\mathrm{F}_1(c-a, c-b; c; z) \tag{9.40}$$

und mit der Reihendefinition (9.35) erhält man durch gliedweise Differentiation für positive reelle z die Beziehung

$$\sqrt{z}\,\frac{\mathrm{d}}{\mathrm{d}z}\left[\sqrt{z}\,\mathstrut_2\mathrm{F}_1\left(a,b;\frac{3}{2};z\right)\right] = \frac{1}{2}\,\mathstrut_2\mathrm{F}_1\left(a,b;\frac{1}{2};z\right). \tag{9.41}$$

9.3.4 Die Beta-Funktion

Mithilfe der oben eingeführten Hypergeometrischen Funktion lässt sich die unvollständige Beta-Funktion durch

$$\mathrm{B}(z; a, b) := \frac{z^a}{a}\, {}_2\mathrm{F}_1(a, 1-b; 1+a; z) \tag{9.42}$$

definieren. Für positive Parameter a und b lässt sich das auch in der integralen Form

$$\mathrm{B}(z; a, b) = \int_0^z t^{a-1}(1-t)^{b-1}\mathrm{d}t \tag{9.43}$$

darstellen. Die vollständige Beta-Funktion ergibt sich wegen Gl. (9.39) zu

$$\mathrm{B}(1; a, b) = \frac{\Gamma(a)\Gamma(b)}{\Gamma(a+b)}. \tag{9.44}$$

9.4 Quellcode für viskoelastischen schiefen Stoß mit Gleiten

Im Folgenden ist eine einfache Implementierung des MDR-Modells zur Untersuchung des ebenen Stoßes mit Reibung einer starren Kugel auf einen inkompressiblen viskoelastischen Halbraum in der Programmiersprache der kommerziellen Software MATLAB des Unternehmens MathWorks® gegeben.

```matlab
function COR = ObliqueImpact_KV(vz0,vxk0,G,eta,mu,R,M,K,zeta,N)
%%%%%%%%%%%%%%%%%%%%%%%%%%%%%%%%%%%%%%%%%%%%%%%%%%%%%%%%%%%%%%%%%%%%%%%
% Input-Parameter des Programms (alle Groessen in SI-Einheiten):
% vz0,vxk0: Anfangsgeschwindigkeiten des Kontaktpunktes
% G, eta: Schub-Modul, Scher-Viskositaet des Kelvin-Voigt-Mediums
% mu: Reibbeiwert
% R, M, K: Kugelradius und -masse
% K: dimensionsloser Gyrationsradius: 1/K := 1 + MR^2/J^S
% zeta, N: zeta > 1; N Anzahl d. Elemente d. Bettung (fuer x > 0)
%%%%%%%%%%%%%%%%%%%%%%%%%%%%%%%%%%%%%%%%%%%%%%%%%%%%%%%%%%%%%%%%%%%%%%%
%%%%%%%%%%%%%%%%%%%%%% Initialisierungen %%%%%%%%%%%%%%%%%%%%%%%%%%
%%%%%%%%%%%%%%%%%%%%%%%%%%%%%%%%%%%%%%%%%%%%%%%%%%%%%%%%%%%%%%%%%%%%%%%
vz  = vz0;
vxk = vxk0;
uzm = 0;                                  % Verschiebung der Kugel
amax = (15*M*vz0^2*R^2/64/G)^(0.2);       % max. Radius elastisch
dx = 1.05*amax/N;                         % Federabstand
dt = zeta*amax^2/R/vz0/N^2;               % Zeitschrittweite
x = dx*(1:N);                             % Koordinate horizontal
g = x.^2/R;                               % Profil reduziert
ux = zeros(1,N);                          % Verschiebung d. Elemente
uxa = ux;                                 % ux letzter Zeitschritt
```

```matlab
23    kz = 4*dx;                                    % Steifigkeit z
24    kx = 8/3*dx;                                   % Steifigkeit x
25    cont = zeros(1,N);                             % = 1: Element in Kontakt
26    %%%%%%%%%%%%%%%%%%%%%%%%%%%%%%%%%%%%%%%%%%%%%%%%%%%%%%%%%%%%%%%%%%%%%%%%%
27    %%%%%%%%%%%%%%% Zeititeration (explizites Euler-Verfahren) %%%%%%%%
28    %%%%%%%%%%%%%%%%%%%%%%%%%%%%%%%%%%%%%%%%%%%%%%%%%%%%%%%%%%%%%%%%%%%%%%%%%
29    while true;
30        %%%%%%%%%%%%%%%%%%%%%%%%%%%%%%%%%%%%%%%%%%%%%%%%%%%%%%%%%%%%%%%%%%%
31        %%%%%%%%%%%%%%%%%%%%%% Normalkontakt %%%%%%%%%%%%%%%%%%%%%%%%%%%%
32        %%%%%%%%%%%%%%%%%%%%%%%%%%%%%%%%%%%%%%%%%%%%%%%%%%%%%%%%%%%%%%%%%%%
33        uzm = uzm + vz*dt;                         % neue Verschiebung z
34        uz = uzm - g;                              % neue Feder-Verschiebung
35        if vz > 0                                  % Kompressionsphase
36            cont = (uz > 0);                       % Kontakt Kompression
37            uz = uz.*cont;                         % neg. Werte loeschen
38            fz = (G*uz + eta*vz*cont)*kz;          % neue Elementkraefte
39        else                                       % Restitutionsphase
40            fz = (G*uz.*cont + eta*vz*cont)*kz;
41            cont = (fz > 0);                       % Kontakt Restitution
42            fz = fz.*cont;                         % neg. Werte loeschen
43        end
44        if sum(cont) == 0
45            break;                                 % Stoss beendet
46        end
47        Fz = 2*sum(fz);                            % gesamte Normalkraft
48        %%%%%%%%%%%%%%%%%%%%%%%%%%%%%%%%%%%%%%%%%%%%%%%%%%%%%%%%%%%%%%%%%%%
49        %%%%%%%%%%%%%%%%%%%%%%% Tangentialkontakt %%%%%%%%%%%%%%%%%%%%%%%
50        %%%%%%%%%%%%%%%%%%%%%%%%%%%%%%%%%%%%%%%%%%%%%%%%%%%%%%%%%%%%%%%%%%%
51        ux = ux.*cont + vxk*dt*cont;               % ux bei no-slip
52        fx = (G*ux + eta*vxk*cont)*kx;             % Kraefte bei no-slip
53        sl = (abs(fx) > mu*fz);                    % = 1: Element gleitet
54        st = (1 - sl).*cont;                       % = 1: Element haftet
55        uxs = (eta*uxa.*sl + mu*dt/kx*fz.*sl.*sign(fx))/(G*dt + eta);
56        % Verschiebung der gleitenden Elemente (aus Kraft bekannt)
57        vxs = (uxs - uxa.*sl)/dt;                  % Geschw. mit Gleiten
58        fx = fx.*st + (G*uxs + eta*vxs)*kx;        % Kraefte mit Gleiten
59        ux = ux.*st + uxs;                         % korrigierte ux
60        uxa = ux;                                  % Aktualisierung uxa
61        Fx = 2*sum(fx);                            % gesamte Reibkraft
62        %%%%%%%%%%%%%%%%%%%%%%%%%%%%%%%%%%%%%%%%%%%%%%%%%%%%%%%%%%%%%%%%%%%
63        %%%%%%%%%%%%%%%%%%%%%%% makroskopische Dynamik %%%%%%%%%%%%%%%%%%%
64        %%%%%%%%%%%%%%%%%%%%%%%%%%%%%%%%%%%%%%%%%%%%%%%%%%%%%%%%%%%%%%%%%%%
65        vz = vz - Fz*dt/M;                         % neue Geschwindigkeit z
66        vxk = vxk - Fx*dt/M/K;                     % neue Geschwindigkeit x
67    end
68    COR = [-vz/vz0 -vxk/vxk0];                     % Stosszahlen
```

Literatur

1. Bateman, H. (1953). Higher transcendental functions. In A. Erdelyi (Hrsg.), *Higher transcendental functions*. Bd 1, New York: McGraw-Hill
2. Jäger, J. (1994). Analytical solutions of contact impact problems. *Applied Mechanics Review, 47*(2), 35–54.

Stichwortverzeichnis

239

Plastizität, 1, 74, 86, 116, 142, 147, 153, 179,
201, 205, 212, 214, 221
Poissonzahl, 19, 64, 66, 83, 140, 201
Potenzprofil, 24, 31, 68, 116, 119, 121, 161, 166
Prony-Reihe, 59, 60, 138

Q
Quasistatik, 113, 116, 152, 190, 221

R
Radius, effektiver, 10, 20, 115, 127, 185
Randelemente-Methode (BEM), 107, 148
Rauigkeit, 28, 74, 84, 148
Reibgesetz, 37, 47, 73, 85, 101, 103, 174, 178,
179
Reibung, 1, 25, 36, 47, 74, 169, 170, 177, 179,
188, 196, 205
Relaxationszeit, 59, 133, 138, 139
Restitutionsphase, 128, 133, 137, 148, 151, 159,
165, 185, 192, 194
Ring, planetarer, 212, 221
Rückprall-Elastizität, 200
Rückprallgeschwindigkeit, 12
Rückprallwinkel, 13, 176

S
Saturn, 212
Schlagverschleiß, 198
Schubmodul
komplexer, 54, 57, 58, 126, 135
zeitabhängiger, 53, 57–60, 105, 133, 139,
140
Schutzhelm, 218
Speichermodul, 54, 153, 201, 202
Stabilität, 29, 35, 70, 85, 120
Standard-Medium, 58, 133, 135, 139, 217
Starrkörper-Modell, 173, 177, 180, 216

Stoßdauer, 9, 114, 116, 118, 127, 128, 132, 136,
138, 153, 185, 192, 201, 207
Stoßzahl, 11, 14, 121, 122, 127, 129, 135–137,
139, 141, 143, 144, 146, 148, 151,
153, 160, 163, 165, 167, 168, 171,
174, 175, 177, 178, 185, 189, 190,
193, 195, 199–201, 205, 207, 209,
211, 213, 215, 217, 221
Straßenbelag, 203

T
Tabor-Parameter, 26, 34, 83, 122, 123, 153
Tangentialkontakt, 36, 38, 64, 71, 85, 100, 109,
110, 170
Tennis, 216
Theorie, kinetische, 204, 215
Torsionskontakt, 45, 85, 103, 110, 194
Torsionsstoß, 183, 196
Trägheitsmoment, effektives, 10

V
Verfestigung, 74, 147, 153
Verlustmodul, 54, 153, 201, 202
Verschleiß, 172, 198, 221
Verteilungsfunktion, 205
Viskoelastizität, 52, 86, 105, 110, 125, 153, 166,
177, 181, 200, 205, 212, 214, 217,
221
Viskoplastizität, 217

W
Wechselwirkungsprinzip, 8, 18
Wegsteuerung, 30, 35, 70, 85, 121

Z
Zentrifugalkraft, 9, 14, 184, 195
Zugkraft-Konvention, 17